科学养猪技术问答

（第二版）

王凤英　主编

中国农业大学出版社
·北京·

图书在版编目(CIP)数据

科学养猪技术问答/王凤英主编．—2版．—北京：中国农业大学出版社，2010.11

ISBN 978-7-5655-0102-9

Ⅰ.①科…　Ⅱ.①王…　Ⅲ.①养猪学-问答　Ⅳ.①S828-44

中国版本图书馆CIP数据核字(2010)第178527号

书　　名　科学养猪技术问答(第二版)

作　　者　王凤英　主编

策划编辑　赵　中　　责任编辑　李丽君

封面设计　郑　川　　责任校对　王晓凤

出版发行　中国农业大学出版社

社　　址　北京市海淀区圆明园西路2号　　邮政编码　100193

电　　话　发行部 010-62818525,8625　　读者服务部 010-62732336

编辑部 010-62732617,2618　　出　版　部 010-62733440

网　　址　http://www.cau.edu.cn/caup　　**e-mail** cbsszs@cau.edu.cn

经　　销　新华书店

印　　刷　北京时代华都印刷有限公司

版　　次　2010年11月第2版　2012年3月第2次印刷

规　　格　850×1 168　32开本　13.125印张　328千字

定　　价　19.50元

第二版前言

本书自 2003 年出版发行以来,以它的实用性深受不同层次读者的喜爱,连续印刷多次,仍难以满足广大读者需求。但是,在此 6 年间,党和政府对养猪业的重视程度加大,各种发展养猪业的政策和措施进一步完善和落实,使养猪业得到迅速发展,生产水平进一步提高;尤其是《中华人民共和国畜牧法》的颁布、实施,对养殖业进行了进一步的规范,并提出了更高的要求;国内外对猪产品的要求也有了较大变化,本书第一版的内容已明显不能满足养猪生产新形势的需要。因此,我们对本书进行了修订。编著者在近几年生产实践和研究成果的基础上,综合国内外最新养猪资料,删改了本书第一版与养猪业发展不相适应、政策法规不相符或不恰当的部分,增加了新的内容,既着眼于养猪业规模化发展的需要,又兼顾农村养猪的条件和特点,在养猪生产概况、猪的品种、猪的纯繁与杂交利用、猪的营养与饲料、种猪的繁殖与饲养管理、仔猪的培育、猪的育肥、猪的规模化饲养、猪舍的设计与建设、猪场的经营管理、常用猪病预防与诊疗技术、常见猪病的防治 12 个方面,以 362 个问题的形式进行简明扼要的介绍,尤其是对于饲料添加剂的规范使用,进行详细的叙述,使之注重理论联系实践,更具实用性、指导性和前瞻性。

本版继续突出实用性。希望能给生产第一线的养猪工作者提供有益帮助,给科研、教学单位人员提供参考。我们的心愿仍然是,希望每位读者都能从本书获得教益,哪怕仅解答了您一个小问题!

由于编著者工作的局限性和水平有限，本书中可能存在一些错误或不足，恳请同道指正。

编 者

2010 年 8 月

第一版前言

进入 21 世纪以来，随着我国加入 WTO，畜产品市场全球一体化即将到来，我国的养猪业面临着巨大的挑战。依靠科技进步，提高科技含量和生产水平，是发展我国养猪业的根本途径，也只有这样，才能实现养猪业的高产、高效、优质的快速发展，才能满足国民对猪肉品质越来越高的要求，迎接国际大市场的挑战。几年来，随着市场经济的迅速发展，我国的养猪业正从传统的家庭副业逐步向优质高产、高效的农村支柱产业转化，从自给半自给性生产逐步向产业化、专业化、商品化过渡，从千家万户分散饲养，逐步向规模化、集约化、现代化发展，不仅涌现出一大批以商品生产为目的的养猪专业户、重点户和家庭养猪场，而且，集约化、工厂化养猪生产也已起步，大力推广良种，广泛应用配合饲料、科学管理及疫病防治技术，大大提高劳动生产率、生产水平和经济效益，已迫在眉睫。为适应当前养猪业发展需要，满足广大养猪生产者对养猪科技知识的需求，我们编写了这本《科学养猪技术问答》。

本书吸收目前国内外养猪生产上的最新科技成果，结合作者二十多年的畜牧生产实践经验，既着眼于养猪业规模化发展的需要，又兼顾农村养猪的条件和特点，以问答的形式，简明扼要的介绍了养猪生产概况、猪的品种、猪的纯繁与杂交利用、猪的营养与饲料、种猪的繁殖与饲养管理、仔猪的培育、猪的育肥、猪的规模化饲养、猪舍的设计与建设、猪场的经营管理、常用猪病预防与诊疗技术、常见猪病防治 12 个方面 362 个问题，几乎涵盖了现代养猪生产的整个领域，既注重理论联系实践，又强调实用性，是广大农村养猪专业户和规模化养猪生产者的必备参考书，也可供农业院校师生及基层畜牧兽医工作者参考。

由于编者水平有限，本书中可能存在一些错误或不足，恳请同道指正。我们的心愿是，每位读者都能从本书取得教益，哪怕仅解答了您一个小问题。

编　者

2003 年 2 月

目 录

一、养猪生产概况 …………………………………………………… 1

1. 世界养猪区域是如何分布的，其饲养特点有哪些？ ……… 1
2. 目前世界养猪生产水平如何？ ……………………………… 5
3. 活猪和猪产品的国际贸易情况如何？ ……………………… 6
4. 当前我国养猪生产现状如何，尚存在哪些问题？ ………… 8
5. 目前我国养猪生产中常用的生物技术有哪些？ ………… 13
6. 加入世贸组织后我国养猪生产应如何发展？ …………… 15
7. 未来中国猪肉市场需求怎样？ …………………………… 17
8. 21 世纪发展我国养猪生产的基本思路是什么？ ………… 18
9. 提高我国养猪生产水平的基本途径是什么？ …………… 18

二、猪的品种 ……………………………………………………… 20

10. 按来源可将猪分为几种类型？ …………………………… 20
11. 按经济类型可将猪分为几种类型，各有何特点？ ……… 20
12. 我国地方猪种有几种类型？ ……………………………… 21
13. 我国优良地方猪种有哪些？ ……………………………… 23
14. 我国地方猪种有哪些种质特性？ ………………………… 23
15. 我国地方猪种保种有何意义？ …………………………… 25
16. 我国近代培育猪种有几种类型，各有何特点，如何合理利用？ …………………………………………………… 26
17. 我国从国外引进的猪品种主要有哪些？ ………………… 27
18. 长白猪有什么品种特征和生产性能？ …………………… 27
19. 大约克夏猪有什么品种特性和生产性能？ ……………… 28

20. 杜洛克猪有什么品种特征和生产性能？………………… 29
21. 汉普夏猪有什么品种特征和生产性能？………………… 30
22. 皮特兰猪有什么品种特征和生产性能？………………… 30
23. 迪卡配套系猪有什么品种特征和生产性能？…………… 31
24. 地方猪种及国外引进猪种各有什么利用途径？………… 31
25. 猪有何生物学特性？………………………………………… 32
26. 猪有何行为特性？…………………………………………… 35
27. 掌握猪生物学特性和行为特性有何意义？……………… 36
28. 养殖户养什么猪种最好？…………………………………… 36

三、猪的纯繁与杂交利用……………………………………………… 38

29. 何谓纯繁，纯繁有何意义？ ……………………………… 38
30. 猪主要经济性状有哪几项，各包含哪些参数？ ………… 38
31. 种猪的外形要求有几点？…………………………………… 41
32. 种猪个体综合鉴定方法有几种？…………………………… 41
33. 猪育种工作中单个性状的选种方法有几种？…………… 42
34. 猪育种工作中多个性状的选种方法有几种，适用范围
是什么？……………………………………………………… 43
35. 猪选配的原则有几项？……………………………………… 44
36. 何谓个体选配，个体选配中的品质选配有几种，各有
何优缺点？…………………………………………………… 45
37. 何谓近交，近交有何作用？ ……………………………… 45
38. 何谓近交衰退，有何表现？生产中如何防止？ ………… 46
39. 品系繁育的方式有几种，各有何优缺点，生产中如何
选择应用？…………………………………………………… 46
40. 何谓杂交、纯繁，两者有何关系？………………………… 48
41. 何谓杂种优势，杂种优势分为几种类型？ ……………… 49
42. 猪的不同经济性状杂种优势有何差异？………………… 49

43. 如何计算杂种优势？…… 50
44. 影响杂种优势的因素有哪些？…… 51
45. 经济杂交方式有几种，各适用于何种范围，各有何优缺点？…… 52
46. 杂交繁育体系由哪几个部门组成，其猪群结构如何确定？…… 56
47. 在养猪生产中，杂种一代公猪为什么不能作种猪？…… 57
48. 饲养杂交猪有什么好处？…… 58
49. 影响经济杂交效果的因素有哪些？…… 59
50. 开展经济杂交应注意哪些问题？…… 60
51. 20 世纪猪品种杂交改良成就主要有哪些？…… 61
52. 21 世纪猪的育种方向是什么？…… 62

四、猪的营养与饲料…… 63

53. 猪的消化生理有何特点？…… 63
54. 猪的营养需要有哪些？…… 65
55. 水对猪体有何作用，常态下猪需要多少水？…… 65
56. 蛋白质对猪的营养作用有哪些，生长猪每天蛋白质沉积量是多少？…… 66
57. 何谓氨基酸，氨基酸分几类，各有何作用？…… 68
58. 猪的必需氨基酸有几种，为什么猪日粮中经常添加赖氨酸？…… 68
59. 提高饲料蛋白质利用率的措施有哪些？…… 69
60. 何谓碳水化合物，碳水化合物对猪有何营养作用？…… 70
61. 矿物质对猪有何作用，猪必需的矿物质元素有几种？…… 71
62. 能量来自何处，如何评定，提高能量利用率的措施有哪些？…… 72

63.维生素分几大类，共有几种，其特征来源和主要功能缺乏征各是什么？ …… 74
64.以玉米-豆粕为主的猪配合饲料中必须添加的维生素有几种，最适添加量是多少？ …… 78
65.瘦肉型生长肥育猪每头每天营养需要量及每千克饲料中养分含量各是多少？ …… 79
66.肉脂型生长肥育猪每头每天营养需要量及每千克饲粮中养分含量各是多少？ …… 82
67.猪自由采食每天采食量与营养需要量各是多少？ …… 84
68.后备母猪每头每天营养需要量及每千克饲料中养分含量各是多少？ …… 89
69.怀孕母猪每头每天营养需要量及每千克饲料中养分含量各是多少？ …… 91
70.哺乳母猪每头每天营养需要量及每千克饲粮中养分含量各是多少？ …… 95
71.种公猪每头每天营养需要量及每千克饲粮中养分含量各是多少？ …… 97
72.猪常用的能量饲料有哪些？ …… 99
73.猪常用的蛋白质饲料有哪些？ …… 101
74.猪常用的矿物质饲料有哪些？ …… 104
75.猪常用的粗饲料有哪些？ …… 105
76.什么是青贮饲料，用青贮饲料喂猪有什么好处？ …… 106
77.怎样制作青贮饲料？ …… 106
78.什么叫饲养标准，为什么要按照饲养标准喂猪？ …… 109
79.何谓配合饲料，合理利用配合饲料有什么好处？ …… 109
80.配合饲料应遵循哪些基本原则？ …… 110
81.何谓日粮、饲粮，饲粮配合的方法常用的有几种？ …… 111

82.各种饲料在饲粮中的一般用量是多少？ …………… 112
83.什么叫饲料添加剂,怎样分类？ …………………… 113
84.国内常用的饲料添加剂有哪些？ …………………… 113
85.营养性添加剂有何作用？ …………………………… 118
86.非营养性添加剂有何作用？ ………………………… 118
87.何谓益生素、益生元、猪食用它们有何益处？ ……… 119
88.使用饲料添加剂应注意哪些问题？ ………………… 120
89.怎样在饲料中加入添加剂？ ………………………… 120
90.市售商品饲料有哪些种类？ ………………………… 121
91.“瘦肉精”为何物质,对人有何危害？ ……………… 121
92.怎样快速识别伪劣饲料？ …………………………… 122
93.怎样在现场快速鉴别鱼粉的质量？ ………………… 122
94.怎样用酒糟喂猪？ …………………………………… 123
95.怎样用蚕蛹喂猪？ …………………………………… 124
96.怎样用蚯蚓喂猪？ …………………………………… 124
97.怎样用棉籽饼喂猪？ ………………………………… 125
98.怎样用菜籽饼喂猪？ ………………………………… 127
99.葵籽饼(粕)的营养价值和喂猪效果如何？ ………… 128
100.发霉饲料的去毒方法有哪几种？ ………………… 129
101.鸡粪作饲料有何营养价值,使用时应注意哪些事项？
………………………………………………………… 129
102.怎样用鸡粪喂猪？ ………………………………… 130
103.羽毛粉有何饲用价值,专业户怎样制作羽毛粉？ …… 131
104.用豆腐渣喂猪时应注意哪些问题？ ……………… 132
105.猪饲料中为什么一定要添加适量食盐？ ………… 132
106.养殖户自配饲料应注意什么问题？ ……………… 133
107.养殖者用何种饲料养猪利润最大,为什么？ ……… 134

五、种猪的繁殖与饲养管理 ………………………………… 136

108. 以不同的生理阶段可将母猪分为几种类型，如何划分的？ ………………………………………………… 136
109. 后备母猪有何生长特点？ ……………………………… 136
110. 怎样选留后备母猪？ …………………………………… 136
111. 后备母猪的饲养管理要点是什么？ ………………… 138
112. 后备母猪何时开始配种？ ……………………………… 139
113. 何谓性成熟和体成熟？ ………………………………… 139
114. 何谓发情周期，母猪发情有何征兆和规律？ ……… 139
115. 发情母猪何时配种最为适宜？ ……………………… 140
116. 为什么个别母猪不发情或屡配不孕？ …………… 141
117. 促进母猪正常发情、排卵的方法有几种？ ………… 141
118. 猪常用的配种方式有几种，本交的方式有几种？ …… 142
119. 怎样正确给猪配种？ …………………………………… 143
120. 给母猪配种时注意事项有哪些？ …………………… 144
121. 怎样判断母猪是否怀孕？ ……………………………… 144
122. 什么叫假妊娠，怎样防治母猪假妊娠？ ………… 145
123. 养猪生产中为什么要推广人工授精技术？ ……… 146
124. 人工授精包括几个技术环节？ ……………………… 146
125. 种公猪精液的采集要领是什么？ …………………… 147
126. 采精时的注意事项有哪些？ ………………………… 148
127. 评定精液品质的主要指标有几项？ ………………… 149
128. 怎样稀释精液？ ………………………………………… 150
129. 怎样进行输精？ ………………………………………… 150
130. 提高猪人工授精受胎率的技术要点有哪些？ …… 151
131. 猪胎儿生长发育规律是什么？ ……………………… 152
132. 妊娠母猪需要哪些营养？ ……………………………… 153

133.妊娠母猪的饲养方式有哪几种? …… 154
134.妊娠母猪的管理要点有哪些? …… 155
135.怎样推算妊娠母猪的预产期? …… 155
136.何谓季节产仔?为什么要倡导季节产仔? …… 155
137.怎样让母猪白天产仔? …… 156
138.母猪临产有何征兆? …… 157
139.怎样给母猪接产? …… 157
140.母猪分娩后如何护理? …… 157
141.怎样饲养管理哺乳母猪? …… 158
142.为什么不能让分娩母猪吃掉胎衣? …… 159
143.母猪泌乳有何特点,初乳和常乳有何不同? …… 159
144.母猪产后拒绝哺乳怎么办? …… 160
145.为什么母猪产后宜加大麸皮喂量? …… 160
146.影响母猪泌乳量的因素有哪些? …… 161
147.提高母猪泌乳量的方法有几种? …… 162
148.如何选择种公猪? …… 162
149.种公猪应如何饲养管理? …… 163
150.种公猪何时开始配种为宜? …… 164
151.怎样合理使用种公猪? …… 165
152.种公猪的种用年限、基础母猪的使用年限各以多少为宜? …… 165
153.种公猪性欲低下怎么办? …… 166
154.提高种公猪精液品质应采取什么措施? …… 166
155.提高母猪年生产力的途径有几条? …… 167

六、仔猪的培育 …… 169

156.哺乳仔猪有哪些生理特点? …… 169
157.何谓假死仔猪,如何抢救? …… 171

158. 初生仔猪如何保温？ …… 171
159. 为什么要让初生仔猪吃足初乳？ …… 172
160. 为什么要给仔猪固定奶头？ …… 172
161. 哺乳仔猪养育的中心任务及 3 个关键时期各是什么？ …… 173
162. 培育哺乳仔猪应把握好几点？ …… 173
163. 提高仔猪成活率的主要措施有哪些？ …… 174
164. 怎样给仔猪配置和饲喂人工乳？ …… 175
165. 为什么要对哺乳仔猪进行早期补料，操作时要把握哪几个关键问题？ …… 177
166. 生产中常用的仔猪补饲配方有哪些？ …… 178
167. 给哺乳仔猪补料，喂一斤料能长一斤猪吗，为什么？ …… 179
168. 哺乳仔猪为何应早期补铁，补铁的方法有几种？ …… 180
169. 猪用促生长剂有哪几类，如何给仔猪饲喂？ …… 181
170. 配制乳猪料必须注意哪几个问题？ …… 183
171. 仔猪什么时间断奶最好？ …… 184
172. 为什么要推广仔猪早期断奶技术，早期断奶的适宜日龄是多少？ …… 185
173. 怎样给仔猪断奶？ …… 186
174. 仔猪早期断奶需要注意哪些问题？ …… 186
175. 早期断奶仔猪需要哪些营养？ …… 187
176. 早期断奶仔猪的饲养管理要点是什么？ …… 188
177. 仔猪断奶后，为什么容易腹泻，怎样预防该病的发生？ …… 189
178. 提高仔猪断奶重的主要措施有哪些？ …… 190
179. 国外断奶仔猪的目标增重速度是多少？ …… 191

180. 怎样进行仔猪的免疫接种，猪瘟超早期免疫何时进行？ …… 191
181. 仔猪笼养有什么好处？ …… 192
182. 怎样挑选仔猪？ …… 192
183. 如何使仔猪安全过冬？ …… 193
184. 仔猪什么时间去势最适宜？ …… 194
185. 怎样给小公猪去势？ …… 194
186. 怎样给小母猪去势？ …… 195
187. 哪些情况下猪不能去势？ …… 196
188. "僵猪"形成的原因有哪些，如何消灭、治疗"僵猪"？ …… 196
189. 何谓无特定病原菌猪群(SPF 猪群)，建立 SPF 猪群的意义如何？ …… 198
190. SPF 猪群建立的方法有哪几种？ …… 198
191. SPF 猪如何繁殖与推广？ …… 199

七、猪的育肥 …… 201

192. 生长肥育猪的生长发育有何规律？ …… 201
193. 肉猪按生长发育阶段分为哪几个时期？ …… 203
194. 影响猪育肥的因素有哪些？ …… 204
195. 肉猪育肥前的准备工作有哪些？ …… 206
196. 猪群饲养管理的一般原则有哪几项？ …… 207
197. 肥育猪的饲养方式有哪两种，各种方式采用的条件是什么？ …… 210
198. 架子猪怎样催肥？ …… 211
199. 猪快速育肥需要哪些环境条件？ …… 211
200. 猪快速育肥的工作程序如何安排？ …… 212
201. 猪快速育肥的管理要点有哪些？ …… 213

202.如何衡量猪的育肥效果？ …………………………… 215
203.猪育肥性能高低的评定指标有哪些？ ………………… 216
204.肥育猪何时出栏最适宜，为什么？ ………………… 217
205.提高猪育肥效果的技术措施主要有哪些？ …………… 219
206.育肥猪的管理技术要点有哪些？ …………………… 222
207.何谓瘦肉型猪，商品瘦肉型猪？ …………………… 222
208.我国瘦肉型猪的生产现状如何？ …………………… 223
209.饲养瘦肉型猪有什么好处？ ……………………… 224
210.适合瘦肉型猪的典型饲料配方有哪些？ …………… 225
211.使用浓缩饲料喂猪有何好处？ …………………… 227
212.怎样用预混料养猪？ …………………………… 227
213.育肥猪常用的中草药饲料添加剂有哪些？ ………… 228
214.如何用小麦代替玉米饲喂育肥猪？ ………………… 229
215.为什么提倡用生饲料喂猪，饲喂时应注意什么？ …… 229
216.育肥猪饲料添加哪些药物可以提高增重、降低饲料消耗？ …………………………………………… 230
217.不同季节养猪应注意什么？ ……………………… 232
218.利用葵籽粕作为蛋白饲料的生长肥育猪饲料配方主要有哪些？ ……………………………………… 233
219.利用菜籽粕作为蛋白饲料的生长肥育猪饲料配方主要有哪些？ ……………………………………… 234
220.利用棉籽粕作为蛋白饲料的生长肥育猪饲料配方主要有哪些？ ……………………………………… 235
221.如何提高肥育猪的瘦肉率？ ……………………… 235
222.饲粮中氨基酸、蛋白质水平对生长肥育猪有何影响？ …………………………………………………… 237
223.猪饲粮中高铜、高锌、砷制剂的危害有哪几方面？ …… 239
224.如何减轻高铜、高锌、砷制剂的危害？ …………… 241

八、猪的规模化饲养 …………………………………………………… 243

225.何谓规模化养猪,发展规模化养猪有什么意义? …… 243
226.我国规模化养猪的现状如何? ……………………………… 244
227.规模化养猪必须具备什么条件? ………………………… 245
228.当前我国规模化养猪存在哪些问题? ………………… 246
229.猪舍内环境包括哪些因素? ……………………………… 247
230.控制猪舍内环境的主要措施有哪些? ………………… 247
231.环境因素对种公猪繁殖力有何影响? ………………… 248
232.环境因素对母猪繁殖力有何影响? …………………… 249
233.环境因素对生长肥育猪有何影响? …………………… 251
234.规模化猪场对饲养管理有何要求? …………………… 252
235.规模化猪场的主要经济技术指标是什么? …………… 253
236.如何确定规模化猪场各类猪群的结构和数量?不同规模猪群结构示例。 ……………………………………………… 254
237.规模化养猪的生产工艺分几种形式? ………………… 255
238.规模化养猪生产工艺流程是怎样的?举例说明。 ………………………………………………………………………… 258
239.何谓标准化饲养? ……………………………………………… 260
240.适用于规模养猪的饲料主要有哪些? ………………… 260
241.规模化养猪的饲粮配合应注意什么问题? ………… 261
242.规模化猪场应采用哪些卫生保健措施? ……………… 261
243.商品猪场管理者日常应抓哪些工作? ………………… 262
244.猪场废弃物对环境的污染主要有几方面? ………… 263
245.猪场废弃物的处理方法有哪几种? …………………… 264
246.家庭养猪以规模多大为宜? ………………………………… 265
247.家庭规模养猪的生产模式有几种? …………………… 266
248.家庭规模养猪如何降低市场风险? …………………… 266

249. 怎样用塑料棚舍养猪，应用塑料棚舍养猪需注意哪些问题？ …… 267
250. 什么是种养结合塑料棚舍养猪技术？ …… 268
251. 何谓自然养猪法，其有何益处？ …… 269
252. 规模养猪为什么要把治污环保放在首位？ …… 269
253. 如何进行无公害猪标准化饲养？ …… 270

九、猪舍的设计与建设 …… 273

254. 怎样选择猪场场址？ …… 273
255. 猪场总体平面布局有什么基本要求？ …… 273
256. 怎样规划猪场总体平面布局？ …… 274
257. 适合小规模猪场采用的生产线型系统猪舍平面布局如何规划？ …… 274
258. 地形受到限制或不再扩大生产规模时采用的H型(Z型)系统猪舍平面布局如何规划？ …… 275
259. 猪舍设计的基本原则是什么？ …… 276
260. 猪舍建筑形式有哪几种？ …… 277
261. 猪舍建筑的基本要求有哪些？ …… 281
262. 如何设计母猪舍？ …… 281
263. 如何设计肉猪舍？ …… 283
264. 猪舍地面怎样处理才符合要求？ …… 283
265. 猪舍内必须装配哪些设备？ …… 285

十、猪场的经营管理 …… 286

266. 养猪场一般划分为几种类型？ …… 286
267. 目前可将猪群划分为几个类群？ …… 286
268. 何谓猪群结构，如何科学合理地确定猪群结构？ …… 287
269. 养猪为什么要进行市场预测？ …… 288

270. 怎样进行市场预测？…………………………………… 288
271. 猪场技术管理要点有哪些？…………………………… 290
272. 一般情况下，猪场饲养员的劳动定额是多少？……… 290
273. 猪场如何进行成本核算？……………………………… 291
274. 怎样降低养猪成本？…………………………………… 293
275. 猪场如何进行经济效益分析？………………………… 294
276. 猪场(专业户)如何达到经济效益最大化？………… 295

十一、常用猪病预防与诊疗技术 ……………………… 299

277. 猪的疫病分几大类，各有何特点？…………………… 299
278. 何谓传染病，传染病发生与发展的必要条件是什么？…………………………………………………………… 299
279. 猪疫病的一般预防措施有哪些？……………………… 300
280. 对猪场的动物卫生管理包括哪几方面？…………… 300
281. 猪场的动物防疫制度一般有几项？………………… 302
282. 猪场的防疫灭病措施有哪些？……………………… 302
283. 猪场防疫工作的主要内容有哪些？………………… 303
284. 猪常用疫(菌)苗分几大类，其特点各是什么？…… 303
285. 猪常用的疫(菌)苗有哪些，如何使用？…………… 304
286. 使用疫(菌)苗时应注意哪些问题？………………… 306
287. 新进仔猪如何进行防疫管理？……………………… 306
288. 免疫接种分为几类，其接种方法有几种，各适用于什么情况？…………………………………………… 307
289. 影响免疫接种效果的因素有哪些？………………… 308
290. 何谓计划免疫、免疫程序？………………………… 308
291. 猪常用的免疫程序是什么？………………………… 309
292. 猪场在制定免疫程序时应考虑哪些因素？………… 310
293. 猪传染病发生时的紧急防治措施是什么？………… 311

294.何谓消毒,消毒分为哪几种? …………………… 312
295.猪场常用的消毒方法有哪几种? ………………… 312
296.猪场常用的消毒药物有哪些,怎样使用? ……… 313
297.猪疫病的基本诊断方法有哪几种? ……………… 316
298.猪疫病的临床检查要点有哪些? ………………… 316
299.猪疫病的流行病学调查要点有哪些? …………… 317
300.猪疫病的病理学诊断技术有哪些内容? ………… 318
301.猪疫病的实验室检查包括哪几方面内容? ……… 319
302.病料采集应注意哪些问题? ……………………… 319
303.病料保存方法有哪几种? ………………………… 320
304.病料送检注意事项有哪几点? …………………… 321
305.猪的保定方法有哪几种? ………………………… 321
306.猪的给药方法有哪几种? ………………………… 322
307.给猪打针时应注意什么? ………………………… 323
308.哪些猪不宜打防疫针? …………………………… 323
309.猪传染病的治疗原则有哪几项? ………………… 324
310.针对病原体的治疗方法有哪几种? ……………… 324
311.抗生素疗法的用药原则有哪几项? ……………… 325
312.养猪户如何自辨猪病? …………………………… 326
313.猪场应常备哪些治疗药物? ……………………… 328
314.如何正确使用磺胺类药物? ……………………… 328
315.常用药物的配伍禁忌主要有哪些? ……………… 330

十二、常见猪病的防制 ……………………………… 331

316.猪常见的细菌性传染病有哪些? ………………… 331
317.猪常发的病毒性传染病有哪些? ………………… 331
318.猪常发的寄生虫病有哪些? ……………………… 331
319.普通病包括哪几类? ……………………………… 331

320. 怎样防制猪瘟？ …… 331
321. 怎样预防制猪口蹄疫？ …… 333
322. 怎样防制猪传染性胃肠炎？ …… 335
323. 怎样防制猪流行性腹泻？ …… 337
324. 怎样防制猪伪狂犬病？ …… 338
325. 怎样防制猪乙型脑炎？ …… 338
326. 怎样防制猪细小病毒病？ …… 339
327. 怎样防制猪流行性感冒？ …… 340
328. 怎样防制断奶仔猪多系统衰竭综合征？ …… 341
329. 怎样防制猪痘？ …… 342
330. 怎样防制猪繁殖与呼吸综合征？ …… 343
331. 怎样防制猪附红细胞体病？ …… 344
332. 怎样样防制猪丹毒？ …… 345
333. 怎样防制猪肺疫？ …… 347
334. 怎样防制仔猪副伤寒？ …… 349
335. 怎样防制猪链球菌病？ …… 350
336. 怎样防制仔猪白痢？ …… 352
337. 怎样防制仔猪红痢？ …… 353
338. 怎样防制仔猪黄痢？ …… 355
339. 怎样防制仔猪水肿病？ …… 356
340. 怎样防制猪气喘病？ …… 358
341. 怎样防制猪破伤风？ …… 359
342. 怎样防制猪痢疾？ …… 360
343. 怎样防制猪布氏杆菌病？ …… 362
344. 怎样防制猪坏死杆菌病？ …… 363
345. 怎样防制猪传染性胸膜肺炎？ …… 364
346. 怎样防制猪传染性萎缩性鼻炎(AR)？ …… 366
347. 怎样防制猪蛔虫病？ …… 367

348. 怎样防制猪旋毛虫病? …………………………………… 368
349. 怎样防制猪囊尾蚴病? …………………………………… 369
350. 怎样防制猪绦虫病? ……………………………………… 370
351. 怎样防制猪肺线虫病? …………………………………… 371
352. 怎样防制猪疥螨病? ……………………………………… 371
353. 怎样防制仔猪消化不良? ………………………………… 373
354. 怎样防制猪应激综合征? ………………………………… 373
355. 怎样防制猪佝偻病? ……………………………………… 375
356. 怎样防制仔猪缺铁性贫血? ……………………………… 377
357. 怎样防制猪食盐中毒? …………………………………… 377
358. 怎样防制棉籽饼中毒? …………………………………… 378
359. 怎样防制黄曲霉毒素中毒? ……………………………… 380
360. 怎样防制猪异食癖? ……………………………………… 381
361. 怎样防制母猪生产瘫痪? ………………………………… 382
362. 在猪病防制中,如何使效益最大化? …………………… 383

附录 ………………………………………………………………… 385

附录一　猪常用生理指标 ………………………………………… 385
附录二　中小猪场主要传染病免疫程序 ………………………… 385
附录三　饲料药物添加剂使用规范 ……………………………… 386
附录四　饲料添加剂品种目录(2008) …………………………… 390

参考文献 …………………………………………………………… 395

一、养猪生产概况

1.世界养猪区域是如何分布的，其饲养特点有哪些？

世界养猪生产以亚洲、欧洲、北美和中美洲为主（表1-1），这三个地区的猪存栏数从1967—1971年的45 272万头增至1996年的84 059.1万头，从占世界的79.87%增至90.98%；猪肉产量从3 221.2万t增加到8 200.8万t，占世界猪肉产量从83.28%增至95.62%。

表1-1 全世界猪存栏数与猪肉产量

洲别	存栏猪数（万头）			猪肉产量（万t）		
	1969—1971	1979—1981	1996	1969—1971	1979—1981	1996
全世界	56 679.7	77 878.2	92 392.4	3 867.8	5 200.1	8 576.1
非洲	701.6	1 000.2	2 129.0	27.5	35.4	74.9
北美洲和中美洲	8 571.3	9 727.1	9 471.1	722.6	966.8	1 019.7
南美洲	4 518.6	5 170.1	5 721.3	131.7	171.6	257.9
亚洲	23 461.4	36 869.0	53 650.5	1 185.5	1 551.3	4 727.3
欧洲	13 239.7	17 338.4	20 937.5	1 313.1	1 922.6	2 453.8
大洋洲	434.3	415.2	483.0	23.6	28.4	42.5

注：引自《联合国粮农组织生产年鉴》1981，1996。

2000年世界养猪生产前5位的国家分别是中国、美国、巴西、德国和俄罗斯，其存栏量，出栏量和猪肉产量见表1-2。这5个国家共存栏猪56 955.72万头，出栏73 669.67万头，猪肉产量5 848.86万t，分别占世界总存栏的62.62%，总出栏的62.88%，猪肉总产量的64.25％。

根据1996年、2000年的资料，按猪肉产量依次为亚洲、欧洲、北美和中美洲、南美洲、非洲和大洋洲。

表1-2 2000年世界各国养猪生产统计

国别或地区	存栏量（万头）	屠宰量（万头）	产肉量（万 t）	胴体肉重（kg/头）
世界总计	90 948.62	117 154.49	9 103.00	77.7
中国	43 755.12	55 621.37	4 305.26	77.4
英国	728.40	1 324.90	94.20	71.1
印度尼西亚	1 006.86	1 380.00	75.90	55.0
印度	1 600.50	1 550.00	54.25	35.0
意大利	840.30	1 305.00	147.00	112.6
以色列	16.30	15.95	1.21	76.0
匈牙利	533.50	700.62	66.42	94.8
新西兰	34.40	76.40	4.82	63.1
希腊	90.60	222.20	14.31	64.4
乌兹别克斯坦	8.00	26.00	1.65	63.5
乌克兰	1 007.29	784.90	67.50	86.0
土库曼斯坦	4.60	1.10	0.07	60.0
泰国	768.20	851.73	42.95	50.0
瑞典	191.79	379.75	32.00	84.3
日本	988.00	1 698.00	127.00	74.8
挪威	68.96	138.04	10.60	76.8
墨西哥	1 369.00	1 255.00	103.49	82.5
缅甸	400.00	188.95	10.39	55.0
美国	5 933.70	9 792.60	853.20	87.1
马来西亚	296.10	403.30	22.10	54.8
罗马尼亚	595.06	840.00	62.60	74.5

续表 1-2

国别或地区	存栏量（万头）	屠宰量（万头）	产肉量（万 t）	胴体肉重（kg/头）
加拿大	1 225.40	1 995.00	167.50	84.0
荷兰	1 313.80	1 850.00	162.50	87.8
芬兰	154.07	214.63	17.60	82.0
菲律宾	1 039.00	1 796.14	112.31	62.5
法国	1 463.50	2 660.00	231.50	87.0
俄罗斯	1 830.00	1 550.80	125.00	80.6
德国	274.90	4 430.00	385.00	86.9
丹麦	1 155.10	2 110.00	165.00	78.2
波兰	1 822.40	2 160.00	190.00	88.0
巴西	2 732.00	2 274.90	180.40	79.3
澳大利亚	236.40	480.00	36.30	75.6
埃及	2.95	7.10	0.30	42.9
阿根廷	320.00	269.74	18.14	67.3

注：引自《中国农业年鉴 2001》。

(1)亚洲　1996 年猪存栏数和猪肉产量分别为 53 650.5 万头和 4 727.3 万 t，分别占世界的 58.07%和 55.12%，居世界首位。中国是世界最大的猪肉生产国，猪存栏数和猪肉产量分别占世界的 48.94%和 47.31%，占亚洲的 84.29%和 85.82%。日本猪存栏数居亚洲第四位（低于越南、印度），猪肉产量列第二位，分别占亚洲的 1.85%和 2.67%。出栏率依次为韩国（171.49%）、菲律宾（167.77%）、日本（163.41%）、印度尼西亚（135.46%）、中国（122.08%），但印度尼西亚猪的胴体重量小（55 kg），猪肉产量低。2000 年中国猪存栏和猪肉产量分别为 43 755.12 万头和 4 305.26 万 t，分别占世界的 48.11%和 47.29%，出栏率为 122.4%，印度猪存栏和猪肉产量分别为 1 600.5 万头和 54.25 万 t，出栏率为

96.84%，胴体重仅为 35 kg/头，日本猪存栏和猪肉产量分别为 988 万头和 127 万 t，出栏率为 171.86%。日本是生产水平最高的国家，其养猪的特点是因本国资源缺乏，依靠进口进行集约化生产，饲养品种生产性能高，按 1990 年种猪登记资料，长白猪、大约克夏猪、杜洛克猪和汉普夏猪 4 个品种占 93.7%。亚洲养猪的集约化程度和生产水平，从总体比较低于欧洲，北美和中美洲。

(2)欧洲　1996 年猪存栏数和猪肉产量分别占世界的 22.66% 和 28.61%，以占世界 1/5 的存栏猪生产了近 30%的猪肉，显示了生产的高水平。西欧和北欧生产水平高于东欧。英国、法国、丹麦、德国、荷兰是生产水平最高的国家。以丹麦、荷兰和英国为代表的西北欧国家，在繁育体系、性能测定，品种改良、配合饲料、无特定病原体猪(SPF 猪)生产等方面居世界领先水平。宝塔式的繁育体系奠定了配套系杂优猪的生产基础，相关科学技术的应用以及集约化生产，保证了养猪生产的高水平。不同品系的长白猪和大约克夏猪的培育，对世界养猪生产作出了巨大的贡献。

(3)北美洲和中美洲　1996 年猪存栏数和猪肉产量分别占世界的 10.25%和 11.89%。以美国和加拿大的生产水平为最高，美国居第一，存栏猪数和猪肉产量分别占该区域的 61.25% 和 75.17%。墨西哥养猪数居第二，但猪肉产量远低于加拿大。美国和加拿大均拥有较多的耕地，生产饲料作物，构成了美国以玉米-豆饼、加拿大以小麦-菜籽饼为主的基础饲粮。经营上以兼营为主，农户兼营养猪或养猪兼种农作物，以自产谷物加添加剂或浓缩料配制饲粮，这种粮猪结合的生产方式，成本较低，生产水平较高，但集约化程度不及欧洲。

(4)南美洲　1996 年猪存栏数和猪肉产量分别占世界的 6.19% 和 3.01%，养猪生产水平低。巴西养猪数居世界第三位(2000 年亦居第三位)，存栏猪数占世界的 3.96%，但猪肉产量仅占 1.77%。南美洲养猪水平近年提高较快，1996 年与 1967—

栏数仅增加 26.62%，而猪肉产量却提高了
西猪存栏占世界 3%，而猪肉产量却达1.98%。
96 年猪存栏数和猪肉产量分别占世界的 2.3%
一些国家由于民俗、宗教的原因，以及自然条件
欠发达。近 20 年来养猪生产发展较快，1996 年猪
—1971 年增加了 2 倍，猪肉产量增加了 1.7 倍。
洲　素以养羊业和养牛业发达著称于世，1996 年养
肉产量均各占世界的 0.52%和 0.5%，养猪生产水平远
洲和非洲。

2. 目前世界养猪生产水平如何？

据《中国农业年鉴 2001》公布的 2000 年资料，中国和美国的猪存栏数和猪肉产量分居世界第一位和第二位，德国猪存栏数略低于巴西居第四位，但猪肉产量居第三位，2000 年世界主要养猪国家生产水平列表 1-3。

表 1-3　世界主要养猪国家生产水平

国别	存栏量（万头）	屠宰量（万头）	产肉量（万 t）	胴体肉重（kg/头）
世界总计	9 094.86	11 715.45	910.30	77.7
中国	4 375.51	5 562.14	430.53	77.4
美国	593.37	979.26	85.32	87.1
巴西	273.20	227.49	18.04	79.3
德国	270.49	443.00	38.50	86.9
俄罗斯	183.00	155.08	12.50	80.6
波兰	182.24	216.00	19.00	88.0
印度	160.05	155.00	5.43	35.0
法国	146.35	266.00	23.15	87.0
墨西哥	136.90	125.50	10.35	82.5

续表 1-3

国　别	存栏量（万头）	屠宰量（万头）	产肉量（万 t）	
荷兰	131.38	185.00	16.25	
加拿大	122.54	199.50	16.75	
丹麦	115.51	211.00	16.50	
菲律宾	103.90	179.61	11.23	
乌克兰	100.73	78.49	6.75	
印度尼西亚	100.69	138.00	7.59	
日本	98.80	169.80	12.70	74.[illegible]
意大利	84.03	130.50	14.70	112.6
泰国	76.82	85.17	4.30	50.0
英国	72.84	132.49	9.42	71.1

注：引自《中国农业年鉴 2001》。

出栏率是衡量生产水平的综合指标，2000 年世界平均出栏率 129.24%，欧美发达国家最高达 180%～190%；其他指标如胴体重世界平均 77.7 kg，意大利 112.6 kg，匈牙利 94.8 kg，波兰 88 kg，荷兰 87.8 kg，美国 87.1 kg，每年每头母猪产仔数欧美国家达 24 头，全场饲料报酬欧美国家为 2.8。

3. 活猪和猪产品的国际贸易情况如何？

（1）活猪贸易情况　世界活猪贸易以西欧、亚洲和北美国家为主。据《食品与农业状况统计资料》（FAO，1990），1990 年世界活猪进出口贸易总量为 2 562 万头，其中西欧国家进出口数分别占世界的 58.7% 和 54.8%。西欧国家进出口活猪以配套系杂交的杂优猪和父母代为主，纯种的进出口比例已退居次要位置。亚洲进出口活猪为 364.8 万头和 373.6 万头，分别占世界的 29.0% 和 29.7%。其中中国出口活猪最多约为 300 万头，主要销往香港市场。中国出口活猪分为大猪(体重不超过 95 kg)、中猪(体重 30～40 kg)和乳猪,乳猪又分为大乳猪(体重 10～12 kg)、中乳猪(体重 8 kg 左右)和小乳猪(体重 6 kg)。中猪和乳猪在港澳地区主要为烧、烤食用。北美发达国家活猪进出口量占世界的 7.1%和 7.5%。

(2)猪产品贸易情况 近年来世界养猪生产水平提高较快,猪肉产量增加,猪肉出口国越来越多,表现为供大于求。世界猪肉出口量约为 350 万 t,荷兰、丹麦、中国、比利时、加拿大等是主要猪肉出口国。猪肉进口贸易约为 300 万 t,日本、美国、意大利、法国、英国、德国和独联体国家等是主要猪肉进口国。香港地区也靠进口猪肉。

据《联合国粮农组织贸易和商业年鉴》1990 年统计,世界猪肉进出口贸易为 271.5 万 t 和 281.1 万 t。荷兰为第一出口大国,出口 77.1 万 t,价值 19.56 亿美元。丹麦居第二,为 47.2 万 t,价值 16.22 亿美元。中国居第三,为 28.2 万 t,价值 8.74 亿美元。日本是第一位进口大国,进口量为 34.34 万 t,价值 16.87 亿美元,分别占世界的 12.65%和 21.80%。日本由中国台湾进口量占 50%以上,其次由丹麦进口约占 33%。

中国猪肉及其制品的对外贸易,近几年来有了很大增长。1950—1991 年对外贸易增长状况列于表 1-4。

表 1-4 1950—1991 年中国猪与猪肉出口量

类别	1950 年	1960 年	1970 年	1980 年	1990 年	1991 年
活猪(万头)	58.00	78.75	170.45	246.82	300.00	285.00
鲜冻猪肉(万 t)	0.79	7.43	8.05	6.38	12.44	11.66
罐头(万 t)	0.02	1.41	2.15	4.80	9.09	12.84

注:引自陈润生《猪生产学》,中国农业出版社,1995。

我国猪副产品在国际贸易中占有重要地位。据《中国统计年鉴》(1992)资料，1991年出口猪鬃7 357 t，盐渍猪肠衣16 389 t。

4. 当前我国养猪生产现状如何？尚存在哪些问题？

(1)据调查，当前我国养猪生产现状有以下5个特点：

①养猪数量巨大，且增长迅猛。据统计：2000年我国生猪存栏44 681.5万头，出栏52 673.3万头，猪肉产量4 031.4万t，均为世界第一位。存栏量、出栏量、猪肉产量分别占世界总量的48.1%、47.5%、47.3%。

1952年，我国生猪存栏为8 977万头，出栏肉猪6 545万头，猪肉产量301.1万t。1978年党的十一届三中全会以来，农村实行了联产承包责任制，促进了养猪生产水平的大提高，1979年生猪存栏达31 970.5万头，出栏肉猪18 771.9万头，猪肉产量为1 001.0万t，分别为1952年的2.56倍、1.87倍、2.32倍。2000年生猪存栏量、出栏量、猪肉产量分别是1952年的4.98倍、8.05倍、13.4倍，是1979年的1.4倍、2.8倍和4倍，见表1-5。

表1-5 1952年、1979年与2000年全国养猪生产比较

	年度	存栏数(万头)	出栏数(万头)	出栏率(%)	猪肉产量(万t)	平均胴体重(kg)
	1952	8 977.0	6 545.0	—	301.1	—
	1979	31 970.5	18 771.9	62.3	1 001.0	53.0
	2000	44 681.5	52 673.3	122.4	4 031.4	77.4
比	1979/1952	+256.14	+186.81	—	232.45	—
较	2000/1952	+397.73	+704.79	—	123.89	—
(%)	2000/1979	+39.76	+180.60	+60.1	302.74	+46.04

我国养猪主要集中在四川、河南、湖南、广西、山东、云南、河北、广东、江苏、湖北、安徽、贵州等省，四川是全国之冠。据2000年统计，四川省生猪存栏量、出栏量和猪肉产量分别占全国

总量的10.7%、11%和10.4%；其次是河南、湖南，分别占全国总量的8%、7.5%、8%和8%、10.4%、9.2%，见表1-6。

表1-6 2000年中国各地猪生产统计

地 区	年末存栏（万头）	出栏量（万头）	出栏率（%）	猪肉产量（万t）
全国总计	44 681.5	52 673.3	122.4	4 031.4
北京	250.1	415.6	167.4	29.1
天津	164.8	235.8	185.7	17.3
河北	2 415.8	3 239.1	136.5	242.8
山西	468.4	567.5	113.0	43.5
内蒙古	801.3	851.3	109.5	76.6
辽宁	1 300.2	1 320.1	117.5	117.0
吉林	646.0	1 153.9	131.5	95.5
黑龙江	992.6	1 101.8	108.6	87.1
上海	230.0	473.0	196.6	25.9
江苏	2 015.0	2 780.0	145.0	205.7
浙江	1 043.0	1 359.8	132.7	89.8
安徽	1 858.4	2 226.8	125.6	184.8
福建	1 108.6	1 347.7	128.4	106.5
江西	1 755.0	1 863.0	119.9	143.5
山东	2 660.3	3 426.8	133.8	285.9
河南	3 587.7	3 930.0	110.5	322.9
湖北	1 900.4	2 418.6	114.0	193.5
湖南	3 583.8	5 491.3	160.5	371.8
广东	2 034.8	2 955.0	146.4	206.8
广西	3 171.8	2 749.9	119.1	206.8
海南	3 44.0	256.5	90.8	22.7
重庆	1 610.0	1 821.0	120.4	132.1

续表 1-6

地　区	年末存栏（万头）	出栏量（万头）	出栏率（%）	猪肉产量（万 t）
四川	4 781.1	5 774.9	122.0	419.1
贵州	1 802.7	1 164.5	71.0	104.8
云南	2 587.1	2 033.3	82.7	172.6
西藏	23.5	13.6	61.3	0.8
陕西	639.9	752.4	94.9	60.9
甘肃	548.2	562.6	99.6	38.9
青海	104.0	112.0	102.6	7.0
宁夏	120.3	133.5	109.3	8.8
新疆	133.0	142.0	75.4	10.8

注：引自《中国农业年鉴 2001》。

②养猪生产水平较低，但提高幅度大。据 2000 年统计，我国生猪出栏率为 122.4%，世界平均水平 129.24%，低 6.84 个百分点，与发达国家的生产水平更无法比较（西欧丹麦、英国等达 180%～190%），每头能繁母猪年提供商品猪 15 头，饲料报酬3.2。1996 年，我国生猪出栏率 122.08%，世界平均 121.91%，中国略高于世界平均水平，尽管比英国（180.11%）、丹麦（178.05%）、法国（169.94%）低得多，但是与 1979 年相比，肉猪出栏数增长了 180.92%，出栏率提高了 57.1 个百分比，猪肉产量增长了 303.65%。养猪生产水平得到大幅度提高。

2000 年与 1979 年相比，存栏仅提高了 39.76%，而肉猪出栏量却增长了 180.6%，出栏率提高了 60.1 个百分点，猪肉产量增长了 302.74%，见表 1-5，养猪生产得到了大幅度的提高。2000 年与 1996 年相比，生猪出栏率世界平均水平增长 7.33 个百分点，而中国仅增长 0.32 个百分点，可见我国生产水平还须进一步提高。

③生产方式有了较大变化。我国养猪生产已经开始改变了千家万户零星散养的格局，出现一大批养猪专业场、户，集约化养猪已经起步。据统计 1990 年全国出栏 500 头以上养猪场或户不足 10 万个，现已发展到 100 多万个；年出栏 1 万头以上（含万头）的猪场由 100 个而发展到 1 600 多个，京、津、沪建有规模猪场 3.35 万个，出栏猪占三市出栏总数的 84.6%，各种规模化养猪场年出栏商品猪的数量占全国出栏量的 24%。专业户养猪以商品生产为目的，大多采用良种、配合饲料以及科学饲养管理技术，提高了劳动生产率和经济效益，出栏率和商品率也大大提高；在我国许多大中城市和沿海开放城市，先后建设了一批年出栏上万头甚至几万头的规模养猪企业，这些企业设备较先进，科学养猪技术和生产水平更高。成为出口猪的重要来源，取得了良好的经济效益，为我国养猪生产向规模化、集约化、现代化过渡起了示范带头作用。另外，随着商品经济的发展，生猪产、供、销一体化的组织已开始出现，如基层畜牧兽医站带户、种猪场带户、牧工商公司带户（公司＋农户）、养猪协会＋农户、加工企业＋农户等形式相继出现，实行互利互惠，使生产与经营相结合，已显示出了强大的生命力，取得了明显的成效。

④社会化服务体系已初步建立。我国的良种繁育、饲料加工供应，疫病防治、加工流通四大体系已初步建立，并初具规模，是养猪生产发展的必备条件。其情况分别为：

良种繁育体系　全国已基本形成以国家育种中心、良种场、繁育场、人工授精站为主的繁育体系。一大批国家重点猪场不仅加强了从国外引进良种的力度，而且先后建立了种猪性能测定站，开展了种猪性能的选育提高工作。良种繁育体系的建设为养猪生产水平的提高提供了良种基础。

饲料加工体系　全国已建成一批大中型饲料加工企业，销售网点遍布广大乡镇，形成饲料生产供应体系；同时，国务院颁布了

《饲料及饲料添加剂管理条例》，国家、省、市（地）、县4级饲料质量监控管理网络已初步形成，配合饲料，添加剂预混料，浓缩饲料生产已开始走上科学化和规范化的轨道。为养猪生产提供了饲料保证。

疫病防治体系　全国有乡镇畜牧兽医站近6万个，形成了以中央、省、市（地）、县兽医防治机构和乡镇畜牧兽医站为体系的畜禽疫病防治网络。有国家和集体兽医技术人员近30万人，成为疫病防治的主要力量。各地还建立了兽药质量监测和动物卫生防疫机构，有效地控制了疫病发生，在一些疾病的诊治和预防免疫方面达到了世界先进水平。

加工流通体系　全国已有国营肉类联合加工厂1 500多个，其中大中型厂360多个，近年又新上一批外资、合资或股份制、私营肉类联合加工企业，已具年屠宰加工1.5亿头、冷藏4 000多万头猪的能力。加工品种除传统的白条肉、香肠、火腿等外，近年来又开发出新鲜、方便、卫生的多种猪肉小包装产品，如火腿肠、里脊肉等，增加了猪肉制品的花色品种，繁荣了市场。

⑤产品质量进一步提高。随着人民生活水平的提高，膳食结构发生很大变化，人们由传统的"挑肥嫌瘦"逐渐改变为"嫌肥挑瘦"或"肥瘦适宜"。为适应人们的需求，养猪生产通过引进瘦肉型种猪杂交改良本地猪或培育新的品种使猪只逐渐"瘦肉化"，并且逐渐提高我国猪群体中瘦肉型猪的比重，使瘦肉型猪占猪饲养量的比例已达到70％以上，猪胴体瘦肉率从40％左右逐渐提高到60％左右。

(2)我国养猪业主要存在以下6方面问题：

①饲养规模小，品种质量差。如上所述，目前全国年出栏1万头以上（含万头）的商品猪场仅600多个，出栏1 000头肉猪的场、户有100多万个。与英国、丹麦等国的高集约化养猪（出栏几十万头）无法比拟。同时，我国饲养猪种除三元杂交猪外，大多是外来

猪种与地方猪的杂种猪和我国地方培育猪种，与国外优良猪种相差很远。

②技术力量弱，生产水平低。我国为发展中国家，无论在遗传育种、营养、饲料还是管理，疫病防治等方面与发达国家相比都有一定的差距，这导致养猪生产水平远低于发达国家，表现在出栏率低，日增重少，饲料报酬低，肥育期长。

③药残严重，肉质欠佳。由于饲养规模小，集约化程度低，经营者素质不高，饲料中药物添加不规范，未执行休药期标准，使猪产品中药残超标，影响肉的质量。同时，由于品种和饲料的原因，使猪肉中脂肪含量过高，瘦肉率较低，影响了肉的品质。

④疫病严重。由于猪种的国际交流频繁，除传统的猪瘟、猪丹毒、猪肺疫三大传染病仍在控制中外，猪大肠杆菌病、猪痢疾、猪病毒性腹泻、猪伤寒、副伤寒病等老病仍有，猪附红细胞体病、猪日本乙型脑炎、繁殖与呼吸综合征（猪蓝耳病）、圆环病毒病、细小病毒病等新病不断出现。

⑤污染环境。由于中国的国情使然，养猪生产的环境污染问题日益严重，现已得到多部门的重视，但如何控制正在探索中，还未达到应有的重视程度。

⑥经济效益低。我国猪粮比价不仅长期偏低（仅为 4∶1 左右），而且时有波动，导致我国养猪业是一种微利，甚至无利的生产行业。而发达国家猪粮比价为（7～10）∶1。

5.目前我国养猪生产中常用的生物技术有哪些？

(1)外源激素的应用　目前养猪生产中的外源激素主要有两类：一类用于繁殖母猪，另一类用于肥育猪。用于繁殖母猪的有孕马血清促性腺激素（PMSG）、人绒毛膜促性腺激素（HCG）、前列腺素（PG）、新孕酮物质 Allyl＋renbo-lonc（Ru-2267）、Altrenogest（合成的孕激素）、氯前列烯醇（ICI）等。主用于：

①诱发母猪初情期。给母猪注射 750～1 500 IU 的 MPSG，72 h 后注射 HCG 500～1 000 IU，同时，施用公猪外激素或与成熟公猪隔圈饲养，则母猪在注射 HCG 后 40 h 可发情。最近有试验表明，增加一针 $PGF_{2\alpha}$ 可以进一步改进激素处理的结果。

②同期发情。方法有 3 种。

一是同期断奶。断奶同时注射 1 000 IU 的 PMSG，发情排卵的结果会更好。

二是每天给母猪饲喂 20～40 mg 新孕酮物质（RU-2267），连用 18 d。其后 4～6 d 出现发情，繁殖力正常，且无卵巢囊肿现象发生。

三是使用合成的孕激素，可有效地引起母猪的同期发情和定时输精，但这种药物尚处试验阶段，未能注册。

③诱发分娩。方法有 2 种。

一是在预产期前 2 d 肌内注射 175 μg ICI 或国产前列腺素 2 mL，大多数母猪可在（24±6）h 产仔。36 h 内 90%～95%的母猪可自然分娩。

二是前列腺素结合催产素、松弛素处理后 24～30 h 后分娩开始。

④胚胎移植中超数排卵及供、受体的处理。给供、受体母猪同时肌内注射 PMSG 1 000～1 500 IU，72 h 后注射 HCG 500 IU，供体在 HCG 注射后 24 h 和 48 h 两次输精，2～5 d 可以手术采卵，受体做发情记录但不输精。

用于肥育猪的主要有肾上腺素能兴奋剂和猪生长激素（PGH）。

肾上腺素能兴奋剂　化学结构类似于肾上腺素，属苯乙醇胺类衍生物。既具有像肾上腺素的生理作用，也具有类似于去甲肾上腺素对动物神经系统发出信息的化学传递作用。能减缓机体蛋白质降解和脂肪合成，促进脂肪分解，刺激蛋白质合成。代表商品盐酸克伦特罗,又称"克喘素"、俗称"瘦肉精",虽然能提高育肥猪的瘦肉率,但严重的副作用和药残对人类的健康造成了极大危险。故2000年4月以来,农业部、国家经贸委、国家工商总局、国家质检总局和国家药检五部门联合在全国展开了严厉打击非法生产、经营、使用盐酸克伦特罗等药品的专项斗争,将此列为严禁之物。在新修改的《饲料和饲料添加剂管理条例》中明确规定严禁在饲料中添加,并且在日常的饲料管理中为首查之品。

猪生长激素　能充分发挥猪生长速度、饲料报酬和瘦肉率多方面的潜力,且rPGH(重组猪生长激素)是小分子量蛋白质,在消化道内易被普通酶水解破坏,使用剂量又小(每天每千克体重注射20～200 μg),其半衰期仅8～9 min,不会在猪产品中残留,使用安全。

(2)遗传工程的应用　包括生产转基因猪和利用基因工程生产优良药品。前者可改造现有动物类型,生产符合人类要求的新型动物;后者是合成的蛋白质药品,用于猪疫病的预防和治疗。如构建基因工程菌,生产出大量能治疗某种疾病的特殊蛋白质。生产中广泛应用的基因工程菌产品是:重组生长激素(rPGH),K88·K99双价基因工程菌苗、K88·K99·P987多价基因工程菌苗、仔猪腹泻基因工程双价菌苗(预防仔猪黄白痢)等。

(3)胚胎工程的应用　常用的是猪的胚胎移植,它是新品种引进、防止新的传染病传播的重要途径。不仅如此,利用胚胎移植技术,还能够大量繁殖优良后代,检测隐性有害基因。但在生产中广泛应用,还存在一定困难。

6.加入世贸组织后我国养猪生产应如何发展?

加入世贸组织后我国养猪生产的发展策略应是:

(1)以控制疫病,减少药残为重点,全面提高猪产品质量。在猪肉生产上,我国虽然具有一定的成本优势(表1-7),但是猪肉品质、疫病和药物残留等问题限制了我国猪肉进入国际大市场，尤其是难以进入发达国家市场。为增加猪肉出口，提高其出口竞争力，要切实搞好无规定疫病区建设；在生产、加工和贸易的卫生质量要求上逐步实现与国际接轨；在养猪生产中，推行全过程标准化饲养，规范防疫和用药；加大执法力度，为养猪生产从大气候上创造良好氛围。

表 1-7 世界部分养猪国家每千克猪肉生产成本统计 元

国别	总生产成本	其中：(1)劳动力费	(2)饲料费
中国	10.07	1.08	5.71
美国	10.87	1.23	7.62
英国	10.69	1.42	7.11
丹麦	10.63	1.76	7.18
法国	10.76	1.47	7.29
荷兰	10.21	1.74	6.44
日本	30.84	5.18	18.84

注：引自《山东养猪通讯》2002，1。

(2)以生产组织和科技创新为重点，努力降低养猪成本。根据市场需求和资源优化配置的要求，从实际出发，选择劳动集约为主或资本集约为主的生产方式，确定合理饲养规模，加强联合与合作，不断提高养殖水平。要对已有的养猪技术进行优化组装、推广应用，同时，加大科研力度，实现以企业为主体的技术创新。提高养猪从业人员素质，把养猪生产引导到依靠科技进步和提高劳动者素质的轨道上来。

(3)努力推进养猪生产的产业化经营。要按照养猪区域化发展的特点，在养猪集中地培植发展加工企业，争创名牌，实现生猪生产、屠宰、加工与销售一体化经营，以提高我国养猪生产产业化水平，猪肉的市场竞争能力和抗风险能力。

7. 未来中国猪肉市场需求怎样？

(1)国内市场　过去几十年，我国不但是世界上猪肉的生产大国，而且是消费大国。我国生产猪肉的绝大部分(98%左右)用于居民消费(表 1-8)。

表 1-8　1990 年以来我国居民的猪肉消费水平

年份	占产量的比重(%)			人均消费量(kg/人)	
	农村居民	城镇居民	合计	农村居民	城镇居民
1990	38.88	59.01	97.89	10.54	44.59
1991	38.91	59.01	97.92	11.19	47.38
1992	35.01	63.66	98.67	10.88	51.83
1993	32.40	66.30	98.70	10.86	56.74
1994	27.31	71.39	98.70	10.23	66.70
1995	24.92	73.86	98.78	10.58	76.61
1996	32.44	66.34	98.77	11.85	58.28
1997	27.61	71.43	99.03	11.46	69.44
1998	27.76	71.42	99.18	12.41	73.10

注：引自《山东养猪通讯》2002，1。

据测算，未来的 10～30 年内，中国的人口还是增长趋势，人均猪肉的占有量也将增加。据有关部门统计，如按每年平均新增人口 1 320 万计算，到 2010 年，我国人口将达到 14.04 亿。如人均肉类消费水平为 70 kg(按目前中等发达国家计)，其中猪肉占 65%，即 45.5 kg。全国猪肉需求量为 6 388.2 万 t，比 1996 年增加 56.87%，以每头胴体重 76 kg 计，需出栏肉猪 8.63 亿头。如按出栏率 150%计算，需存栏猪 5.75 亿头，比 1997 年的 4.68 亿头，增加 22.86%。

(2)国际市场　我国猪肉的国际市场占有率，自 20 世纪 80 年代开始至 90 年代中期呈增加的趋势，90 年代以来，我国猪肉出口总量基本保持在35万～50万t，但出口量占产量的比重却呈现逐渐递减的趋势，这与猪肉中的药残、疫病、猪肉品质有直接关联。我国加入世贸组织以后，我们下大气力控制疫病和药残，提高猪肉品质，对港澳、东亚和东南亚出口活猪、猪肉及其制品，有生产成本及运输成本上的优势，再加上俄罗斯等市场的开拓，必将会对我国的猪肉出口产生一定的影响。

8.21世纪发展我国养猪生产的基本思路是什么？

21世纪发展我国养猪生产的基本思路：在保证肉猪出栏数不减少或增长的前提下，稳定或适当减少存栏猪数和能繁母猪数；依据科学技术，提高母猪和肉猪的生产力，提高胴体体重、瘦肉率和肉质品质，以达到增加猪肉产量、提高胴体质量、降低成本、提高经济效益的总目标。为此，要继续改变养猪生产方式，加速集约化、规模化、标准化养猪的进程，从自给半自给性生产向商品生产转化，以分散粗放经营的农村副业地位向优质高产、高效的农村支柱产业转化。

9.提高我国养猪生产水平的基本途径是什么？

提高我国养猪生产水平的基本途径：

(1)大力推广科学养猪技术。依靠科学技术提高养猪生产水平、降低成本、提高经济效益，是发展我国养猪生产的根本途径。

①提高母猪的生产力。若每头母猪一年能多育成1头仔猪，按全国约3 500万头能繁母猪计，每年可多得3 500万头断奶仔猪，相当于200万头能繁母猪提供的断奶仔猪数(按每头母猪每年育成17头计)，即使少养200万头母猪也能获得等量的断奶仔猪，可节约大量的饲料、设备和劳力。

②提高出栏率、胴体重和瘦肉率。到2010年，以生产猪肉5 405.4万t(人均38.5kg)计，约需肉猪6.98亿头。如果将出栏

率提高到150%，只需要存栏4.65亿头，可比2000年存栏猪数(44 681.5万头)增加1851.8万头，而出栏肉猪则比2000年(52 673.3万头)增加17 126.7万头。若将每头猪的胴体重提高1 kg，可增加胴体6.98亿kg，相当于多出栏肉猪890万头。此外改善胴体品质、提高瘦肉率，可提高猪肉在国际贸易中的竞争力。

提高母猪和肉猪的生产力，要依赖于品种改良、繁殖技术、营养与饲养、环境控制以及疫病防治等科学技术的推广和应用，因此，必须走科学养猪的道路。

(2)发展适度规模和集约化、标准化养猪，转变养猪生产方式。我国现阶段的养猪生产，农户分散饲养是主体，仍从属于副业产品经济的地位，不利于科学养猪技术的推广，生产水平难以提高。我国已出现了一批适度规模、集约化、标准化养猪和生猪产销联合体的生产方式，尽管所占比例还不太大，但这种先进的生产方式，是由分散粗放经营向集约化规模养猪生产经营方式的转化，是提高养猪生产水平，提高劳动生产率和经济效益的必由之路，越来越显示出它的优越性和先进性，越来越被人们所接受。我们应继续采取指导、扶持和服务的措施，加快这一转化进程。

(3)增加投入，提高基础服务设施的技术水平。良种繁育、饲料加工供应，疫病防治和加工流通是发展养猪生产的四大要素。目前就全国看，服务设施已初具规模并有良好基础，但从发展养猪生产的需要来看，还需进一步巩固、完善和提高。应增加设施、更新设备，提高基层畜牧兽医人员的思想素质和技术水平，建立和进一步完善各种体系的运行机制，提高服务水平和效率。

二、猪的品种

10. 按来源可将猪分为几种类型?

按猪种的培育方式和来源可将猪分为地方猪种、培育猪种和引进猪种 3 种类型。据初步调查统计,我国拥有猪的品种共 300 多个(其中包括同名异种或同种异名),其中地方品种占 82%,培育品种占 14%,引入品种占 4%,仅载入《中国猪种志》的地方猪种就有 68 个,培育猪种 12 个,从国外引进经过长期风土驯化的猪种 6 个,共计 86 个,可谓世界之冠。但是,目前饲养和推广数量最多的还是引进品种及其杂交品种。

11. 按经济类型可将猪分为几种类型,各有何特点?

按经济类型可将猪分为 3 种类型:

(1)脂用型　也叫脂肪型。该类型猪的特点是胴体脂肪多。一般脂肪占胴体比例的 55%～60%,瘦肉占 40%左右,皮下脂肪达 4 cm 以上。整个外形呈方砖型,体躯短而宽深,下颌重,垂肉多,肋骨圆拱,背腰短宽,臀部丰满,四肢细短,体长与胸围基本相等;皮薄毛稀、性温顺、耐粗饲、抗暑热;产仔数较高,具有早期沉积脂肪的能力,以老式巴克夏猪为典型代表。在过去国外养猪业以生产脂肪为重点的时代,多培育此型。我国华中和华南的地方猪种多属于该类型。

(2)肉用型　也叫瘦肉型、腌肉型。该型猪瘦肉比例占胴体的 55%～65%,脂肪占 30%左右。外形呈长线形的流线型,前躯轻后躯重,头颈小,背腰特长,胸肋中满,背线腹线平直。后躯丰满,背膘薄(厚度一般不超过 3.0 cm),脂肪坚实或半硬脂。四肢高长,粗壮结实,习性活泼,产仔率较低。生长发育快,但对饲料要求高,需要高蛋白精料型日粮。如大约克夏猪、长白猪、杜洛克猪等均属此类型,是世界各国养猪业发展的首选类型。我国浙江金华猪中的"两头乌"可列为该类猪。

(3)兼用型　也称鲜肉型。本型猪肉脂品质优良,风味可口,产肉和产脂肪能力均较强,胴体中肥瘦各占一半左右,背膘厚 3～5 cm。体型中等,背腰宽阔,中躯短粗,后躯丰满,体质结实,性温顺,适应性强,我国地方猪种和培育猪种多属于这一类型。国外猪种以中约克夏猪为典型代表。

12.我国地方猪种有几种类型?

我国地方猪种依据猪种起源、体形特点、生产性能,并按照地理分布,划分为 6 大类型,即华北型、华南型、华中型、江海型、西南型、高原型。

(1)华北型　主要分布于秦岭、淮河以北,包括东北、华北、内蒙古、新疆、宁夏以及陕西、湖北、安徽、江苏四省的北部及青海的西宁、四川的广元附近等地区。代表猪种:东北民猪、西北八眉猪、内蒙古河套大耳猪、河北深县猪、山西马身猪、山东沂蒙黑猪、里岔黑猪、莱芜猪、安徽阜阳猪、江苏淮猪、河南淮南猪、安徽定远猪、陕西南山猪、北山猪、泾山猪等。该型猪特点:全身被毛黑色,嘴尖,面直,耳大下垂,头纹纵行好,体躯长扁,体质坚强,鬃长毛密,耐粗饲,适应性强,繁殖力高,一般产仔 12 头以上,较晚熟,脂肪积累在育肥后期,因而膘一般不厚,板油则较多,肉中水分较少,生长慢,屠宰率 60%～70%,肉质特好,肉色鲜红,肌肉脂肪含量高,味香浓。

(2)华南型　主要分布于南岭与珠江流域以南,包括云南省西南和南部边缘,广西、广东省偏南地区,福建东南角和台湾省各地。

代表猪种:云南滇南小耳猪、香猪、广西陆川猪、两广小花猪、海南猪、奥东黑猪、福建槐猪、台湾桃园猪等。该类猪的特点是:嘴短面凹,耳小竖立,头纹横行,毛色多为黑白相间,体躯短矮宽圆,皮薄毛稀,鬃毛短少,体质疏松,性成熟早,3~4月龄发情,6月龄体重达30 kg左右即行配种,每胎产仔8~10头,早期生长发育快,肥育时脂化很早,早熟易肥,肉质细致,屠宰率70%左右,膘厚4~6 cm,厚的可达8 cm。

(3)华中型　主要分布于长江与珠江之间的广大地区。分布地区属亚热带,其代表猪种;浙江的金华猪、华中两头乌猪、湖南的宁乡猪、湖北的监利猪、江西的赣中南花猪、安徽的皖南花猪、贵州的关岭猪、湘西黑猪、福州猪等。该型猪体形与华南型猪基本相似,生产性能介于华北猪与华南猪之间。其特点是:背腰多下凹,耳下垂较华南猪大,毛色多为黑白花,每胎产仔10~12头,乳头6~7对。生长较快,成熟较早,肉质细嫩。

(4)江海型　也称华北、华中过渡型。主要分布于淮河与长江之间的沿江沿海地区。代表猪种:太湖流域的太湖猪、陕西的安康猪、浙江的虹桥猪、江苏的姜曲海猪等。该型特点是:毛黑色或有少量白斑,头中等大,额较宽,皱纹深且多呈菱形,耳长大下垂,背腰较宽,腹部较大,骨骼粗壮,皮肤多有皱褶。繁殖力高,每胎产仔13头以上,乳头8对,经济成熟早,积脂能力强,增重较快,屠宰率一般为70%左右。

(5)西南型　主要分布云贵高原及四川盆地。代表猪种:四川的荣昌猪、内江猪、成华猪、乌金猪、贵州的柯乐猪、凉伞猪,云南的保山大耳猪、撒坝猪。其特点是:头大,额部多有旋毛或横行皱纹,腿较短而粗,毛色以全黑和“六点白”较多,也有白色、黑白花和红毛猪。每胎产仔8~10头,乳头5~6对。肥育能力强,饲料利用力中等,屠宰率65%~79%。

(6)高原型　主要分布于青藏地区和康滇北区。代表猪种:青藏高原的藏猪、甘肃的合作猪、云南的迪庆藏猪等。其特点是:体型小,貌似野猪,四肢发达,粗短有力,蹄小结实,善于奔走。嘴尖长而直,耳小直立,背窄而微弓,腹紧,臀倾斜,毛色为全黑、黑褐或黑白花,皮厚毛密长,鬃毛发达,长达 12～18 cm,一头猪年产鬃毛 0.25 kg。为小型晚熟品种,生长缓慢,一年可长到 20～30 kg,2～3 年长到 35～40 kg。繁殖能力低,每胎产仔 5～6 头,妊娠期较长(为 120 d),屠宰率 65%,肉质鲜美多汁,呈大理石状。

13.我国优良地方猪种有哪些?

据调查,我国优良地方猪种有 100 多个,其中包括同名异种或者同种异名猪种,仅载入《中国地方猪种志》的地方品种就有 68 个。其代表性猪种有太湖猪、东北民猪、华中两头乌猪、内江猪、荣昌猪、成华猪、两广小花猪、莱芜猪、香猪、藏猪等。

我国改良品种猪主要有哈尔滨白猪、新淮猪、沂蒙黑猪、三江白猪、北京黑猪、湖北白猪等。

14.我国地方猪种有哪些种质特性?

我国地方猪种有很多优良的种质特性,其中最主要的有以下 5 个方面:

(1)性成熟早,繁殖力强。我国地方猪种大多具有性成熟早,产仔数多,母性强的特点,母猪 3～4 月龄开始发情,4～5 月龄就能配种。以繁殖力高著称于世的梅山猪,初产母猪窝平均产仔 14 头左右,3 胎以上母猪窝平均产仔 18 头,断奶存活数高达 16 头,多数地方猪种窝产仔数都在 11 头左右,相当于或较高于国外产仔数量最高的大约克夏和长白猪。母性好,60 日龄仔猪育成率可达 90%以上,为国外猪种所不及。

据测定,我国地方猪种公猪精液中首次出现精子的年龄也远比国外猪种早,如大花白猪为 62 日龄,大围子猪为 75 日龄,而大约克夏猪为120日龄；配种年龄，我国猪种大部分为120日龄，外国猪种为210日龄。

(2)抗逆性强。我国地方猪种是在我国特有的自然条件和社会经济条件下形成的，在长期的自然选择和人工选择过程中，形成了对我国饲养管理制度和外界不良环境条件的良好适应能力，主要表现在抗寒、耐热、耐粗饲和在低营养条件下饲养仍具有良好表现等。在我国东北生存的东北民猪，能耐受冬季－30～－20℃的低温，在－15℃条件下仍能产仔和哺乳。高原型猪，在气候寒冷、空气干燥、气压低、昼夜温差大、海拔高度3 000 m以上的恶劣环境中，仍能在野外放牧、采食。

(3)肉质优良。主要表现在肌纤维细、肌肉内肌纤维数量较多，系水力强，pH值高，肉色纹理好，香味浓郁，产生PSE肉（灰白肉）和DFD肉（暗黑肉）的情况极少。更突出的是地方猪种肌肉内脂肪含量较高，据测定一般为3%左右。是肉质鲜美的主要原因。

(4)生长缓慢，饲料转化率低。我国地方猪种生长速度慢，饲料利用率低，即使在全价饲料条件下，其生产水平仍低于国外培育品种，见表2-1。

表2-1 我国部分地方猪种与国外培育品种部分性能比较

品种	肥育性能		平均	料重比	瘦肉率	屠宰率
	出栏日龄	出栏体重(kg)	日增重(g)		(%)	(%)
长白猪	180	100	600～700	3.0～3.5	62～68	72～74
大白猪	155～170	90	700～800	2.8～3.0	61～64	71～73
杜洛克	170	90	700～800	2.8～3.2	61～64	72以上
汉普夏	180	90	697	3.0左右	60以上	72～75
太湖猪	—	—	380	—	42	67
内江猪	—	—	410	—	37	67

续表 2-1

品种	肥育性能		平均	料重比	瘦肉率	屠宰率
	出栏日龄	出栏体重(kg)	日增重(g)		(%)	(%)
两广小花猪	—	—	328	—	37.00	67～70
莱芜黑猪	—	—	427	4.09	47.36	—
沂蒙黑猪	240	90	647	3.13	52.27	—
三江白猪	182	90	600	3.5 以下	57.86	—
北京黑猪	165～170	90	650	3.14～3.53	54.39	74.38

注:有些猪品种资料不全。

(5)贮脂能力强,瘦肉率低。表现在地方猪种背膘较厚,一般4～5 cm,花板油比例大,为胴体重的2%～3%。胴体瘦肉率低,为40%左右,见表2-1。瘦肉率、眼肌面积和后腿比例均不及国外培育品种。

15.我国地方猪种保种有何意义?

我国地方猪种保种的意义有如下3点:

(1)我国地方猪种是一种宝贵的资源,它是在我国特有的自然条件下,经过长期的自然选择和人工选择而形成的,一个品种就是一个基因库,汇集着各种各样的优良基因。它们能在一定环境中和特定的历史时期发挥作用,从而使品种表现为人类所需的优良特性。因此,认真保护品种资源是人类一项长期重要的任务。

(2)全面追求养猪生产的高效率将导致某些地方猪种濒临灭绝的危险。随着高产品种和专门化品系的大量育成,以及养猪生产体系的集约化,生产上大量使用的是经济价值高的品种或其他杂交品种,并在养猪生产中占支配地位,而经济价值相对较低的原有地方品种数目会迅速减少。全世界猪的品种有300多个,但目前只有十多个在国际上分布较广,其中又以长白猪、大白猪、杜洛克猪、汉普夏猪、波中猪和太湖猪较为突出。一些发展中国家,由于引进外来的品种杂交改良或保种不当,造成原有品种质量退化和数量减少。为此,吸取国外大量地方猪种灭绝的教训,结合我国实际开展有效地保种工作,势在必行。

(3)要提高我国猪肉产品质量,促进养猪生产持续稳定发展,必须保存我国优良地方猪种。人们都有一个共识,在猪肉品质上我国地方猪种大大优于国外品种,在注重产品质量的当今世界,质量被提到一个相当的高度。怎么使质量与数量有机地结合起来,人们惯常用杂交的方式生产出产量高、质量好的个体,杂交需父本、母本,若无生产力低、产品质量高的地方品种,杂交如何进行。因而采取有效的保种措施,把那些具有重要经济价值或在某一方面具有突出表现,或者杂交改良有良好效果的品种保存下来,对我国今后养猪业发展具有重要意义。

16.我国近代培育猪种有几种类型,各有何特点,如何合理利用?

(1)根据毛色特点和亲本来源,我国近代培育猪种可分为以下3个类型,其特点分别为:

①白色品种　此类培育猪种(系)是苏联大白猪、长白猪、大约克夏猪,中约克夏等白色外种猪为父本,本地猪为母本,经复杂杂交选育而成。其特点:被毛几乎全白,有的皮肤上有少量黑斑,体型外貌品种间大体一致。头较长直,额平直皱纹少,耳中等大小,背腰长而平直,腹部不下垂,后腿丰满,一般每胎产仔10～12头,个别可达13～14头,瘦肉率和生长速度优于黑色品种,属于这类品种(系)的有湖北白猪、甘肃白猪、广西白猪、湘白Ⅰ系、昌淮白猪(Ⅰ系)、三江白猪、四川新荣昌猪Ⅰ系等20余个。

②黑色品种　被毛除少数品种在鼻端,尾尖和四肢下部有“六点白”特征外,其余品种均为黑色。全国共有18个黑色培育品种(系),除新淮猪和定县猪两个品种为育成杂交外,其余如新金猪、

吉林黑猪、内蒙古黑猪、神州黑猪等都是以巴克夏为父本，以本地猪为母本杂交选育而成。黑色品种猪与白色品种猪相比，头较粗重，面额多皱纹，嘴较短，背腰宽广，腹较大但不下垂，繁殖力、日增重、胴体瘦肉率均较白色品种低，每胎产仔10～11头。

③黑白花品种　较少。该品种很多性状介于白色品种与黑色品种之间，属此类的有北京花猪Ⅰ系、山西瘦肉型猪SD-Ⅰ系，泛农花猪、吉林花猪、黑花猪和沈农花猪。前三个品种是由巴克夏和苏联大白猪为父本与本地母猪杂交选育而成；后三个品种是以克米洛夫猪为父本，东北民猪为母本杂交选育而成的。

(2)我国近代培育猪种的合理利用方法主要有2种：

①直接利用　我国新育成的品种(系)大多数具有较高的生产性能，或者在某一方面有突出的生产用途，加之他们对当地自然条件和饲养管理条件又有良好的适应性，因此，可以直接利用生产畜产品。

②开展品种(系)配套　由于我国近代培育品种(系)，其性能水平优于地方猪种，利用杜洛克、大白猪、长白猪、汉普夏等引进品种杂交配套，所生产的杂种后代，其生产性能也大大优于以地方猪种为母本的杂交猪。开展杂交配套研究，筛选出多种高效配套系，生产优质杂交猪，是培育品(系)利用的重要途径。

17.我国从国外引进的猪品种主要有哪些?

我国引进国外优良品种猪主要有长白猪、大约克夏(大白猪)、杜洛克猪、汉普夏猪，少量引进的猪种有斯格、法国大白、皮特兰、比利时长白、克米洛夫和迪卡“杂优”猪等。

18.长白猪有什么品种特征和生产性能?

长白猪原产丹麦，原名兰德瑞斯猪，是世界上第一个育成的最著名的腌肉型品种，它是丹麦本地猪与英国大白猪杂交，经过长期系统选育形成的。1964 年开始,我国先后从瑞典、荷兰、英国、日本、丹麦及加拿大等国引入。

长白猪全身白色,头小清秀,颜面平直,耳大前倾,体躯长,背微弓,腹平直,腿臀肌肉丰满,四肢健壮,整个体形呈前窄后宽流线型。成年公猪体重 400～500 kg,成年母猪体重 300～400 kg,有效乳头 6～8 对。

在良好的饲养条件下,生长发育迅速,6 月龄体重可达 90 kg 以上。体重 90 kg 时屠宰,屠宰率为 70%～78%,胴体瘦肉率为 55%～63%。母猪性成熟较晚,6 月龄达性成熟,10 月龄可开始配种,发情周期 21～23 d,发情持续期 2～3 d,初产母猪窝产仔9 头以上,经产母猪窝产仔 12 头以上,60 日龄窝重 150 kg 以上。

丹麦长白猪生产性能高,遗传性稳定,一般配合力好,杂交效果显著。所以国内广泛用作杂交父本,其杂种后代表现生长快、饲料转化率高、胴体瘦肉率高,颇受饲养者欢迎。如与内江母猪杂交后代日增重 612 g,饲料利用率 3.51,与民猪母猪杂交后代日增重 517 g,饲料利用率 2.64。

19.大约克夏猪有什么品种特性和生产性能?

大约克夏猪,又叫大白猪,原产于英国北部约克郡及其临近地区。是世界著名的瘦肉型品种。大白猪是国外饲养量最多的品种,也是我国最早引进、数量最多的猪(1900 年以后开始由德人输入)。

大约克夏猪全身白色,头颈较长,面宽微凹,耳中等大,稍向前直立,体长背平直,四肢高而强健,胸深宽,臀部丰满,有效乳头6～7 对,成年母猪体重 230～350 kg,成年公猪体重 300～500 kg。

大约克夏猪增重速度快、省饲料,6 月龄体重可达 100 kg。据测定,断奶仔猪饲养到 90 kg,平均日增重 689 g,饲料利用率 3.09。体重 90 kg 时屠宰率为 71%～73%,胴体瘦肉率 60%～

65%。丹麦种猪测定站报道，1983—1984 年度测定丹麦大白猪 670 头，25～90 kg 生长肥育猪，平均日增重 914 g，饲料利用率 2.44，胴体瘦肉率 65.2%。母猪性成熟较晚，一般 6 月龄达性成熟，10 月龄可开始配种，母猪发情周期为 21～23 d，发情持续期 2～3 d，初产母猪窝产仔数 9 头以上，经产母猪窝产仔数 12 头以上。

由于大约克夏猪体质健壮，适应性强，肉品质好，繁殖性能也不错，备受养猪者青睐。目前，大约克夏猪不仅作为父本与我国地方猪种、培育猪种杂交生产大本杂交猪，而且既可用作父本，又可作母本与国外猪种杂交生产杂交猪。并且与东北民猪母猪杂交后代日增重 560 g，饲料利用率 2.59，"大长北"杂交组合日增重 671 g，胴体瘦肉率 58.2%。

20.杜洛克猪有什么品种特征和生产性能？

杜洛克猪原产于美国东北部的新泽西州等地，以前属脂肪型，现经改良近似瘦肉型品种。全身被毛棕红色或金黄色、深褐色，但深浅不一。头小清秀，嘴短直，两耳中等大，略向前倾，面微凹，体躯宽深，背平直或略呈弓形，后躯发育好，腿部肌肉丰满，四肢较长，粗壮、结实、蹄黑色，成年母猪体重 300～390 kg，成年公猪体重 340～450 kg，有效乳头 5～6 对。杜洛克猪适应性强，容易饲养，性情温顺。前期生长慢，后期生长快。据测定，153 日龄体重 90 kg，育肥期日增重 692 g，饲料利用率 2.91。90 kg 体重时屠宰率 72.7%，胴体瘦肉率 64.3%。母猪 6～7 月龄开始发情，发情周期为 21 d，发情持续期 2～3 d，经产母猪窝产仔数 10 头左右，因其繁殖能力差于其他几个国外猪种，故仅作杂交父本。与金华母猪的杂交后代日增重 558 g，饲料利用率 3.63，与长北杂交母猪的杂交后代日增重 670 g，饲料利用率 3.3～3.5。

21. 汉普夏猪有什么品种特征和生产性能？

汉普夏猪原产于美国肯塔基州，由薄皮猪和白肩猪杂交选育而成，是美国分布最广的瘦肉型猪种之一。全身呈黑色，在肩颈结合处有一白带，具有银带猪之称。头中等大小，耳直立，嘴较长而直，体躯上线呈弓形，体下线水平，全身呈半月形，体质强健、紧凑。有效乳头 6 对以上，成年母猪体重 250～340 kg，成年公猪体重 315～410 kg。母性好，哺育率高，性成熟晚，母猪一般 6～7 月龄开始发情，初产母猪窝产仔猪 7～8 头，经产母猪窝产仔 8～9 头。在良好饲养条件下，157 日龄体重可 达 90 kg，饲料利用率 3.04，90 kg 体重时屠宰率 72%～75%，胴体瘦肉率 60%以上。

由于汉普夏猪生长速度快，饲料报酬高，屠体品质好，繁殖性能低，母性强，在与国外品种杂交组合中宜作母本，在与地方猪种杂交组合中宜作父本与金华母猪杂交，其后代日增重 589 g，饲料利用率 3.69。

22. 皮特兰猪有什么品种特征和生产性能？

皮特兰猪原产于比利时的布拉帮特附近，用本地猪与贝叶猪杂交，再与泰姆沃斯猪杂交选育而成，是最近在欧洲开始流行的肉用型新品种。我国近几年引入主要作为二、三元杂交父本。

皮特兰猪毛色灰白，而夹有黑色斑点，耳中等大前倾，体躯宽而较短，肌肉特别发达。该品种最突出的优点是猪背膘薄，胴体中瘦肉率很高，并能在杂交中显著提高杂交后代的瘦肉率，90 kg 体重时屠宰胴体瘦肉率达 66.9%。与国外其他品种相比，生长较慢，尤其 90 kg 体重后生长速度显著降低，肌肉纤维亦较粗，肉质较差。母猪初情期一般在 190 日龄，窝产仔数 10 头左右。

皮特兰猪应激反应严重。约有 50%的猪氟烷隐性基因。用纯种皮特兰作父本杂交后代易出现灰白肉（PSE 肉）。可用皮特兰猪与杜洛克或汉普夏猪杂交,杂交一代公猪再作杂交父本,即可提高瘦肉率又可减少灰白肉的出现。

23.迪卡配套系猪有什么品种特征和生产性能?

迪卡猪是美国的迪卡种猪公司培育的配套系,是由当代世界最优秀的杜洛克、汉普夏、大约克夏、长白、皮特兰猪等5个专门化品系配套而成,父母代猪父系为黑色,母系为白色,商品代猪为白色。1991年农业部从美国引进迪卡曾祖代配套系400余头。

迪卡猪生产性能良好、生长快、肉鲜嫩,150日龄可达90 kg以上,饲料利用率2.8,胴体瘦肉率62%以上。适用于工厂化养猪。

迪卡配套猪利用专门化品系生产杂交优势猪,极大地发挥了品系杂交优势,开发了种猪利用新途径。

24.地方猪种及国外引进猪种各有什么利用途径?

(1)地方猪种的利用途径有3条:

①作为经济杂交的母本　我国地方猪种普遍具有性成熟早,产仔多,母性强等优良特性,这种优良的繁殖性能是杂交利用母本品种的必备条件,因此,地方猪种可以作为经济杂交的母本使用。同时,我国地方猪种具有肥育性能低、胴体性状差的缺点,主要表现在生长速度慢,饲料利用率低,胴体瘦肉率低,故不宜做杂交父本品种使用。

②新产品开发　部分地方猪种在某些方面具有独特的表现,可以开发出新的产品,如香猪经济早熟,胴体瘦肉含量较高,肉嫩味鲜,断奶仔猪及乳猪无腥味,宜加工烤猪。大花白猪幼小时即开始积累脂肪,体重8～10 kg断奶仔猪及体重约40 kg中猪,均可作烤猪用。又如用金华猪生产的金华火腿畅销世界,乌金猪生产的火腿驰名中外。

③作为育成新品种(系)的原始素材　我国地方猪种对当地环

境的适应性强，因此在育成新品种时，为使培育品种（系）对当地环境条件和饲料管理条件有良好的适应性，经常利用地方猪种与外来品种杂交，如培育新淮猪就是采用当地淮猪与大约克夏猪杂交；培育昌潍白猪Ⅰ系就是采用当地里岔黑猪与哈白猪杂交；胜利白猪瘦肉型配套品系是采用莱芜猪、长本杂交猪与大约克夏、长白、斯格、迪卡猪多品种（系）合成杂交选育而成；许多专门化母系培育都引用过太湖猪。

（2）国外引进猪种的利用途径有2条：

①作杂交父本　以地方猪种为母本进行二元杂交时，外引品种均可作为父本利用，利用较广泛的外引品种为长白猪，大约克夏猪和杜洛克。以地方猪种为母本进行三元杂交时，以长白猪或大约克夏猪为第一父本，杜洛克猪或汉普夏猪为第二父本杂交效果很好，但杂交后代毛色不一致；以长白猪为第一父本，大约克夏猪为第二父本的杂交组合也有良好的杂交效果，且杂交后代多为白色。

引用品种间的杂交，二元杂交一般以长白猪或大约克夏猪为母本，杜洛克或汉普夏为父本；三元杂交时，一般以长白猪为母本，大白猪为第一父本，终端父本为杜洛克猪或汉普夏猪，也可用大白猪作终端父本使用。

②作为育种素材　在培育新品种（系）时，为提高培育品种的生长速度和胴体瘦肉率，大都把外引品种作为育种素材使用。我国培育新品种或专门化品系时，利用最多的是长白猪、大约克夏猪和巴克夏猪。

25.猪有何生物学特性？

猪的生物学特性有5点：

（1）多胎高产、世代间隔短　猪一般于4～5月龄性成熟，6～8月龄可初次配种，妊娠期平均114 d，小母猪在1岁时或更早就可产仔。经产母猪年可繁殖2～2.5胎,每胎产仔数10头左右,年提供哺乳仔猪20～30头。猪是常年产仔的多胎动物,母猪卵巢中有卵细胞11万个,但在它一生的繁殖利用年限内只排400个左右,母猪一个发情期可排卵12～20个,而产仔常常是8～12头,可见猪的繁殖潜力很大。猪性成熟早,妊娠期短,生长发育又快,因而世代间隔短,一般平均为1.5～2.0年,是牛、马的1/3,羊的1/2,仅次于家禽。若从头胎中选留优秀个体留种,则世代间隔可缩短为1年,即一年一个世代。

(2)生长快,积脂能力强　猪与牛、羊、马相比,胚胎期及生后生长期都最短,生长强度大。猪胚胎期3.8个月、牛9.5个月、羊5个月、马11.34个月。猪的生后生长期1.5～2年、牛3～4年、马4～5年。猪由于胚胎期短,同胎仔猪数量多,出生时发育不充分,头比例大,初生重小(平均约1 kg,不到成年体重的1%),各系统发育不完善,对外界环境抵抗力低。猪的生长强度大,仔猪生后2月龄内生长发育特快,1月龄体重为初生重的5～6倍,2月龄体重又为1月龄体重的2～3倍,断奶后至8月龄以前,生长仍然迅速。尤其是外引品种和培育品种(系)等瘦肉型猪生长发育速度最为突出。各种家畜的生长强度见表2-2。

表2-2　各种家畜生长强度比较

畜别	合子重(mg)	初生重(kg)	成年体重(kg)	胚胎期(个月)	体重加倍次数			生长期(个月)
					胚胎期	生长期	整个生长期	
猪	0.4	1	200	3.8	21.25	7.64	28.89	36
牛	0.5	35	500	9.5	26.06	3.84	30.00	48～60
羊	0.5	3	60	5.0	22.52	4.32	26.84	24～56
马	0.6	50	500	11.34	26.30	3.44	29.75	60

注:引自山西农业大学、江苏农学院主编《养猪学》,1994。

猪在生长初期骨骼生长强度大,以后重点转到肌肉,脂肪为晚熟组织。猪于 6 月龄以后，在体内强烈沉积脂肪，这时利用饲料转化为体脂的能力较强，见表 2-3。

表 2-3 猪和阉牛利用营养物质沉积脂肪能力比较

食入营养物质	猪沉积脂肪		阉牛沉积脂肪		猪/牛
	(g)	热价(MJ)	(g)	热价(MJ)	
淀粉	356	3 410	248	3 360	1.43
糖	281	2 670	188	1 790	1.40
脂肪	880	8 360	474～598	4 500～5 685	1.86～1.55
蛋白质	363	3 450	235	2 240	1.54
粗纤维	248	2 350	253	2 400	0.98

注：引自山西农业大学，江苏农学院主编《养猪学》，1994。

(3)食性广，饲料利用率高　猪为杂食动物，能利用各种动植物饲料和矿物质饲料。对精料中的有机物的消化率一般在 70% 以上，也能较好消化青粗饲料，对青草和优质干草的有机物消化率分别为 64.6% 和 51.2%。但是猪对饲料中粗纤维的消化力较弱，因为它既无瘤胃，也无马属属动物的发达盲肠，对饲料中粗纤维的消化几乎全靠大肠内微生物的分解作用。

(4)适应性强，但对温度敏感　猪对自然、地理、气候等条件的适应性强，表现在总有与之相适应的品种和类型，但唯有对温度敏感。猪出生前处于母体的恒温环境中，出生后环境骤变，加之小猪皮薄、毛稀、皮下脂肪少，单位体重散热面积大，故小猪最怕冷。新生仔猪临界温度为 35℃，以后随日龄增长略减，但以 25～30℃ 为宜。大猪汗腺退化，皮下脂肪厚，阻止体热散发，所以不耐热，温度适宜区一般在 10～20℃ 为宜。日龄较大的猪，若处于 30～32℃ 环境温度中，肛温升高，采食量下降，增重减慢，饲料利用率降低；若温度升至 35℃，相对湿度 65% 以上，就不能长时间忍受；若温度达 40℃，无论湿度大小，均会中暑死亡。

(5)嗅觉、听觉灵敏，视觉不发达　猪的嗅觉发达，仔猪生后几小时便能鉴别气味,母猪以嗅觉识别自己生下的仔猪,猪还能用嗅觉区别排便处和睡卧处。猪的听觉分析器官很完善,能细致鉴别声音强度、音调和节律。群体间常常利用声音来相互传递信息,也容易对呼名、各种口令和声音刺激物的调教养成习惯。但猪的视觉不发达,不靠近物体就看不见。

26.猪有何行为特性?

行为是动物对周围环境各种刺激的反应。成年动物的行为是由遗传成分和后天获得成分混合而成的,这些不同的成分可以混合产生各种各样的行为,与养猪生产密切相关的行为特性有:

(1)采食行为 该行为与猪的生长、健康和饲料的适口性密切相关。猪善食含糖分高的饲料,对鱼粉、酵母、小麦粉、大豆等饲料也较偏爱。猪采食次数白天(6～8 次)比夜间(1～3 次)多,每次 10～20 min。群饲的猪比单喂吃得多,吃得快,采食量随体重增长而增加,也与饲喂方法、饲料的形状、适口性有关。拱土既是一种本能,也是采食行为的一个显著特征。猪在多数情况下、饮水、采食同时进行。饮水量仔猪为干饲料的 2 倍,成年猪每天约 8 kg,除与饲料组成有关外,很大程度上取决于环境温度,怀孕母猪每天约 9 kg 以上。

(2)群居行为 同窝仔猪,合群性较好,不同窝仔猪或不同圈猪并圈,起初会发生激烈争斗,待建立起位次序列后,才会形成一个较稳定的群居环境,即群居位次环境。

(3)性行为 在性成熟后才出现,一生中相当稳定。母猪发情时卧立不安,食欲减退,爬跨别的母猪或被爬跨,频频排尿,阴户红肿,黏膜充血、湿润,并有黏液流出。发情旺盛期,表现为静立不动的交配姿势,即“呆立反应”,此时为配种适期。发情母猪主动接近公猪,嗅闻公猪的头、肛门和阴茎包头,并站立不动。公猪一旦接近发情母猪,会主动追逐,嗅闻其外阴部、肋部等。有时会用嘴筒向上拱动母猪，口吐白沫，皱缩鼻孔，抬高并翻卷上唇，时时发出连续的、柔和而有节律的喉音，当性兴奋增加时，还会出现有节律的排尿。

(4)母性行为　指母猪做窝、哺乳和抚仔等分娩前后的一系列行为。

(5)排泄行为　在良好的饲养管理条件下，猪通常分出睡卧区和排泄区，并给以很好地保持。除非是饲养密度过大，干扰其先天性的排泄习性，造成排泄行为混乱。

(6)异常行为　与饲养管理等因素有关，如长期圈养猪的咬嚼圈栏，拥挤条件下的咬尾等。

27.掌握猪生物学特性和行为特性有何意义？

猪在长期进化过程中，形成了许许多多的生物学特性和行为特性，不断认识和掌握这些特性，一方面，能使人们在养猪生产中尤其是猪饲养管理制度的制定上更有针对性和适应性；另一方面，在充分利用的基础上对有些特性加以改造，以获得较好的饲养和繁殖效果，进而提高养猪生产效益。

28.养殖户养什么猪种最好？

根据国内外资料报道及养猪实践证明，养殖户以喂养杂交一代最好。原因有 4 个方面：

(1)猪的种质特性　我国地方猪种适应性强，耐粗饲，繁殖力强，但生长速度慢，饲料报酬低，外引品种生长速度快，饲料报酬高，但适应性，繁殖力差，饲养条件要求高，杂交一代猪兼有父母亲本之优点，易饲养、生长快。

(2)杂种优势　杂种个体通常表现出生活力和生殖力强，生产性能较高，其性状的表型均值超过其亲本均值。这种现象称为杂种优势。杂种优势有 3 种类型：一为个体杂种优势，指杂种本身生活力较高，生产性能较好；二为母体杂种优势，指杂种的母亲也是杂种，并表现出繁殖力较强，母性较好；三为父体杂种优势，指杂种的父亲也是杂种，并表现出配种能力强，精液质量好，生产性能高。杂种优势是来自基因的非加性效应。遗传力高的性状其基因的加性效应大，非加性效应小，杂种优势就低；遗传力低的性状其基因的加性效应小，非加性效应和环境离差大，杂种优势就明显。一般情况下，像猪的繁殖性状，遗传力低，杂种优势高，猪的生长性状遗传力中等，杂种优势中等，猪的胴体性状遗传力高，杂种优势低，甚至为零，所以杂交一代猪繁殖力、生活力、生长性能均高于亲本，胴体性状与亲本相近。

(3)杂种优势的世代变化　对个体杂种优势而言，杂种一代个体间随机交配产生杂种二代，其杂种优势只有杂种一代杂种优势的一半，这主要是由于杂种二代的杂种比例，因为杂种一代的基因分离而减半，这一随机交配过程实质上是一个近交过程，使杂种二代的近交系数增加。若杂种二代再随机交配产生杂种三代，其近亲系数与杂种二代基本相等，对于单一位点其杂种优势不再减少，与杂种二代相等。此后再产生的杂种四代、杂种五代，等等，其近交系数不变，杂种优势与杂种二代相等，均为杂种一代的一半。故杂种一代的杂种优势高于任何杂种代次。

(4)经济效益　由于杂种一代猪生活力强，生长发育快，繁殖能力强，产仔数多，成活率高，仔猪断奶体重大，增重快，饲料利用率高，自然给饲养者带来可观的经济效益。

三、猪的纯繁与杂交利用

29. 何谓纯繁，纯繁有何意义？

纯繁即纯种繁育，是指在本种群范围内通过选种选配，品系繁育，改善培育条件等措施，以提高种群性能的一种繁育方法。

纯繁的意义主要有 2 点：

(1)能巩固遗传性，保持和发展一个种群的优良特性，并迅速增加群体内优良个体的数量。

(2)能使亲本品种提纯复壮，使种群水平不断稳步上升，为品种间杂交利用打下良好的基础。

30. 猪主要经济性状有哪几项，各包含哪些参数？

猪主要的经济性状有 4 项：

(1)繁殖性状　由产仔数、初生重及初生窝重、泌乳力、断奶窝重来反映。

产仔数　有 2 种指标，即总产仔数和产活仔数。初生重及初生窝重：初生重指仔猪出生后 12 h 内称取的重量，初生窝重指同窝仔猪初生重之和(不含死胎)。

泌乳力　母猪的泌乳力用 20 日龄的窝重来代表。其中包括带乳仔猪在内，但不包括寄养出的仔猪。

断奶窝重　断奶时全窝仔猪总重量。

(2)肥育性状　由经济早熟性、日增重、饲料利用率、采食量、平均背膘厚来反映。

经济早熟性　其指标为肥育猪达适宜屠宰时的日龄。国内常用达 90 kg 体重的日龄，国外也有用 6 月龄体重作为指标的。

日增重　断奶至屠宰整个肥育期间的平均日增重。目前，一般采用 20～90 kg 或 25～90 kg 期间每天的平均增重来表示。

饲料利用率　我国多以肥育期平均每单位增重的饲料消耗量来表示。其指标为料肉比和转换率。

$$料肉比=\frac{肥育期间消耗的饲料总量}{肥育期间总增重}$$

$$转换率=\frac{总增重}{总消耗饲料量}$$

料肉比越大饲料利用率越低；反之，转换率越高，饲料利用率越高。

采食量　用平均日采食量表示，可反映猪的食欲好坏。

$$采食量=\frac{肥育期饲料总消耗}{肥育天数}$$

超声波测背膘厚　采用超声波测膘仪测定体重达 90 kg 时，猪的胸腰及腰荐结合处距背中线 4～6 cm 的背膘厚，并计算平均背膘厚作为一项指标。

(3)胴体性状　由屠宰率、瘦肉率、背膘厚、眼肌面积来反映。

屠宰率　胴体重(去头、蹄、内脏后，冷却 24 h 后的重量)占屠宰前空腹重的比率。

$$屠宰率=\frac{胴体重}{宰前重}\times 100\%$$

国外猪种或某些杂种猪可达 75%。

瘦肉率　左侧胴体去除板油和肾，将其剖析为骨、皮、肉、脂 4 种成分，瘦肉占 4 种成分总重量的百分率，国外猪种 60%以上，地方猪种 40%左右。

背膘厚　指第六、七胸椎连接处的背膘厚度。三点测膘时取胸部最厚处，胸、腰椎连接处和荐部最薄处三点膘厚的平均值，称为平均背膘厚，膘厚越薄说明瘦肉率越高。国外采用胸体探测仪测定离背中线 6～8 cm 倒数第三至第四肋膘厚，称为边膘厚。

眼肌面积　指最后一对腰椎间背最长肌的横断面积。可用求积仪计算，也可用下列公式计算：

$$眼肌面积(cm^2)=眼肌宽度(cm)\times眼肌厚度(cm)\times0.7$$

它与胴体瘦肉率是呈强相关，与膘厚及饲料利用率呈中等负相关。国外常以此作选种指标。

(4)肉质性状　由肌肉 pH、肉色、系水力、嫩度、肌肉脂肪来反映。

肌肉 pH　测定部位是背最长肌胸腰结合处，以及半膜肌或头半棘肌中心部位，测定时间分别是宰杀后 45 min 和 24 h。

肉色　测定部位是胸腰椎结合处背最长肌横断面，评定时间为宰后 1 h 以及冷却 24 h(4℃)。测定时的光照条件为室内白天正常光度，评定标准可按 5 级分制标准：1 分为灰白色，2 分为轻度灰白色，3 分为正常鲜红色，4 分为正常深红色，5 分为暗红色。3 和 4 分均为正常肉色，可在两线分之间增设 0.5 分一级。

系水力　指肌肉蛋白质在外力作用下保持水分的能力。我国通用加压重量法度量肌肉失水率，计算公式为：

$$失水率=\frac{压前肉样重-压后肉样重}{压前肉样重}\times100\%$$

以统计肌肉系水力，失水率越高，系水力越低。

嫩度　评判肉质优劣最常用的指标，指肉在食用时口感的老嫩，由肌肉中各种蛋白质结构特性决定。

肌内脂肪　肌内脂肪量直接影响肉的多汁性和嫩度，脂肪酸的组成在一定程度上决定肉的风味，它的含量变化很大，为 1%～20%，这主要取决于猪的肥育程度。

31.种猪的外形要求有几点?

对种猪一般有如下外形要求:

(1)头颈部　要求头中等大小,额部稍宽,嘴鼻长短适中,上下腭唇吻合良好,耳大小适宜,颈部中等长度,无肥腮。

(2)前躯　要求前胸肌肉丰满,鬐甲平宽无凹陷,胸宽而深,前肢站立姿势端正,开张行走有力,肢蹄坚实,无卧系。

(3)中躯　要求背线微弓,肌肉丰满,腹线平直,腹壁无皱褶,乳头数 6 对以上,排列均匀,无缺陷乳头。

(4)皮毛　要求皮肤细腻,不显粗糙,皮光毛亮。

(5)生殖器官　要求公猪睾丸发育良好,左右对称,包皮无积尿;母猪要求阴户充盈,发育较好。

32.种猪个体综合鉴定方法有几种?

种猪个体综合鉴定是以性能测定为基础的种猪选择方法。其方法有 4 种,分别为个体性能测定、系谱测定、同胞测定和后裔测定。

(1)个体性能测定　又称个体选择或表型选择。根据种猪个体本身的成绩高低来决定种猪的选留。此法优势为可提高选择强度和缩短世代间隔,特别是对于遗传力较高的性状,此法尤为适用。在目前的猪育种工作中,多应用此法。

(2)系谱测定　又称系谱选择。是根据个体祖先的表型值高低来判断种猪的优劣。此法资料来源早,一般用于个体本身性状尚未表现出来时,作为选择参考,多适用于中等或低遗传力的性状。在个体的祖先中,父母影响最大,在此测定中常常只利用父母的成绩。系谱测定准确度不高,一般用于断奶时选择参考。

(3)同胞测定　是根据全同胞或半同胞测定的平均表型值(不包括个体本身)进行选择。其主要优点是:同胞资料在数量上超过系谱测定中可利用的祖先资料，在时间上可以在没有后裔出现的情况下，较早对猪做出评价；同时有些性状公猪本身没有表型值（如产仔数）或活体状态下无法测量（如胴体品质与肉质），根据系谱测定又不准确，这种情况下同胞测定表现出其优越性。当遗传力达到0.3时，5个半同胞或4个全同胞可以相当于根据本身表型值估计的准确程度；如用半同胞估计，可以达到较高的准确度。

（4）后裔测定　是根据个体后代平均表型值的高低来进行选择，其目的是要选留一些能产生优良后代的种猪，这正是选种工作的目的。这种方法在低或中等遗传力性状选择中准确性高，且可以获得限性性状或种猪不能直接度量性状的成绩。此法一般用于公猪的选种，且选种准确度比母猪高。后裔测定的方法是：被测公猪与配3～5头母猪，每窝选出4头仔猪，为一个测定组，体重要求接近窝平均值，公母各半，公猪去势，3～4窝仔猪共12～16头，进行肥育测定和屠宰测定，以其平均成绩作为选择公猪的依据，而每窝4头仔猪成绩，也同时作为与配母猪的测定成绩。后裔测定要求：测定中所有母猪必须随机抽样；配种期力求接近；各亲本的测定组饲养水平和日粮、环境条件相对一致。后裔测定选种的准确性很高，但世代间隔太长，从而影响了年选择进展，因此对于肉用性状等遗传力较高的性状的选择，都是由性能测定来代替后裔测定。

33. 猪育种工作中单个性状的选种方法有几种？

猪育种工作中单个性状的选种方法有如下4种：

（1）个体选择　根据个体表型值进行的选择，适用于遗传力较高，方差比较大的性状。此法简单易行，可加大选择强度，缩短世代间隔。在育种实践中，选择生长速度和饲料转化率以及瘦肉率时常用此法。

(2)家系选择　根据家系的平均表型值进行选择,选留家系均值高的家系。此法适用条件是:遗传力低,家系大,家系间差异由共同环境造成的部分小。对产仔数的选择常用此法,有较好的选择效果。

(3)家系内选择　根据个体表型值与家系均值的差进行选择,从每个家系中选留表型值最高的个体。家系内选择的适用条件是:遗传力低,家系大,家系间的差异是由共同环境造成的。这种方法实际意义不大,但可减少近交的机会。

(4)合并选择　综合考虑个体表型值与家系均值进行选择。合并选择要求根据性状的遗传特性和家系信息来源制定合并选择指数。从理论上讲,合并选择利用个体和家系两方面的信息,选择准确性要高于其他方法,但计算较麻烦。

34.猪育种工作中多个性状的选种方法有几种,适用范围是什么?

在猪育种工作中,需要选育提高的性状往往不止一个,常常有2～4个性状需要同时进行选择,对于多个性状的选种方法,目前常用的有3种:

(1)顺序选择法　这种方法是有次序的按主次一个个性状地进行选择。选择一个性状待其提高后,再来提高另一性状。这种选择方法对一个性状来说遗传进展是快的,但多个性状一个个地选就需要很长时间,更重要的是没有考虑到性状间的相关,很可能顾此失彼。因此这种方法在猪育种中极少使用。

(2)独立淘汰法　对各个被选性状规定一个淘汰标准,被选个体只要其中一项指标未达标准就被淘汰。这种方法常常会把某些性状表现突出,而个别性状上存在不足的种猪淘汰掉,选留下来的即是表现平平的“中庸者”。在猪育种中,该法应用于淘汰遗传上有缺陷的,或结实度较差的个体。

(3)指数选择法　这种方法用一个指数为标准,同时选择几个性状，根据这些性状的表型值，性状的遗传力以及经济重要性，给以加权，综合成一个数值，然后根据求得的指数大小来进行选种。常用的选择指数公式为：

$$I=W_1h_1^2\cdot P_1/\overline{P}_1+W_2h_2^2\cdot P_2/\overline{P}_2+\cdots+W_nh_n^n\cdot P_n/\overline{P}_n$$

式中：$W_1,W_2\cdots W_n$ 分别为各性状的经济重要性；$P_1,P_2\cdots P_n$ 分别为个体各性状的表现型；$\overline{P}_1,\overline{P}_2\cdots\overline{P}_n$ 分别为各性状群体的平均表型值；$h_1^2,h_2^2\cdots h_n^n$ 分别为各性状的遗传力。

由公式知，所选择的性状，在指数中为 3 个因素所决定：性状的经济及育种上的重要性、性状的遗传力、个体表型值与畜群平均数的比值。

理论上，综合选择指数法是科学的，选择效果优于其他方法，但实际应用时，难以达到理论上的期望效果。其主要原因在于：遗传参数的估计误差较大；各目标性状的经济加权值的制定带有主观性，不够准确；群体小，近交程度增高；选择性状与目标性状不一致，如目标性状为瘦肉率而选择标准则是背膘厚或眼肌面积。

35. 猪选配的原则有几项？

在猪的选配工作中，必须遵循如下 6 项原则：

(1)公猪等级高于母猪。

(2)对猪群体中的优秀公母猪，一般应进行同质选配(有意识的杂交改良情况除外)，以巩固优良特性。

(3)禁止具有相同缺点的公母猪交配，以免缺点顽固化。

(4)种猪外貌上的缺陷，不能用相反的缺陷去纠正。

(5)要慎重使用亲缘选配，时时掌握近交程度，不断分析近交效果，发现问题应及时减轻亲缘程度或进行非亲缘选配。

(6)选配时应考虑交配双方的年龄，应当避免使用过幼或过老的公猪。

36.何谓个体选配，个体选配中的品质选配有几种，各有何优缺点？

个体选配是指考虑与配个体相互之间关系的选配。在个体选配中，根据与配双方品质的异同进行选配（即品质选配），可将选配分为同质选配和异质选配，其特点为：

（1）同质选配　指选用性状相同、性能表现一致或育种值相似的优秀公母猪来配种，以期获得与亲代品质相似的优秀后代。同质选配优点：能够巩固和加强公母猪双方都具有的优良性能，使亲本的优良性状稳定遗传给后代，并不断增加畜群中具有这种优良性状个体的频率，从而提高群体的遗传品质。缺点：后代生活力下降，对环境的适应范围缩小，适应性降低，猪群中原本不显著的缺点更显著。因此，在猪育种中，常采用此法来提高猪群的一致性和遗传稳定性，但也不可长期进行。

（2）异质选配　指选择某些性状上异质的公母猪来相配。有两种情况：一是选择具有不同优异性状的公母猪相配，以期将两个性状结合在一起，从而获得兼有双亲不同优点的后代。另一种选择同一性状，但优劣程度不同的公母猪相配，以期获得以良改劣之目的，此为"改良选配"。异质选配优点：可综合两种或多种畜群的优良品质以改进，也可提高机体的可塑性。缺点：易使畜群停留在一般水平上，很多经济性状都属于中间型遗传，后代介于双亲之间，容易丧失原有的优良特性。故而实践中不可长期使用，只有与同质选配密切配合，交替使用，才能不断巩固和提高整个猪群的品质。

37.何谓近交，近交有何作用？

交配双方具有较近的亲缘关系，叫做近亲交配，简称近交。

近交的作用主要有如下 4 个：

（1）固定优良性状　近交的基本效应是加速基因纯合。因此，在猪育种中可采用适度的近交结合使用,同质选配,以固定优良性状提高群体同质性。

(2)保持优良个体的血统 当猪群中出现性能特别优秀的个体时,可围绕该种猪开展近交,建立单系,扩大群体中优良个体数量,保持该优良血统。

(3)提高畜群的同质性 在近交的基础上加强选择,可得到比较同质的畜群,达到猪群提纯的目的。

(4)揭露有害基因 多数有害性状是隐性的,在非近交情况下较少出现,而近交时由于基因型趋于纯合,隐性有害基因则容易暴露,便于及早淘汰,大大降低群体中有害基因频率。

38.何谓近交衰退,有何表现?生产中如何防止?

近交衰退是指由于近交,家畜繁殖性能、生理活动以及与适应性有关的性状,都较近交前有所削弱。具体表现是:繁殖力减退,死胎、畸形胎增多,生活力下降,适应性降低,体质较弱,生长缓慢,生产力下降。

防止措施:

(1)严格淘汰近交衰退个体。

(2)加强饲养管理,缓解、减轻近交衰退现象。

(3)血缘更新,用同品种,同类型但无亲缘关系的个体来更新血缘。

(4)做好选配工作。

39.品系繁育的方式有几种,各有何优缺点,生产中如何选择应用?

(1)品系繁育指为培育具有共同优良品质的种畜群的繁育制度。其方式主要有如下 4 种:

①系祖建系法 主为选定系祖,以系祖为中心繁殖亲缘群,经

过几代繁育，形成与系祖有血统联系，性能与系祖相似的高产品系群。该法优点：易于固定一个个体或几个个体的优良特性，便于保持血缘，以及灵活机动、不拘一格等优点。缺点：系祖不易得到，难以选配到同质的优秀母猪和选到可靠的系祖继承者，尤其是系祖的血统和特性在群体中随着世代的推移易于被冲淡，后代一般难以接近更无法超过系祖，有时还可能造成近交衰退，品系不易保持。目前，猪育种生产中较少使用此法。

②近交建系法　它是利用高度近交包括亲子和同胞交配，使优良基因迅速纯合，形成近交系数在 37.5%以上的性能优秀一致的品系群。此方式易产生近交衰退现象，因而需要大量淘汰，育种成本非常高。另外，该法降低了性状的选择强度，目前猪育种中已不再使用。

③群体继代选育法　目前猪育种实践中常用该法，其原理是先选集多个血统的基础群，然后封闭畜群，在闭锁群体内按照生产性能、体质外貌、血统来源进行选种选配，以培育出符合品系标准、遗传稳定、整齐度好的种畜群。该法简单易行，便于在中小型猪场推广。缺点是规模较小，达不到原有的选择强度，降低了每个世代的选择进展，而且长期闭锁容易造成近交退化，其结果是闭锁群选育早期有较大进展，以后却越来越缓慢。

④开放式核心群选育法　国外从 20 世纪 70 年代以来已放弃闭锁群育种法，而代之以开放式核心群选育法，已取得了明显进展。

(2)在猪育种实践中，以上品系繁育方式的选择应用原则是：

①同一猪群优秀个体数量很多，若相互之间有亲缘关系，可采用同质选配，适当加上近交选配，使猪群不断发展提高，形成品系；若这些优秀个体间无亲缘关系，则采用同质群体继体选育法建立品系。

②同一猪群优秀个体只有几头,可采用系祖建系法;若少数的优秀个体中既有公猪,也有母猪时,可采用近交建系。

③猪群中缺乏理想的优秀个体,可采用异质群体继代选育法。

40.何谓杂交、纯繁,两者有何关系?

杂交指不同品种、品系或类群间的交配系统。在遗传学上定义为:杂交是基因频率不同的群体间的交配。

纯繁是指在本种群范围内,通过选种选配、品系繁育、改善培育条件等措施,以提高种群性能的一种方法。

两者关系:

(1)两者目的不同　杂交的目的一是用于育种,二是生产比原有品种、品系或类群更能适应特殊环境条件的高产杂合类型;纯繁的目的是保持和发展一个种群的优良特性,增加群体内优良个体的比重,克服该种群的某些缺点,以保持种群纯度和提高整个种群的质量。

(2)两者相互依存　没有纯种,就不可能产生杂种;生产纯种是为了生产高产的杂种;不搞杂交,纯繁也就不能进一步提高生产力。现代育种理论认为:要通过纯繁把许多优良性状固定在一个种群上是不容易的;于是就出现了培育专门化品系再来杂交的技术方法。

(3)两者必须有机结合　从遗传学上讲,纯繁主要是利用加性基因的效应,杂交主要是利用非加性基因的效应而获得杂种优势。不同性状受不同基因类型的制约,因而有些性状应在纯繁中选育提高,有些性状的提高应采取杂交的方法。所以两者相互运用才是提高生产力的有效方法。所以说在猪育种中纯繁和杂交应是互相联系、互相配合、互相补充,而又互相不能代替的。

41.何谓杂种优势,杂种优势分为几种类型?

不同种群的猪杂交所产生的杂种,通常表现出活力和生殖力较强,生产性能较高,其性状的表型值超过其亲本的均值,这种现象称为杂种优势。

杂种优势分为3种类型:

(1)个体杂种优势　指杂种本身生活力,耐受性及抗性增强,饲料利用率、生长速度、生产性能的群体均值提高,遗传缺陷、致死、半致死现象减少。

(2)母体杂种优势　指杂种的母亲也是杂种,并表现出繁殖力较强、母性较好。

(3)父体杂种优势　指杂种的父亲也是杂种,并表现出配种能力强,精液质量好,生产性能高。

42.猪的不同经济性状杂种优势有何差异?

杂种优势是来自基因的非加性效应,包括位点内互作效应即显性效应或超显性效应,以及位点间互作效应即上位效应。在猪的经济性状中,有的遗传力低,有的遗传力高,有些受非加性基因影响,有些受加性基因影响,因而不同性状获得的杂种优势有很大差异。

(1)最易获得杂种优势的性状:体质的结实性、产仔数、泌乳力、育成仔数、断奶重和断奶窝重。这些性状遗传力低,主要受非加性基因影响,近交时退化严重,杂交时优势明显。

(2)较易获得杂种优势的性状:生长速度和饲料利用率。生长速度的遗传力中等,约为0.3,近交或杂交均有中等影响;饲料利用率的遗传力中等,约为0.38,受加性影响大些,杂种优势不明显。

(3)不易获得杂种优势的性状：外形结构、胴体长、屠宰率、膘厚、肉的品质这些性状遗传力高，主要受加性基因影响，因而不易获得杂种优势。

43.如何计算杂种优势？

杂种优势的计算方法在实际生产中常用杂种后代均值($\overline{F}_1$)与双亲均值的离差($\overline{P}$)来表示：

$$H=\overline{F}_1-P$$

为比较各性状间的杂种优势，常用相对值杂种优势率(H)来表示：

$$H=\frac{(\overline{F}_1-\overline{P})}{\overline{P}}\times 100\%$$

当两品种A和B有正反交，即A公与B母以及A母与B公两种交配方式，分别产生正反两种杂种，即AB和BA，这时，杂种优势就应是：

$$H=(\overline{AB}+\overline{BA})-(\overline{A}+\overline{B})$$

式中：$\overline{A}$、$\overline{B}$、$\overline{AB}$及$\overline{BA}$分别表示亲本A和B以及正交后代AB和反交后代BA的表型均值。

杂种优势率H，则有相应的公式：

$$H=\frac{\frac{1}{2}(\overline{AB}+\overline{BA})-(\overline{A}+\overline{B})}{\frac{1}{2}(\overline{A}+\overline{B})}\times 100\%$$

或 $$H=\frac{(\overline{AB}+\overline{BA})-(\overline{A}+\overline{B})}{(A+B)}\times 100\%$$

从遗传上讲，上式较前面公式更准确。

44.影响杂种优势的因素有哪些?

影响杂种优势的因素有6种:

(1)性状　各种性状表现的杂交优势是不同的,所以同一杂交后代个体的不同性状,所表现的杂交优势也不同。根据数量遗传理论,遗传力低的性状杂种优势大,因为杂种优势是来自显性效应和上位效应,所以主要受加性效应控制的性状即遗传力高的性状杂种优势较小,反之遗传力低的性状如繁殖性状,杂种优势就表现得明显。再有生命早期性状如成活率、断奶重等杂种优势明显;断奶后的增重等性状,有一定程度的杂种优势,而屠体品质等几乎没有杂种优势。对猪的经济性状而言,遗传力低的繁殖性状杂种优势率高,为20%～40%;遗传力中等的肥育性状杂种优势率亦中等,为15%～25%;遗传力高的胴体和肉质性状杂种优势率低,为0～15%。

(2)亲本品种　杂种优势的大小较大程度上取决于杂交亲本品种内的同质性和杂交亲本品种间的异质性。亲本品种越纯(遗传稳定性强),亦即品种内同质程度越高,杂种优势率越高。亲本品种间差异程度越大,亦即品种间异质性程度越高,则杂种优势亦越高。一般来说,不同品种间杂交的杂种优势率要高于同品种内不同品系间杂交。

(3)杂交方式　二元杂交后代用于育肥,这种杂交方式对杂种优势的利用只限于肥育性状和胴体品质,而在繁殖力方面的杂种优势没有得到利用。如果继续将二元杂种留作亲本,繁殖性能的杂种优势就可得到利用。繁殖力主要由母本决定,所以留二元杂种作母本比作父本好。用二元杂种作亲本时一般有以下几种选配方法:一是与第三个品种杂交,这种方式所得到的杂种优势高;二是与原亲本品种回交,这种方式虽然只需两个亲本品种即可进行,但杂种优势表现较差,甚至可能低于二元杂种;三是用二元杂种母本与另两个品种的二元杂种公猪交配即双杂交，这种方式杂交效果好，杂种优势大，国外所谓配套系杂优猪大部分是利用4个专门化品系杂交而成。此外，在杂交方式中，正反交的杂种优势大小也有可能不同，所以在选择亲本品种时，必须考虑哪个品种作父本，哪个品种作母本。一般选择繁殖力高的作母本，生长快的作父本，尽管反交杂种的肥育性能可能高于正交杂种，但我国生产中还是多用外来品种作父本，这既符合了母本繁殖力应高的要求，也由于外来的品种作父本，数量需要较少，投资较低，收益大的缘故。

(4)个体品质　同一品种内个体间存在着差异，所以同品种不同个体的杂交效果不一样。因此，对个体同样要进行选择。

(5)饲养管理条件　杂种优势的表现与饲养管理关系密切，有的品种间杂交虽然优势较大，但由于条件所限，基因型得不到表现。如长白猪与我国本地猪交配，杂种优势明显，但饲养管理较差时，生长反而比配合力较低的约克夏杂种还慢。

(6)环境温度　Comberg(1973)用试验比较了皮特兰、长白猪及其杂种在适宜的温度(周围温度为18℃)和两种不利条件(8℃和30℃)的杂种优势效应，发现在不利环境情况下，杂种优势表现略强些。

45.经济杂交方式有几种，各适用于何种范围，各有何优缺点？

经济杂交方式有6种：

(1)简单杂交　也叫二元杂交，是我国养猪生产中应用最多的一种杂交方式(图3-1)，特别适合我国农村的经济条件，一般是外种公猪如长白(L)或约克夏(Y)公猪与本地母猪杂交生产商品肉猪。目前，随着集约化养猪的发展，外种公猪与外种母猪杂交，生产瘦肉型商品肉猪的方式逐渐普及。二元杂交的优点是简单易行，可获得最大的个体杂种优势，并只需一次配合力测定就可筛选最佳杂交组合。缺点是父本和母本均为纯种，不能利用父体特别是母体的杂种优势。

(2)级进杂交　又称改良杂交。即选择高产的优良品种公猪同低产的母本品种杂交,杂交后代中的母猪连续多代与高产父本品种交配(图 3-1),从而达到改良低产品种的目的。级进杂交的杂种优势率一般低于三品种杂交,常用于育种目的,生产中较少使用。

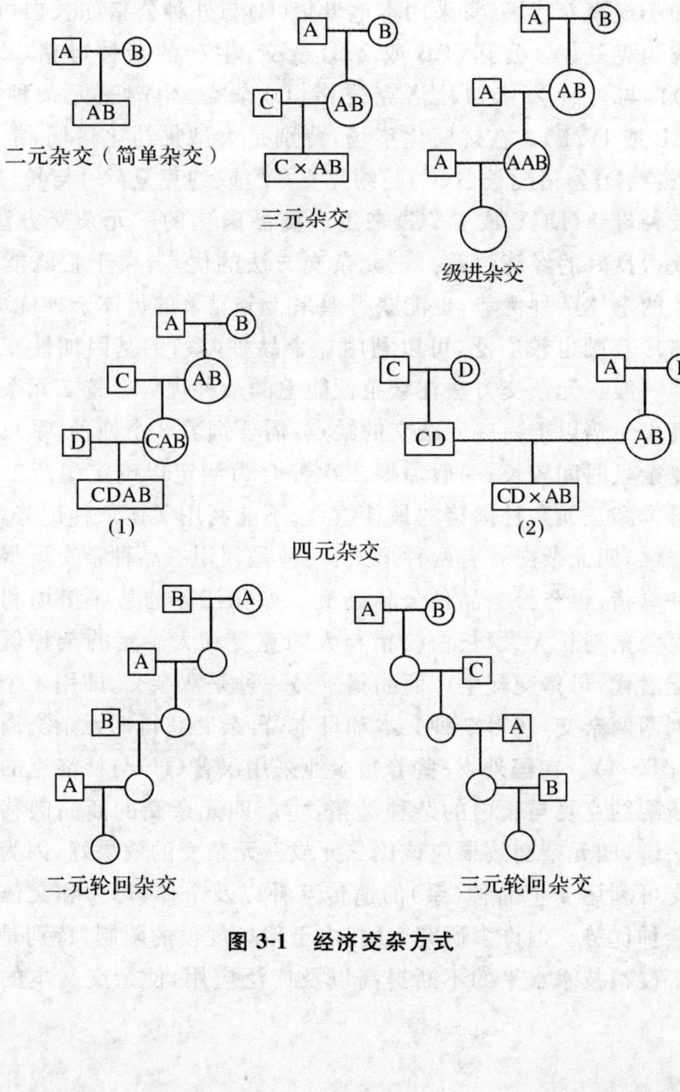

图 3-1　经济交杂方式

(3)三元杂交　由3个品种(系)参加的杂交称为三元杂交。先用2个种群杂交,产生的杂种母本再与作为终端父本的第三个种群杂交,产生的三元杂种作为商品肉猪(图3-1)。目前的现代化养猪业中,三元杂交被广泛应用。在条件较好的农村养猪专业户和小规模养猪场,常采用本地母猪(B)与外种公猪如长白(L)公猪或约克夏(Y)公猪(LB或YB)杂交,生产的杂种母猪(LB或YB)再与外种公猪如杜洛克公猪(D)杂交,生产三元杂种肉猪(DLB或DYB)。在规模化猪场,特别是大型集约化猪场,常采用杜洛克(D)公猪配长白(C)与约克夏(Y)或约克夏(Y)与长白(C)的杂种母猪(DCY或DYC)来生产商品肉猪的三元杂交方法,并已获得良好的经济效益。三元杂交方法的优点:在于它既能获得最大的个体杂种优势,也能获得效果十分显著的母体杂种优势,并且遗传基础也较广泛,可以利用3个品种(系)的基因加性互补效应。一般三元杂交方法在繁殖性能上的杂种优势率较二元杂交方法高出1倍以上。三元杂交的缺点:需要饲养3个纯种(系);制作较复杂且时间较长;一般需要二次配合力测定以确定生产二元杂种母本和三元杂种肉猪的最佳组合;不能利用父体杂种优势。

(4)四元杂交　有两种形式:一种是利用三品种杂交所得到的杂种母猪,再与另一品种公猪杂交。如在江苏的某些猪场利用杜洛克公猪与长大太(长白公猪与大约克夏和太湖猪的杂种母猪的选配后代)母猪交配生产商品猪。另一种是双杂交,即用4个品种分别两两杂交,获得杂种父本和母本,再杂交获得四元杂交商品肉猪(图3-1)。在国外,一些养猪企业采用汉普(H)与杜洛克的杂种公猪配约克夏与长白的杂种母猪,生产四元杂交的商品肉猪。理论上讲,四元杂交效果应该比二元或三元杂交的效果好,因为四元杂交可利用4个品种(系)的遗传互补以及个体、母体和父体的最大杂种优势。但许多研究表明:由于猪场规模的限制,特别是由于人工授精技术水平的不断提高以及广泛应用,使杂交父本的父体杂种优势如配合能力强等不能充分表现出来。另外，多饲养一个品种(系)的费用是相当昂贵的，且制种和组织工作更复杂，加之汉普夏品种(系)的繁殖性能一般，其他生产性能并不突出，因此目前国际上更趋向于应用杜洛克×(约克夏×长白)的三元杂交。

(5)轮回杂交　指由2个或3个品种(系)轮流参加杂交，轮回杂种中部分母畜留作种用，参加下一次轮回杂交，其余杂种均作为商品肉猪。在国外的养猪生产中，应用较多的是相近品种的轮回杂交，如长白或约克夏的三元轮回杂交或称互交。这种杂交方法的优点：能充分利用杂种母猪的母体杂交优势，公猪用量减少，并可利用人工授精站的公猪，组织工作简单，是一种经济有效的杂交方法，且因采用相近品种轮回，每代商品母猪的生产性能较一致，可以满足工厂化生产需要。此法缺点：不能利用父体杂种优势；不能充分利用个体杂种优势；两品种(系)轮回杂交遗传基础不广泛，互补效应有限；每代需更换种公猪(品种)，配合力测定较繁琐。在国外，也有用长白、约克夏、杜洛克三品种进行轮流杂交的，称为多品种轮回杂交。采用这种轮回杂交方式，因为充分利用了杂种母猪繁殖性状的杂种优势，充分综合了几个品种的优良性状，能防止杂种优势退化。但存在品种繁多，不易保存以及杂交繁琐的缺点，生产中极少使用。

(6)专门化品系杂交　通过培育各具特点的专门化品系(父系和母系)，通过配合力测定，选择优良的杂交组合和杂交方式，生产高效优质的商品肉猪。专门化品系具有一两个突出的优秀性状，其他性状保持一般水平。父系主要选择生长速度快、饲料转化率高、胴体品质优作为其性能特点；母系则注重选择产仔数、泌乳力等繁殖性状。专门化品种杂交所得到的杂种，增重的一致性好，肉的品质优，能取得高度而稳定的杂种优势。通过专门化品种杂交，生产商品杂优猪，提高养猪生产水平。近年来，随着国内外养猪生产向集约化、专门化方向发展，在普遍应用品种间杂交的基础上转向专门化品系杂交。目前，英国、荷兰、意大利、法国、丹麦、德国等已培育出很多这样的专门化品系。在国内，也正在进行专门化品系的培育研究。如山东，从20世纪90年代中期，就开始了这种研究工作，现在正进行胜利白猪、烟台猪、里岔猪、莱芜猪4个合成母系和汉杜、杜汉、长大合成系3个配套父系以及大约克夏、杜洛克2个专门化父系的选育，且工作进展顺利，效果良好。

46. 杂交繁育体系由哪几个部门组成，其猪群结构如何确定？

(1)杂交繁育体系由3部分组成：

①育种群　也叫核心群。处于繁育体系的最高层(图3-2)，主要进行纯种(系)的选育提高和新品系的培育，其纯繁的后代，除部分选留更新纯种(系)外，主要向繁殖群提供优良种源，用于扩繁生产杂交母猪或纯种母猪，并可按繁育体系的需要直接向生产群提供商品杂交所需终端父本，因而该群是整个繁育体系的关键，起核心作用，故有核心群之称。

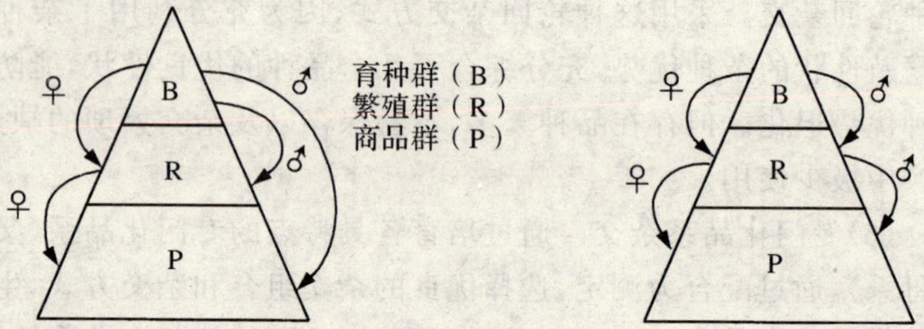

图3-2　杂交繁育体系

②繁殖群　处于繁育体系的第二层(图3-2)，主要进行来自核心群种猪的扩繁，特别是纯种母猪的扩繁和杂种母猪的生产，为商品群提供纯种(系)或杂交后备母猪，保证生产一定规定商品肉猪的需要。同时，繁殖群按特定繁育体系(如双杂交)的要求，生产

杂种公猪提供商品群杂交所需的杂种父本。

③商品群　位于繁育体系的底层。主要是进行终端父母本的杂交，生产优质商品仔猪，保证肥育猪群的数量和质量，最经济有效地进行商品肉猪的生产。育种群选育的成果经过繁殖群到商品群才能表现出来。育种群的投入到商品群才有产出。因此，商品群获利的一部分要投入育种群，进一步选育提高核心群的质量，生产更好的商品猪，使商品群最终获得更多的利润，从而形成一个良性循环的繁育体系。

(2)猪群结构　主要指繁育体系各层次中种猪的数量，尤其是种母猪的规模，以便确定相应的种公猪的规模及最终能生产出的商品肉猪的规模。

猪群结构确定步骤：

①确定生产商品母猪的最佳杂交方案，二元或者三元杂交。

②确定各类猪群的结构参数，主要是各层次公母配种比例。

③在已知核心群规模时，借助结构参数就可推算出各层次即繁殖群、商品群的种猪数及所能生产商品瘦肉猪数量；当生产肉猪数量一定时，也可利用结构参数和模型，结合杂交方案，确定各层次的仔猪数、后备猪数以及种猪数。

由于母猪的规模和比例是各繁育体系结构的关键，许多研究表明：采用常规的杂交方案如二元和三元计划时，各层次母猪占总母猪的比例大致是：核心群占 2.5%，繁育群占 11%，商品群占 86.5%，呈典型的金字塔结构。

47. 在养猪生产中，杂种一代公猪为什么不能作种猪？

在养猪生产中，杂种猪是由 2 个或 2 个以上不同品种、品系交配所产生的，它与其父母亲本相比较，表现出明显的杂种优势，即生活力、生殖力、耐受性和抗性增强，生长速度加快，生产性能、饲料利用率提高。人们往往被这种现象所吸引，迫切地想利用杂种猪这些优势来进一步提高猪后代的性能,将杂种猪留作种用。结果如何呢? 由遗传学知:杂交的生物学效应分为遗传效应和表型效应,前者是杂种猪基因杂合程度增加;后者是杂一代性状趋于一致,在性能上表现杂种优势,遗传性能不稳定,杂二代出现分离现象。若以杂种一代公猪作种猪,与杂种一代母猪交配,或与本地母猪交配产生二代杂种,实质上都是一个近交过程,其杂种优势仅是杂种一代的一半,且近交所易导致的后代生活力下降,抗性降低,使此杂交失去意义。所以杂种一代公猪一定不能作种用,尽管外形看起来很好。

48.饲养杂交猪有什么好处?

杂交猪是 2 个不同品种或不同品系交配而产生的后代,它存在着明显的杂种优势,与父母系本猪相比较,有七大优点:

(1)生长速度快,增重快,如太湖猪 6～9 月龄体重仅达 65～90 kg,日增重 333～361 g。但以杜洛克、长白猪或大约克夏作为父本与太湖猪杂交,其杂交一代的日增重分别达 610 g、602 g 和 588 g。杜×(长×太)或杜×(大×太)三元杂交猪的效果更好,日增重分别达 628 g 和 643 g。

(2)饲料利用率高,如北京黑猪生长肥育期,饲料利用率 3.5 左右,而杜×(长白×北京黑)或大约克猪×(长白×北京黑)杂种猪的饲料利用率仅 3.2 左右;关中黑猪饲料利用率 3.9,而以杜洛克或长白猪为父本与关中黑猪杂交,其杂交一代的饲料利用率仅为 3.3～3.7。

(3)繁殖率高,产仔数多,且仔猪初生重和断奶体重大。

(4)生活力强,抗性增强,易于饲养管理。

(5)瘦肉率高,如太湖猪胴体瘦肉率 42%左右,杜×(长×太)或杜×(大×太)三元杂交猪胴体瘦肉率达 58.1%和 58.8%。

(6)商品猪价格高,更受消费者欢迎。一般情况下,二元杂交猪每千克比地方猪高 0.5 元左右，三元杂交猪每千克比地方猪高 0.8～1.2 元，并且大中城市多畅销三元杂交猪。

(7)经济效益高，由于杂交猪生长快，耗料少，价格高，销路好，经济效益大大提高，据估算，育肥杂交猪比育肥本地猪提高利润 50%以上。

49.影响经济杂交效果的因素有哪些?

影响经济杂交效果的因素有：

(1)品种　据联合国粮农组织(FAO)和发达国家对畜牧生产的科学评估，品种的贡献率为 35%～60%，平均为 45%。不同品种(品系)间杂交的效果不同，杂交后代的性状有无杂种优势，取决于亲本品种的选择。国内广泛开展的猪的经济杂交，一般是地方品种或培育品种作杂交母本，以国外引入品种作父本，进行杂交，其杂交效果较好。国外引入品种中，以杜洛克最适于作父本，大约克次之，长白作父、母本均可，尤其是引入品种间杂交时，多以长白猪作母本，杜洛克作终端父本，效果最好。

(2)经济类型　不同经济类型(即脂肪型，瘦肉型和兼用型或肉脂型)猪之间的杂交效果不同。如用苏联大白猪的脂肪型品系和瘦肉型品系杂交，以瘦肉型公猪配脂肪型母猪的杂交效果最好，其杂种猪体重达 100 kg，所需饲养天数较其他组合提前 7～8 d，日增重提高 31～53 g。

(3)杂交方式　不同杂交方式致使杂交效果不同，两品种间杂交时，其正反交的效果不同。三品种杂交时，其杂交效果优于两品种杂交；三品种杂交中，第二次杂交时，不但母猪是一代杂种(一代杂种母猪生活力强，产仔多，哺育率高)，而且又利用了第二杂交父本增重快，饲料利用率高的特点，因此，三品种杂交可获得良好的杂种优势。据报道，三品种杂交在其产仔数、仔猪初生重、断奶窝重、哺育率、日增重和饲料利用率等均比两品种杂交好得多。

(4)饲养条件　饲养条件不同,其杂交的效果也不同。这主要是杂交优势的显现不但受遗传因素制约,而且也受环境因素制约。在不同的营养水平下,杂交的效果不一样。据实验证明,中等营养水平饲养的杂种猪,日增重优于低营养水平饲养的杂种猪。

(5)个体条件　不同个体其杂交的效果不同。同一品种中不同个体之间存在差异,其差异对杂交效果具有一定的影响。

50.开展经济杂交应注意哪些问题?

开展经济杂交应注意以下几点:

(1)杂交亲本的选择　因为亲本的品质直接影响杂种优势的显现,所以经济杂交中亲本的选择十分重要。母本品种应选择本地品种,取其饲养数量多、适应性强、繁殖力高、母性好、泌乳力强、体格大小适中的特点。父本品种应选择生长速度快、饲料利用率高、胴体品质好、瘦肉率高的国外引入品种,如杜洛克猪,大约克夏猪、长白猪等。若为“洋三元”杂交,则以长白猪作母本为宜。

(2)杂交方式的选择　应根据当地的猪种、经济类型和饲养条件等实际情况进行选择。一般讲,农村养猪以采用两品种简单杂交为宜,其方法简单,易于推广。此法以当地母猪为母本,引入父本品种与之杂交,在具有一定规模的商品猪场,可采用较复杂的三元杂交,以充分利用杂交母猪的杂交优势。

(3)配合力测定及杂交组合的确定　配合力是两个品种或品系通过杂交能获得的杂种优势的程度。通过杂交试验进行配合力测定是选择最佳杂交组合的必要方法。配合力分为一般配合力和特殊配合力两种。一般配合力是指某一品种(品系)与许多其他品种(品系)杂交所获得的平均效果。如长白猪与我国许多地方猪品种杂交效果都不错,这表明它的一般配合力好。特殊配合力是指两个特定品种或品系间杂交,其杂种猪主要性状均值能超过其一般配合力均值,配合力测定主要是测定特殊配合力。

杂交组合是根据经济杂交目的和特殊配合力的测定结果来确定的，如根据生长速度快、饲料利用率高、瘦肉率高、繁殖力强等性状和较高的杂种优势率来确定杂交组合。

(4)加强杂种猪的饲养管理　确定理想的杂交组合后，还应创造良好的饲养管理条件，尤其是营养条件。若饲养管理条件差，饲料营养不能满足杂种猪生长发育的要求，即使是再理想的杂交组合，也不能表现出高的杂种优势率。因此应加强杂种猪的饲养管理，给杂种猪提供相适应的饲养管理条件，才能使其充分发挥遗传潜力，创造高的饲养效益。

51.20 世纪猪品种杂交改良成就主要有哪些？

20 世纪猪品种杂交改良成就主要有以下几项：

(1)利用地方猪种与引入良种猪或国内良种进行杂交改良。20 世纪 50 年代初至 70 年代末，党和政府大力倡导“大养其猪”，十分重视改良畜种，陆续由国外引入少量的脂肪型或肉脂兼用型猪种约克夏猪、巴克夏猪、波中猪、苏联大白猪、克米洛夫猪，对我国地方品种进行杂交改良，同时，国内良种金华猪、内江猪、荣昌猪、哈白猪等调至其他省份与地方猪种开展经济杂交，产生并在全国推广了一批优良的经济杂交组合，如荣(昌)沂(蒙黑猪)二元杂交猪日增重达到 460 g，饲料报酬达 3.8。

(2)选育地方猪种与引进国外的瘦肉型猪进行杂交。20 世纪 80 年代，由国外引入大约克夏、长白、杜洛克、汉普夏等良种猪，对我国地方猪种进行杂交，并建立了一批外引猪繁育场，广泛开展了二元、三元杂交试验。如 20 世纪 80 年代由山东省农业厅组织“瘦肉猪生产配套的技术研究”，开展了昌潍白猪、里岔黑猪、莱芜猪、烟台猪、沂蒙黑猪、五莲黑猪 6 个地方良种的品系繁育，与引入猪种进行二元或三元杂交，筛选优良组合用于生产。莱芜猪经 7 个世代选育，日增重从 327 g 提高到 466 g，饲料报酬从 4.87 提高到

4.03，瘦肉率从46.08％提高到48.64％；二元长（白）莱（芜）猪和三元汉（普夏）大（约克）莱猪，日增重分别达到490 g和726 g，饲料报酬4.16和3.46，瘦肉率51.5％和61.8％。

（3）培育合成母系与配套父系生产杂优瘦肉猪。20世纪90年代开始，各地陆续启动培育合成母系，江苏省用太湖猪与杜洛克杂交培育出中国合成母系001，取名“苏太猪”，1999年国家审定命名。90年代中期，山东省农业良种产业化开发启动“瘦肉猪良种选育及产业化开发”项目，现已基本育成胜利白猪Ⅱ系、烟台猪、里岔猪、莱芜猪4个合成母系和汉（普夏）杜（洛克），杜汉两个配套父系，长（白）大（约克夏）合成父系，及大约克夏、杜洛克、汉普夏3个纯系，各项指标都达到较高水平。如烟台猪母系七世代肥育猪，日增重753 g，饲料报酬2.82，瘦肉率61.27％，与汉杜配套父系的杂优商品猪日增重达771 g，饲料报酬2.84，瘦肉率65.26％。

52.21世纪猪的育种方向是什么?

纵观近几十年来世界上猪育种的发展趋势，正经历着由重视数量发展向重视质量发展的过程，猪育种的目标也由原来的降低背膘厚，提高产肉量、生长速度和饲料报酬等性状的培育转变为提高瘦肉组织的生长效率，提高繁殖性状，改良肉质，提高抗病力、产品的一致性和降低单位产品的生产成本等性状的培育上。育种方向的具体定位：母本品系稳定提高繁殖性能、优良肉质，兼顾生长速度，父本品系稳定提高生长速度、瘦肉产量、饲料报酬，同时注重猪肉品质。2001年日本引进北京黑猪培育出“东京X猪”，美国引进中国太湖猪培育出“嘉梅兰猪”，大大提高了猪肉产品质量。

四、猪的营养与饲料

53. 猪的消化生理有何特点?

消化是猪利用饲料的第一步,从口腔开始,经胃、小肠、大肠未消化吸收的剩余物形成粪从肛门排出体外。饲料通过消化道各部位,经物理、化学和微生物的作用而消化,然后被吸收。

(1)口腔的消化　猪是杂食性动物,对饲料的咀嚼比较完全,咀嚼动作可促进消化液的分泌。饲料在口腔中经咀嚼与唾液混合,唾液中的淀粉酶能将饲料中的淀粉分解为糊精和麦芽糖。由于饲料在口腔中停留时间短,很快经食道进入胃,故口腔的消化作用较微弱。

(2)胃的消化　猪为单胃动物。胃经贲门与食道相接,经幽门与十二指肠相连,胃是贮存食物的主要场所。胃壁黏膜的主细胞分泌胃蛋白酶、凝乳酶、脂肪酶,壁细胞分泌盐酸,胃壁有节律的收缩蠕动使这些分泌物(胃液)与胃内容物充分混合,使食物软化为糜状物。饲料中的真白质在胃中经胃蛋白酶降解为蛋白、蛋白朊和蛋白胨,脂类在胃脂肪酶作用下开始分解,因胃脂肪酶含量很少,故胃内饲料中脂肪的消化量很小。猪胃液中盐酸含量0.35％～0.7％,在消化过程中起重要作用;可激活胃蛋白酶元,可使蛋白质膨胀变性,促进蛋白质分解,具有杀菌特性,防止胃内食糜腐败。因胃液中不含消化糖类的酶,故胃对糖类没有消化作用。胃中糜状物经胃的收缩和蠕动,经幽门进入小肠。

(3)小肠内的消化吸收　小肠由十二指肠、空肠和回肠3部分构成，是猪消化道最长的部分，食物停留时间最长，各种养分在此消化吸收。小肠的运动分为蠕动、逆蠕动和分节运动，这些运动可使食糜与消化液充分混合，并使食糜在肠道内移动，同时使消化后的物质与肠壁接触促进吸收。小肠液包括肠液、胰液和胆汁，均呈碱性反应，肠液、胰液内含有多种消化酶。糖类在胰淀粉酶、乳糖酶、麦芽糖酶、葡萄糖淀粉酶的作用下分解为葡萄糖被吸收，胃中未被分解的蛋白质继续分解成蛋白朊和蛋白胨，再经肠蛋白酶分解为氨基酸被吸收；脂类在胆汁、胰脂肪酶和肠脂肪酶的作用下，分解为脂肪酸和甘油被吸收贮存于脂肪组织中变成体脂肪。胆汁中不含消化酶，但可增进胰液中酶的活性，促使脂肪的乳化、分解和吸收，促进脂溶性维生素的吸收。小肠内未被消化的物质随小肠的蠕动进入大肠。

(4)大肠中的消化　大肠分为盲肠、结肠和直肠 3 部分，进入大肠的物质主要是未被消化的纤维素以及少量的蛋白质或未吸收的氨基酸、淀粉和葡萄糖。大肠黏膜分泌的消化液含消化酶很少，其消化作用主要靠随食糜来的小肠消化液和大肠微生物的作用。猪大肠内的环境（温度、酸碱度和营养条件等）适于微生物的生存和繁殖，故大肠内微生物数量巨大，其种类以乳酸杆菌和链球菌数量最多，还有大量的大肠杆菌和少量其他细菌。蛋白质受大肠微生物作用分解为氨基酸和氨，被微生物利用转化为菌体蛋白，不再被吸收，与未消化的蛋白质一起随粪便排出体外。淀粉、糊精和麦芽糖经微生物（丁酸梭菌、肠球菌和乳酸菌）作用产生挥发性脂肪酸和气体，脂肪酸被吸收参与代谢，气体随粪便排出。纤维素在胃和小肠中未被消化，主要靠盲肠和结肠内的分解纤维素的微生物产生纤维素酶，将纤维素分解成挥发性脂肪酸和 CO_2，前者被吸收，后者经氨化变为甲烷由肠道排出。水分在大肠内吸收。大肠内未被消化吸收的物质，逐渐浓缩成粪便从肛门排出体外。

从猪对饲料的消化过程看，猪对纤维素的消化能力极其有限。猪是杂食单胃家畜，不像反刍动物(牛羊等)有4个胃，其中瘤胃是天然的发酵缸，猪对粗纤维的消化仅靠盲肠和结肠内微生物的作用，而猪盲肠、结肠又比非反刍草食家畜(马、驴等)小得多，所以猪对粗纤维的消化功能弱，猪饲粮中粗纤维含量不能高。饲料中粗纤维比例是影响饲粮消化率的重要因素。

54.猪的营养需要有哪些?

据资料记载：猪需要的营养物质有40多种，大致可划分为七大类，即蛋白质、氨基酸、维生素、碳水化合物、脂肪、水和矿物质。

55.水对猪体有何作用，常态下猪需要多少水?

水是最重要、最便宜的养分之一，满足猪对水的需要比满足其他需要更为重要，水对猪体的作用主要有以下3方面：

(1)水是一切细胞和组织的构成成分　在猪体所有化学成分中以水的比例最高。猪体内水占55%～75%，仔猪体内水占2/3，尤其是初生仔猪水分含量更高，可达90%，空腹体重1.5 kg的仔猪含水量达82%。随着年龄增长，含水量下降，体重达100 kg时，水分即降为50%。水分布于各种器官、组织和体液中，细胞内液约占体液的2/3，主要存在于肌肉和皮肤中，细胞外液约占体液的1/3，两者间不断进行交换以保持动态平衡。猪乳中含有70%～80%的水。

(2)水的生理功能　水在物质代谢中，有特殊功能，养分的消化、吸收和转运，代谢过程和代谢产物的排泄、血液循环、体温调节、关节运动等生理活动都需要水分。

(3)水对维持猪生命和生产至关重要　研究表明，长期禁食的动物即使体内贮存的所有脂肪都被消耗，蛋白质消耗50%，体重减40%，只要供给水，猪仍能生存。生长肉猪禁食20 d，但供给充足水分，恢复给料后，出栏体重与未禁食猪相同。如果猪体内水分减少8%时，出现严重干渴感觉，食欲丧失，消化作用减弱；减少10%时，就会导致严重代谢紊乱，出现反常；减少20%时，生命就会出现危险。Bowland和Standish(1996)还发现，屠宰前24 h不给水，限制猪采食量，导致体重减少5.5%，胴体重减轻1.5 kg。

猪的需水量随体重、采食量、饲料性质和环境温度不同而异，冬季约为采食饲料干物质的2～3倍或体重的10%左右；春秋季分别为3～4倍和16%左右；夏季分别为5倍和20%左右。正常情况下NRS(1988)规定：1周龄仔猪每千克体重每天饮水190 mL(含母乳中水)；人工喂食仔猪，水料比(2.8～4.3)∶1(视气温高低而变动)；生长猪喂干料时，水料比(1.9～2.5)∶1，喂湿料时，水料比(1.5～3.0)∶1；后备母猪需水11.54 kg/d；妊娠母猪需水20 kg/d，哺乳母猪需水20～25 kg/d，经产空怀母猪需水10～15 kg/d。据ARC(1981)规定：15 kg生长猪需水1.5～2 kg/d，90 kg育肥猪需水6 kg/d；当饲料与水混合饲喂时，其水料比为生长猪2∶1，非孕母猪2∶1，妊娠母猪2.5∶1，哺乳母猪3∶1。

56. 蛋白质对猪的营养作用有哪些，生长猪每天蛋白质沉积量是多少？

蛋白质是一种复杂的有机化合物，由多种氨基酸组成，含碳、氢、氧、氮和硫多种元素。蛋白质是一切生命的物质基础，是构成猪体的重要成分，是维持生命、生长、繁殖和生产产品必需的营养物质。其营养作用有4点：

(1)蛋白质是构成和修补组织的必需物质　猪的肌肉、皮肤、结缔组织、神经、血液等,都是以蛋白质为基本成分构成,体表的保护组织如被毛、蹄也由蛋白质组成,蛋白质也是体内酶、激素、抗体和色素的组成成分。构成器官组织的蛋白质通过新陈代谢不断更新。精液的生成,卵子的产生,各种消化液及乳汁的分泌都需要蛋白质。

(2)提供能量　当碳水化合物和脂肪不足时,蛋白质可氧化释放能量以补充能量不足,或将过量的蛋白质经脱氨作用释放氨,在肝脏中形成尿素随尿排出,不含氨部分转化为脂肪贮存,以备能量不足时提供能量需要。

(3)参与体内新陈代谢的调节作用　除酶、激素等参与机体新陈代谢调节外,蛋白质直接参与新陈代谢的调节。

(4)蛋白质不足或过剩　蛋白质不能用脂肪或碳水化合物来代替,只能从饲料中获得,脂肪或碳水化合物不能转化为蛋白质。蛋白质不足在体内代谢呈负平衡时,导致猪只生长停滞或消瘦,体重下降,饲料利用率降低,使公猪精液品质下降,母猪不发情或性周期异常,不易受孕或出现弱胎、死胎等。蛋白质过剩同样有不良影响,长期过剩会引起肌体代谢紊乱,甚至造成蛋白质中毒,同时也是一种极大的浪费。因此,依据猪体的营养需要,进行合理的蛋白质水平配置,是提高猪生产力的重要环节。

生长猪每天蛋白质沉积量:猪体从饲料中获取一部分用于维持生命活动,另一部分用于体蛋白的沉积。其沉积量以日沉积氮量乘以 6.25 表示($N\times6.25$)。根据体蛋白沉积量可确定体蛋白沉积所需要的粗蛋白量,即沉积量除以饲料粗蛋白的生物学效价。常用精料型饲料蛋白质生物学效价可按 50%计算,由此可计算出生长猪不同体重阶段满足体蛋白质需要的日粮粗蛋白含量。生长猪不同体重阶段的日沉积氮量,蛋白质及相应日粮粗蛋白含量见表 4-1。

表 4-1 生长猪不同体重阶段的日沉积氮量、蛋白质量及相应日粮粗蛋白含量 g

项目	体重(kg)							
	1～10	10～15	15～20	20～30	30～40	40～50	50～60	60～90
氮	10.1	11.7	13.4	13～15	16～17	18～19	19	20
蛋白质	63	73	84	88	103	116	119	125
粗蛋白	126	146	168	176	206	232	232	250

57.何谓氨基酸，氨基酸分几类，各有何作用？

氨基酸是构成蛋白质的基本单位，是一种含氨基的有机酸。饲料中的蛋白质并不能直接被猪体吸收利用，而是在胃蛋白酶和胰蛋白酶的作用下，被分解为氨基酸后吸收入血液，运输到全身组织器官参加新陈代谢。

构成蛋白质的氨基酸有 20 多种，根据其在体内的营养特性，分为必需氨基酸和非必需氨基酸两种。

必需氨基酸在体内不能合成或合成量极少（如精氨酸）不能满足生理需要，只能由饲料供给。

非必需氨基酸并非猪不需要，而是猪体可以合成，不需外源提供，合成方法有两种：一是通过转氨作用，如将氨基转移给糖代谢中间产物丙酮酸而形成丙氨酸；二是将必需氨基酸转变为必需氨基酸，如蛋氨酸转为胱氨酸，苯丙氨酸转变为酪氨酸。饲粮中必需氨基酸和非必需氨基酸以 1∶1 为佳，否则当非必需氨基酸不足时，必需氨基酸就转化为非必需氨基酸。

58.猪的必需氨基酸有几种，为什么猪日粮中经常添加赖氨酸？

猪的必需氨基酸有 10 种：赖氨酸、蛋氨酸、色氨酸、精氨酸、组氨酸、亮氨酸、异亮氨酸、苯丙氨酸、苏氨酸和缬氨酸。其中赖氨酸、蛋氨酸、色氨酸和苏氨酸在猪常用饲料中比较缺乏，不能满足需要，成为限制其他氨基酸利用率的因子，又称为限制性氨基酸，尤其是赖氨酸，在能量饲料中含量均不足，猪最易缺乏。因此，在猪日粮配合中，应适当添加赖氨酸，以提高饲料利用率。

59.提高饲料蛋白质利用率的措施有哪些？

提高饲料蛋白质利用率的措施主要有如下5项：

(1)合理的日粮能量水平　当能量水平能满足需要时，蛋白质才能作本身的用途，若能量不足或过低，蛋白质首先用于补充能量，用于氮沉积部分减少，利用率随之降低。而高能量水平不但能提高增重，也增加体蛋白沉积(表4-2)。

表4-2　能量水平与体蛋白沉积

消化能水平	日增重(g)		体蛋白沉积(g)	
(MJ/d)	公	母	公	母
23.0	418	357	70.8	67.5
27.5	576	541	98.2	83.6
33.0	793	656	131.6	103.2
37.5	842	740	159.0	119.0
41.8	884	784	185.2	134.6

粗纤维高的日粮，能量水平低，也影响日粮消化率，大致粗纤维每增加1个百分点，蛋白质消化率下降1～1.5个百分点，因此，合理的日粮能量水平是提高蛋白质利用率的重要措施。

(2)合理的饲粮蛋白质水平　结合成体蛋白的强度有一定的限制，食入过多的蛋白质时，多余部分不能用于沉积体蛋白而转化为其他物质，过低则影响生长和氮沉积。20～90 kg体重的生长肥育猪，饲粮粗蛋白质以18%为限。

(3)多种饲料搭配　单一饲料蛋白质中的氨基酸达不到猪所

需的恰当比例，但搭配使用可提高蛋白质的利用率。如单一饲料饲喂时，玉米的蛋白质利用率为51%，肉骨粉为42%，若将玉米和肉骨粉按2∶1搭配，蛋白质利用率为61%，而不是平均数48%。多种饲料搭配，利用氨基酸的互补作用能有效地提高蛋白质利用率。植物性蛋白质搭配10%～15%的动物性蛋白饲料，蛋白质利用率可提高到接近动物蛋白的利用率。

(4)补加限制性氨基酸　针对饲料类型补加限制性氨基酸是提高饲粮蛋白质利用率的有效措施。在猪的常用饲料中，特别要注意赖氨酸、蛋氨酸的添加。

(5)科学调制饲料　豆类含抗胰蛋白酶、血球凝集素、尿酶等特质，能抑制蛋白质水解，通过加热处理破坏这些物质的活性，能提高豆类蛋白质利用率。但加热要适当，如以正确加热下大豆蛋白相对利用率为100%，加热过度为91%，不足为78%，未加热处理为40%。

60.何谓碳水化合物，碳水化合物对猪有何营养作用？

碳水化合物由碳、氢、氧3种元素组成，是植物的主要成分，占植物全部营养成分的70%～80%，是猪饲料中的主要能量来源。碳水化合物可分为可溶性糖类和粗纤维两大类，可溶性糖类又称无氮渗出物，包括淀粉和糖。粗纤维包括纤维素、半纤维素和木质素，是植物细胞壁的组成部分，不易消化。

碳水化合物的营养作用有如下6种：

(1)是构成体组织的重要成分，如五碳糖是核酸的组成成分。许多糖与蛋白质结合成糖蛋白，糖蛋白是一些激素的主要成分，半乳糖是神经组织的必需物质。

(2)是热能的主要来源。碳水化合物进入猪体，经过一系列变化转变成能量，为猪的各种生命活动提供热能。如在正常生理状态下，维持体温、肌肉运动和体内各器官的正常活动所需能量，主要由此供给。

(3)转化为体脂肪贮存。碳水化合物在满足正常生命活动所需能量后，多余部分转变为体脂肪增加体重，使肌肉品质得以改善。同时，体脂肪也是能源的贮备形式。猪对进入体内的碳水化合物转变为脂肪的能力很强，故用富含碳水化合物的饲料如玉米、红薯、大米、土豆喂猪容易转变为脂肪。养瘦肉型猪时，应合理供给碳水化合物，特别在肥育后期，应适当减少此类饲料喂量，以防猪体过肥。

(4)转化为糖原作为能量贮备。除供给上述需要外，多余的碳水化合物转化为肝糖原和肌糖原，作为能源贮备，以备能源不足时分解提供能量。

(5)粗纤维的作用。粗纤维吸水量大，可起到填充胃肠道的作用，使猪产生饱感；粗纤维对肠道黏膜，有一定刺激作用，可促进胃肠的蠕动和排便，并能提供一定的能量。因此，粗纤维营养价值虽低，但仍是畜禽饲料中必不可少的物质。一般认为：猪日粮中粗纤维含量，2 月龄以内仔猪为 3%～4%，育肥猪为 4%～8%，成年种公猪、哺乳母猪为 7%，空怀、妊娠母猪 10%～12%为最好。

(6)碳水化合物在猪体内不能转变为蛋白质，但满足需要时可减少蛋白质的消耗，当碳水化合物不能满足猪的能量需要时，猪便分解糖原和体脂肪提供能量，维护正常生命活动。严重缺乏时会增加体内蛋白质的消耗，使代谢失去平衡，影响正常的生长和繁殖，此时猪体严重消瘦，甚至危及生命。因而碳水化合物是猪最基本的营养物质。

61. 矿物质对猪有何作用，猪必需的矿物质元素有几种？

矿物质是体组织和细胞的组成成分，是生理生化酶类催化物的组成成分，是猪生长发育和繁殖等生命活动中不可缺少的一些金属和非金属元素。它参与肌肉、神经组织兴奋性调节,维持细胞的通透性,保持体液一定的渗透压和酸碱平衡,具有活化酶和激素的作用。矿物质还是形成骨骼、血红蛋白、甲状腺等的重要组成成分,对机体新陈代谢起重要作用。

猪必需的矿物元素有 13 种,包括钙、磷、钾、钠、氯、铁、铜、锌、镁、锰、硫、硒和碘。在饲料中比较容易缺乏的是钙、磷、钠、氯、铁、铜、锌、碘和硒。其中钙、磷、钠为常量元素(饲料中浓度和畜体中含量在万分之一以上)其余 9 种为微量元素(饲料中浓度和畜体中含量在万分之一以下)。

矿物元素在猪体内不能产生能量,也不能相互转化替代。矿物元素即有营养作用,也具有毒害作用。低于最低需要量时产生缺乏症,高于最大耐受量时产生中毒。正常的矿物质含量,不仅能满足生理需要,而且能大大提高生产力。

62. 能量来自何处,如何评定,提高能量利用率的措施有哪些?

(1)能量是由饲料中的碳水化合物、脂肪和蛋白质经过猪体内氧化燃烧而产生的。据测定,每克碳水化合物的产热能量为 17.37 kJ,每克脂肪为 39.17 kJ,每克蛋白质为 23.62 kJ。猪的生活、生长、繁殖和生产过程中都需要能量。能量不足,就会影响生长和繁殖,没有能量,猪就无法生存。因此,能量是饲养标准中特别重要的部分。

(2)评定饲料的营养价值,所采用的能量值指标有下列 4 种:

总能(GE)　即饲料中营养物质所含能量的总和。可用测热器测定,也可根据饲料的化学成分及其产热量计算,以大卡为单位表示。

消化能(DE)　是饲料营养物质中已消化部分产生的能量,由饲料的总能减去粪能而得,也可根据饲料的化学成分及其消化率来计算。

代谢能(ME) 是可供猪利用的能，由总能减去粪能及尿能，或消化能减去尿能即为代谢能。代谢能约为消化能的95%左右。

净能(NE) 是猪的产品能。由代谢能减去代谢产热的耗能量即为净能。净能相当于消化能的70%～80%。

能量各部分之区分见图4-1。

饲料的总能量(燃烧热量)100%

→粪能 16.7%

1. 不消化的饲料
2. 肠道微生物及其产物
3. 进入消化道排泄
4. 消化道的细胞残渣

消化能 83.3%

→尿能 2.2%

消化过程中的气体产物(甲烷为主)

代谢能 81.1%

→热增耗(营养物质代谢的热量)

发酵热(来自瘤胃、盲肠、大肠)

净能 58.3%

维持净能(净能维持)30.5%

1. 基础代谢
2. 自由活动
3. 维持机体温暖或凉爽的能量

生产能量(净能生产)27.8%

1. 生长
2. 肥育
3. 工作
4. 产乳
5. 长毛或毛发
6. 繁殖能量贮存

图4-1 动物能量利用图解

(3)提高能量利用率的措施有：

①合理配合饲粮。根据猪不同生理阶段的需要，控制合理的能量浓度、蛋白质水平和质量，提高日粮消化水平。

②注意饲料调制和饲喂技术。按需供给饲粮，提高增重速度，

避免饲料浪费。

③注意猪舍温度。冬季增加保温设施，减少用于维持体温的热能消耗，增大用于产品沉积的比例，夏季防止热应激反应。

④培育生长快、瘦肉率高的良种品系，这样能有效地提高能量利用率，生产等量瘦肉和脂肪的能量耗费约为1∶3.6。

⑤应用生物技术，改变蛋白质的合成和降解比率。如应用生长激素改变蛋白质的合成和降解比率，β-肾上腺功能兴奋剂能促进蛋白质的合成，增大蛋白质沉积比率，提高能量的利用效率。但在生产中应用时，一定要注意猪产品中的药物残留和猪产品的安全问题。

63.维生素分几大类，共有几种，其特征来源和主要功能缺乏征各是什么？

维生素是一类需要量很少的有机物，它不是构成体组织的原料，也不能供给能量，但它是构成养分代谢中辅酶的组成成分，参与各种物质代谢，调节体内各种生理机能的正常进行。所以维生素对维持动物健康、生长、繁殖有着极其重要的作用，故又有“维他命”之称。

维生素分为两大类，13种，一类为脂溶性维生素，有维生素A、维生素D、维生素E、维生素K 4种，它们主要由碳、氢、氧元素组成。这类维生素与脂肪相联，随脂肪一起吸收被利用。脂溶性维生素能大量贮存于体内，不从尿中排出，可通过胆汁和粪排出，因此短期供给不足，不致出现缺乏症。另一类为水溶性维生素，是指B族维生素、维生素C和胆碱。组成元素除碳、氢、氧外还含有氮、硫或钴。水溶性维生素不与脂肪相联，除维生素B_{12}以外，都不能在体内贮存，过量时很快从尿中排出。

各种维生素特性、来源、主要功能及缺乏症见表4-3。

表 4-3 各种维生素特性、来源、主要功能及缺乏症

名称	特性	来源	主要功能	主要缺乏
维生素 A（V_A）	易氧化，被高温和阳光破坏，无氧条件下耐热	动物性饲料，植物性饲料中维生素 A 原转化，青绿饲料中胡萝卜素在体内合成鱼肝油	维持黏膜上皮细胞和神经系统健康，促视紫质形成，预防夜盲症，促进生长发育、繁殖，增强抗病力	生长缓慢，食欲丧失，夜盲症，干眼病，公母猪不育，产死胎，弱胎，神经不协调
维生素 D（V_D）	耐热，不易被氧化	鱼肝油、蛋黄、日光下植物麦角固醇转化为维生素 D_2、动物在日光下脱氢胆固醇转化为维生素 D_3	参与钙、磷调节，增加钙、磷吸收，促进骨骼和牙齿正常生长发育	生长缓慢，佝偻病，软骨症
维生素 E（V_E、生育酚）	极易氧化破坏，对光不稳定	自然界广泛存在，青绿饲料、干草、谷实饲料、蚕蛹等	维持正常生殖机能，防止肌肉萎缩，有抗氧化作用，与硒有协同作用	生长缓慢，白肌病，繁殖机能障碍，肝坏死
维生素 K（V_K）	耐热，易被光破坏	多种青绿饲料和谷实、苜蓿、鱼粉中称维生素 K_1，体内维生素合成为维生素 K_2，人工合成为维生素 K_3	能激活凝血因子，参与凝血活动	延缓凝血时间，皮下肌肉广泛性出血，严重时死亡
维生素 B_1（V_{B_1}、硫胺素）	酸条件下耐热，碱性条件下易被破坏	整粒谷实，糠麸、青绿饲料、优质干草、酵母、胚芽、人工合成	能量代谢辅酶的主要成分，维持神经系统功能，增加食欲	生长缓慢，食欲不振，肠胃功能障碍

续表 4-3

名称	特性	来源	主要功能	主要缺乏
维生素 B_2（V_{B_2}、核黄素）	耐热性强，易被日光和碱溶液破坏	奶、鱼粉、肉粉、酵母、青绿饲料、糠麸、优质干草	是参与碳水化合物和蛋白质氧化代谢酶类的构成成分，促进生长繁殖	生长缓慢，骨骼损害，母猪繁殖机能障碍
维生素 B_5（V_{B_5} 又名 V_{PP}、烟酸、尼克酸、烟酰胺）	不易被酸热及氧化破坏	鱼粉、肉骨粉、酵母、豆饼、花生、苜蓿、禾本科植物及其副产品中多以结合态存在，不能利用	是糖类、脂肪、蛋白质代谢过程中几种辅酶的组成成分，维持皮肤及神经健康，促进消化系统功能	生长缓慢，食欲减退，癞皮病，皮炎，肠炎，肠溃疡等
维生素 B_3（V_{B_3}、泛酸）	在酸碱中水解、加热过久不稳定	广泛存在于植物性饲料中，糠麸、花生饼、酵母、肝粉含量丰富，谷实中缺乏	为辅酶 A 的组成成分，参与糖类、脂肪和蛋白质代谢	生长迟缓，脱毛与肠炎，四肢运动失调
维生素 B_{12}（$V_{B_{12}}$、又名氰钴素）	中性、弱酸性溶液中稳定，碱性溶液中易破坏	动物性饲料，发酵产物，植物性饲料内不含维生素 B_{12}，自然界中微生物可合成	是几种酶系统中辅酶，促进蛋白质代谢，胆碱、核酸合成，促进红细胞成熟，预防恶性贫血	幼猪生长受阻，行动不协调，产生恶性贫血，母猪繁殖障碍

续表 4-3

名称	特性	来源	主要功能	主要缺乏
维生素 B_6（V_{B_6} 又名吡哆醇）	耐酸、碱、热	谷实及加工副产品产物、青绿饲料、酵母、奶、肝	蛋白质代谢的辅酶，在氨基酸代谢，脂肪与碳水化合物代谢中起重要作用	生长缓慢，食欲下降，抽搐，共济失调
叶酸	感光易分解，酸性条件不耐热，中性和碱性条件下耐热	谷物、豆类、青绿饲料和动物产品中含量丰富，肠道内可合成	为一碳基因的代谢转化酶系统中的辅酶，参与氨基酸代谢，促进正常血细胞形成	巨红细胞性贫血，白细胞减少，皮炎，器官组织黏膜损害
维生素 H（V_H 又名生物素）	对热敏感，强酸、强碱、紫外线稍有影响	广泛存在于动物和植物组织内，肠道内可合成	为催化羧化作用酶系的辅酶，影响碳水化合物、脂肪、蛋白质及各种有机物的代谢，并与脂肪合成有关	皮肤干燥，皮炎，生长缓慢，过度脱毛
胆碱（V_{B_4}）	稳定性好，但吸湿性强	青绿饲料，谷实，酵母，动物性饲料，饼粕类饲料中含量丰富	是脂肪和神经组织的结构成分，参与脂肪代谢，抗脂肪肝，在神经传导中起重要作用	生长缓慢，脂肪肝，仔猪运动失调，贫血

64. 以玉米-豆粕为主的猪配合饲料中必须添加的维生素有几种，最适添加量是多少？

常用饲料中含有各种维生素，但由于饲料种类、加工、贮存不同，其维生素含量、种类也各相异。在以玉米-豆粕类为主要成分的配合饲粮中，所含维生素 A、维生素 D 很少或没有，维生素 E 含量较少，且在饲料贮存过程中，饲料含水量及贮存时间均对维生素 E 有不利影响；谷实类和油饼类饲料中含少量维生素 K，但猪消化道内微生物可合成维生素 K，能满足猪的生理需要；谷实类饲料，糠麸、油饼类饲料中除不含维生素 B_{12} 外，其他 B 族维生素均含有，但含量有差别。维生素 B_1 和维生素 B_6 含量丰富，油饼类饲料中胆碱含量高于谷实类和糠麸类饲料，玉米中胆碱含量最少。因此，在玉米豆粕为主要成分的猪配合饲料中，必须添加 9 种维生素，即维生素 A、维生素 D、维生素 E、维生素 B_2、维生素 B_{12}、烟酸、泛酸、生物素和胆碱。

在美国国家研究委员会（NRC）和 ARC 营养需要中所提到的维生素需要量是为防止临床缺乏症的最低需要量。它并不能发挥猪的生产潜力。所以在生产中必须在最低需要量上加一个安全系数，形成了一个最适供给量，以利于产生最佳的生产效果和发挥猪的遗传潜力。经长期生产实践，摸索出的各种维生素最适添加量见表 4-4。

表 4-4　生长猪各种维生素营养标准及最适添加量

名称	单位	饲养标准	维生素纯度（IU/g 或%）	标准添加量（mg/kg 日粮）	最适添加量（mg/kg 日粮）
维生素 A	IU/kg	3 300	50	6.6	20
维生素 D_3	IU/kg	330	50	0.66	2.7
维生素 E	IU/kg	11		12.1	33
维生素 B_2	mg/kg	2	96	2	7.5

续表 4-4

名称	单位	饲养标准	维生素纯度(IU/g或%)	标准添加量(mg/kg日粮)	最适添加量(mg/kg日粮)
维生素 B_{12}	mg/kg	0.011	1	1.1	3.5
生物素	mg/kg	0.05	2	2.5	4.0
烟酸	mg/kg	16	99	16	40
泛酸	mg/kg	10	98	10.2	25
胆碱	mg/kg	500	50	1 000	1 000

注:此为 35～60 kg 体重生长猪的添加量。生长猪随体重增加,添加量增减变化不大。

65.瘦肉型生长肥育猪每头每天营养需要量及每千克饲料中养分含量各是多少?

瘦肉型生长肥育猪每头每天营养需要量见表 4-5,每千克饲料中养分含量见表 4-6。

表 4-5 瘦肉型生长肥育猪每头每天营养需要量(GB 8471—87)

指标项目	猪体重(kg)				
	1～5	5～10	10～20	20～60	60～90
预期日增重(g)	160	280	420	550	700
采食风干料量(kg)	0.20	0.46	0.91	1.69	2.71
消化能(MJ)	3.35	7.00	12.59	21.92	35.15
(Mcal)	0.80	1.70	3.01	5.24	8.10
代谢能(MJ)	3.00	6.70	11.62	21.07	33.80
(Mcal)	0.70	1.60	2.78	5.04	8.08
粗蛋白质(g)	54	101	173	270	379
赖氨酸(g)	2.80	4.60	7.01	12.70	17.10
蛋氨酸+胱氨酸(g)	1.60	2.70	4.60	6.40	8.70
苏氨酸(g)	1.60	2.70	4.60	7.60	10.30
异亮氨酸(g)	1.80	3.10	5.00	6.90	9.20
精氨酸(g)	0.70	1.20	2.09	3.90	4.90
钙(g)	2.00	3.80	5.80	10.10	13.66

续表 4-5

指标项目	猪体重(kg)				
	1～5	5～10	10～20	20～60	60～90
预期日增重(g)	160	280	420	550	700
磷(g)	1.60	2.90	4.90	8.5	10.80
食盐(g)	0.50	1.20	2.10	3.90	6.80
铁(mg)	33	67	71	101	136
锌(mg)	22	48	71	186	244
铜(mg)	1.30	2.90	4.50	7.90	10.20
锰(mg)	0.90	1.90	2.70	3.70	6.80
碘(mg)	0.03	0.07	0.13	0.24	0.38
硒(mg)	0.03	0.08	0.23	0.51	0.33
维生素 A(IU)	480	1 050	1 560	2 080	3 320
维生素 D(IU)	50	105	179	319	320
维生素 E(IU)	24.0	5.10	10.00	16.90	27.10
维生素 K(mg)	0.44	1.00	2.00	3.40	5.40
维生素 B_1(mg)	0.30	0.60	1.00	1.69	2.70
维生素 B_2(mg)	0.66	1.40	2.60	4.20	5.70
烟酸(mg)	4.80	10.60	16.40	22.00	24.90
泛酸(mg)	3.00	6.20	9.80	16.90	27.10
生物素(mg)	0.03	0.05	0.09	0.15	0.21
叶酸(mg)	0.13	0.30	0.54	0.96	1.54
维生素 B_{12}(μg)	4.80	10.60	13.70	16.90	27.10

注：磷的给量中应有30%无机磷或动物性饲粮来源的磷。

表 4-6 瘦肉型生长肥育猪每千克饲料中养分含量

指　标	猪体重(kg)				
	1～5	5～10	10～20	20～60	60～90
消化能(MJ)	16.74	15.15	13.85	12.97	12.97
(Mcal)	4.00	3.62	3.31	3.10	3.10
代谢能(MJ)	15.15	13.85	12.76	12.47	12.47
(Mcal)	3.62	3.31	3.05	2.98	2.98
粗蛋白质(%)*	27	22	19	16	14

续表 4-6

指　标	猪体重(kg)				
	1～5	5～10	10～20	20～60	60～90
赖氨酸(%)	1.40	1.00	0.78	0.75	0.63
蛋氨酸＋胱氨酸(%)	0.80	0.59	0.51	0.38	0.32
苏氨酸(%)	0.80	0.59	0.51	0.45	0.38
异亮氨酸(%)	0.90	0.67	0.55	0.41	0.34
精氨酸(%)	0.36	0.28	0.23	0.23	0.18
钙(%)	1.00	0.83	0.64	0.60	0.50
磷(%)	0.80	0.63	0.54	0.50	0.40
食盐(%)	0.25	0.26	0.23	0.23	0.25
铁(mg)	165	146	78	60	50
锌(mg)	110	104	78	110	80
铜(mg)	6.50	6.30	4.90	4.36	3.75
锰(mg)	4.50	4.10	3.00	2.18	2.50
碘(mg)	0.15	0.15	0.14	0.14	0.14
硒(mg)	0.15	0.17	0.25	0.30	0.28
维生素 A(IU)	2 380	2 276	1 718	1 230	1 225
维生素 D(IU)	240	228	197	189	118
维生素 E(IU)	12	11	11	10	10
维生素 K(mg)	2.20	2.20	2.00	2.00	2.00
维生素 B_1(mg)	1.50	1.30	1.10	1.00	1.00
维生素 B_2(mg)	3.30	3.10	2.90	2.50	2.10
烟酸(mg)	24	23	18	13	9
泛酸(mg)	15.00	13.40	10.80	10.00	10.00
生物素(mg)	0.15	0.11	0.10	0.09	0.09
叶酸(mg)	0.65	0.65	0.59	0.57	0.57
维生素 B_{12}(μg)	24	23	15	10	10

注：* 每千克饲粮的能量可按±0.2 浮动，粗蛋白含量也等比例浮动。

66.肉脂型生长肥育猪每头每天营养需要量及每千克饲粮中养分含量各是多少？

肉脂型生长肥育猪每头每天营养需要量见表 4-7，肉脂型生长肥育猪每千克饲粮中养分含量见表 4-8。

表 4-7 肉脂型生长肥育猪每头每天营养需要量

指标项目	猪体重(kg)		
	20～35	35～60	60～90
预期日增重(g)	500	600	650
采食风干料重(kg)	1.52	2.20	2.83
饲料/增重(kg/kg)	3.04	3.67	4.35
增重/饲料(g/kg)	329	272	230
消化能(MJ)	19.71	28.53	36.69
代谢能(MJ)	18.32	26.61	34.23
粗蛋白质(g)	243	308	368
赖氨酸(g)	9.8	12.3	14.7
蛋氨酸+胱氨酸(g)	6.4	8.1	7.9
苏氨酸(g)	6.2	7.9	9.6
异亮氨酸(g)	7.0	9.0	10.8
钙(g)	8.4	11.1	13.0
磷(g)	7.0	9.1	10.4
食盐(g)	4.6	6.6	8.5
铁(mg)	84	101	104
锌(mg)	84	101	104
铜(mg)	3	4	5
锰(mg)	6	6	8
碘(mg)	0.20	0.28	0.36
硒(mg)	0.23	0.33	0.28
维生素 A(IU)	1 812	2 615	3 358
胡萝卜素(mg)	7.2	10.5	13.4
维生素 D(IU)	278	302	323

续表 4-7

指标项目	猪体重(kg)		
	20～35	35～60	60～90
预期日增重(g)	500	600	650
维生素 E(IU)	15	22	28
维生素 K(IU)	2.8	4.0	5.2
维生素 B_2(mg)	3.6	4.4	5.7
烟酸(mg)	20	24	26
泛酸(mg)	15	22	28
维生素 B_{12}(μg)	15	22	28
维生素 B_1(mg)	1.5	2.2	2.8
生物素(mg)	0.14	0.20	0.26
叶酸(mg)	0.81	1.21	1.55

表 4-8 肉脂型生长肥育猪每千克饲粮中养分含量

指标项目	猪体重(kg)		
	20～35	35～60	60～90
消化能(MJ)*	12.97	12.97	12.97
代谢能(MJ)	12.09	12.09	12.09
粗蛋白质(%)	16	14	13
赖氨酸(%)	0.64	0.56	0.52
蛋氨酸+胱氨酸(%)	0.42	0.37	0.28
苏氨酸(%)	0.41	0.36	0.35
异亮氨酸(%)	0.46	0.41	0.38
钙(%)	0.55	0.50	0.46
磷(%)**	0.46	0.41	0.37
食盐(%)	0.3	0.3	0.3
铁(mg)	55	46	37
锌(mg)	55	46	37
铜(mg)	2	2	2
锰(mg)	4	3	3
碘(mg)	0.13	0.13	0.13
硒(mg)	0.15	0.15	0.10

续表 4-8

指标项目	猪体重(kg)		
	20～35	35～60	60～90
维生素 A(IU)	1 192	1 192	1 187
胡萝卜素(mg)	4.8	4.8	4.8
维生素 D(IU)	183	137	111
维生素 E(IU)	10	10	10
维生素 K(mg)	1.8	1.8	1.8
维生素 B_2(mg)	2.4	2.0	2.0
烟酸(mg)	13	11	9
泛酸(mg)	10	10	10
维生素 B_{12}(μg)	10	10	10
维生素 B_1(mg)	1	1	1
生物素(mg)	0.09	0.09	0.09
叶酸(mg)	0.55	0.55	0.55

注：* 消化能可±0.84 MJ,其他养分相应调整。** 磷的给量应有 30%无机磷或动物性饲料来源的磷。

67.猪自由采食每天采食量与营养需要量各是多少？

猪自由采食营养需要见表 4-9,猪自由采食每天采食量与需要量见表 4-10。

表 4-9 猪自由采食营养需要量(饲粮干物质 90%)

采食量和生产水平	猪体重(kg)				
	1～5	5～10	10～20	20～50	50～110
预期增重(g/d)	200	250	450	700	820
预期采食量(g/d)	250	460	950	1 900	3 110
预期效率(增重/饲料)	0.800	0.543	0.474	0.368	0.264
预期效率(饲料/增重)	1.25	1.84	2.11	2.71	3.79

续表 4-9

采食量和生产水平	猪体重(kg)				
	1～5	5～10	10～20	20～50	50～110
预期增重(g/d)	200	250	450	700	820
消化能采食量(kJ/d)	3 556	6 527	13 514	27 029	44 225
代谢能采食量(kJ/d)	3 368	6 234	12 929	25 941	42 614
能量浓度(ME kJ/kg)	13 472	13 556	13 598	13 640	13 703
饲料					
蛋白质(%)	24	20	18	15	13
必需氨基酸(%)					
精氨酸	0.60	0.50	0.40	0.25	0.10
组氨酸	0.36	0.31	0.25	0.22	0.18
异亮氨酸	0.76	0.65	0.53	0.46	0.38
亮氨酸	1.00	0.85	0.70	0.60	0.50
赖氨酸	1.40	1.15	0.95	0.75	0.60
蛋氨酸＋胱氨酸	0.68	0.58	0.48	0.41	0.34
苯丙氨酸＋酪氨酸	1.10	0.94	0.77	0.66	0.55
苏氨酸	0.80	0.68	0.56	0.48	0.40
色氨酸	0.20	0.17	0.14	0.12	0.10
缬氨酸	0.80	0.68	0.56	0.48	0.40
亚油酸(%)	0.10	0.10	0.10	0.10	0.10
矿物质					
钙(%)	0.90	0.80	0.70	0.60	0.50
总磷(%)	0.70	0.65	0.50	0.50	0.40
有效磷(%)	0.55	0.40	0.32	0.23	0.15
钠(%)	0.10	0.10	0.10	0.10	0.10
氯(%)	0.08	0.08	0.08	0.08	0.08

续表 4-9

采食量和生产水平	猪体重(kg)				
	1～5	5～10	10～20	20～50	50～110
预期增重(g/d)	200	250	450	700	820
镁(%)	0.04	0.04	0.04	0.04	0.04
钾(%)	0.30	0.28	0.26	0.23	0.17
铜(mg)	6.00	6.00	5.00	4.00	3.01
碘(mg)	0.14	0.14	0.14	0.14	0.14
铁(mg)	100	100	80	60	40
锰(mg)	4.0	4.0	3.0	2.0	2.0
硒(mg)	0.30	0.30	0.25	0.15	0.10
锌(mg)	100	100	80	60	50
维生素					
维生素 A(IU)	2 200	2 200	1 750	1 300	1 300
维生素 D(IU)	220	220	220	150	150
维生素 E(IU)	16	16	11	11	11
维生素 K(mg)	0.5	0.5	0.5	0.5	0.5
生物素(mg)	0.08	0.05	0.05	0.05	0.05
胆碱(g)	0.6	0.5	0.4	0.3	0.3
叶酸(mg)	0.3	0.3	0.3	0.3	0.3
有效尼克酸(mg)	20.0	15.0	12.5	10.0	7.0
泛酸(mg)	12.0	10.0	9.0	8.0	7.0
核黄素(mg)	4.0	3.5	3.0	2.5	2.0
硫胺素(mg)	1.5	1.0	1.3	1.0	1.0
维生素 B_6(mg)	2.0	1.5	1.5	1.0	1.0
维生素 B_{12}(μg)	20.0	17.5	15.0	10.0	5.0

注:引自美国 NRC,1988,第 9 版。所列的需要量是根据本书正文所述的原理和假设而定的。营养约束和限度的知识对于正确使用本表非常重要。

表 4-10 猪自由采食每天营养采食量与需要量

采食量与生产水平	猪体重(kg)				
	1～5	5～10	10～20	20～50	50～110
预期增重(g/d)	200	250	450	700	820
预期采食量(g/d)	250	460	950	1 900	3 110
预期效率(增重/饲料)	0.800	0.543	0.474	0.368	0.264
预期效率(饲料/增重)	1.25	1.84	2.11	2.71	3.79
消化能采食量(kJ/d)	3 556	6 527	13 514	27 029	44 225
代谢能采食量(kJ/d)	2 268	6 234	12 929	25 941	42 614
能量浓度(ME kJ/kg)	13 474	13 656	13 598	13 640	13 703
饲料					
蛋白质(g/d)	60	92	171	285	404
必需氨基酸(g/d)					
精氨酸	1.5	2.3	3.8	4.8	3.1
组氨酸	0.9	1.4	2.4	4.2	5.6
异亮氨酸	1.9	3.0	5.0	8.7	11.8
亮氨酸	2.5	3.9	6.6	11.4	15.6
赖氨酸	3.5	5.3	9.0	14.3	18.7
蛋氨酸＋胱氨酸	1.7	2.7	4.6	7.8	10.6
苯丙氨酸＋酪氨酸	2.8	4.3	7.3	12.5	17.1
苏氨酸	2.0	3.1	5.3	9.1	12.47
色氨酸	0.5	0.8	1.3	2.3	3.1
缬氨酸	2.0	3.1	5.3	9.1	12.4
亚油酸	0.3	0.5	1.0	1.9	3.1
矿物质					
钙(g)	2.2	3.7	6.6	11.4	15.6
总磷(g)	1.8	3.0	5.7	9.5	12.4

续表 4-10

采食量与生产水平	猪体重(kg)				
	1～5	5～10	10～20	20～50	50～110
预期增重(g/d)	200	250	450	700	820
有效磷(g)	1.4	1.8	3.0	4.4	4.7
钠(g)	0.2	0.5	1.0	1.9	3.1
氯(g)	0.2	0.4	0.8	1.5	2.5
镁(g)	0.1	0.2	0.4	0.8	1.2
钾(g)	0.8	1.3	2.5	4.4	5.3
铜(mg)	1.50	2.76	4.75	7.60	9.33
碘(mg)	0.04	0.06	0.13	0.27	0.44
铁(mg)	25	46	76	114	124
锰(mg)	1.00	1.84	2.85	3.80	6.22
硒(mg)	0.08	0.14	0.24	0.28	0.31
锌(mg)	25	46	76	114	155
维生素					
维生素 A(IU)	550	1 012	1 662	2 470	4 043
维生素 D(IU)	55	101	190	285	466
维生素 E(IU)	4	7	10	21	34
维生素 K(mg)	0.02	0.02	0.05	0.10	0.16
生物素(mg)	0.02	0.02	0.05	0.10	0.93
胆碱(g)	0.15	0.23	0.38	0.57	0.93
叶酸(mg)	0.08	0.14	0.28	0.57	21.77
有效尼克酸(mg)	5.00	6.90	11.88	19.0	21.77
泛酸(mg)	3.00	4.60	8.55	15.20	6.22
核黄素(mg)	1.00	1.61	2.85	4.75	3.11
硫胺素(mg)	0.38	0.46	0.95	1.90	3.11
维生素 B_6(mg)	0.50	0.69	1.42	1.90	15.55
维生素 B_{12}(μg)	5.00	8.05	14.25	19.00	

注:引自美国 NRC,1998,第 9 版。

68.后备母猪每头每天营养需要量及每千克饲料中养分含量各是多少？

后备母猪每头每天营养需要量见表 4-11，后备母猪每千克饲粮中养分含量见表 4-12。

表 4-11 后备母猪的每头每天营养需要量

指标项目	小型猪体重(kg)			大型猪体重(kg)		
	10～20	20～35	30～60	20～35	35～60	60～90
预期日增重(g)	320	380	360	400	480	500
日采食风干料量(kg)	0.90	1.20	1.70	1.26	1.80	2.39
消化能(MJ)	11.30	15.06	20.05	15.82	22.22	29.00
(Mcal)	2.70	3.60	4.90	3.78	5.31	6.93
代谢能(MJ)	10.46	14.23	19.25	14.64	20.71	27.82
(Mcal)	2.50	3.40	4.60	3.50	4.95	6.65
粗蛋白质(g)	144	168	221	202	452	311
赖氨酸(g)	6.3	7.4	8.8	7.8	9.5	11.1
蛋氨酸＋胱氨酸(g)	4.1	4.8	5.8	5.0	6.3	8.1
苏氨酸(g)	4.1	4.8	5.8	5.0	6.1	7.4
异亮氨酸(g)	4.5	5.4	6.5	5.7	6.8	8.1
钙(g)	5.4	7.2	10.2	7.6	10.8	14.3
磷(g)	4.5	6.0	8.5	6.5	9.0	12.0
食盐(g)	3.6	4.8	6.8	5.0	7.2	9.6
铁(mg)	64	64	73	67	79	91
锌(mg)	64	64	73	113	162	215
锰(mg)	1.8	2.4	3.4	2.5	3.6	4.8
铜(mg)	4.5	4.8	5.1	5.0	5.4	7.2
碘(mg)	0.13	0.17	0.24	0.18	0.25	0.67
硒(mg)	0.14	0.18	0.26	0.33	0.47	0.67

续表 4-11

指标项目	小型猪体重(kg)			大型猪体重(kg)		
	10～20	20～35	30～60	20～35	35～60	60～90
预期日增重(g)	320	380	360	400	480	500
维生素 A(IU)	1 400	1 500	1 900	1 460	2 020	2 650
维生素 D(IU)	160	210	220	220	234	275
维生素 E(IU)	9	12	17	13	18	24
维生素 K(mg)	1.8	2.4	3.4	2.5	3.6	4.8
维生素 B_1(mg)	0.9	1.2	1.7	1.3	1.8	2.4
维生素 B_2(mg)	2.4	2.8	3.4	2.9	3.6	4.5
烟酸(mg)	9.5	12.6	17.0	15.1	18.0	21.5
泛酸(mg)	9.0	12.0	17.0	13.10	18.0	24.0
生物素(mg)	0.08	0.11	0.15	0.11	0.16	0.22
叶酸(mg)	0.50	0.60	0.80	0.601	0.90	0.12
维生素 B_{12}(μg)	12.0	12.0	17.0	13.0	18.0	24.0

注:后备公猪的营养需要可在"大型猪"的基础上增加 10%～20%。

表 4-12 后备母猪的每千克饲粮中养分含量

指标项目	小型猪体重(kg)			大型猪体重(kg)		
	10～20	20～35	30～60	20～35	35～60	60～90
消化能(MJ)	12.55	12.55	12.13	12.55	12.34	12.13
(Mcal)	3.00	3.00	2.90	3.00	2.95	2.90
代谢能(MJ)	11.63	11.72	11.34	11.63	11.51	11.34
(Mcal)	2.78	2.80	2.71	2.78	2.75	2.71
粗蛋白质(%)	16	14	13	16	14	13
赖氨酸(%)	0.70	0.62	0.52	0.62	0.53	0.48
蛋氨酸+胱氨酸(%)	0.45	0.40	0.34	0.40	0.35	0.34
苏氨酸(%)	0.45	0.40	0.34	0.40	0.34	0.31
异亮氨酸(%)	0.50	0.45	0.38	0.45	0.38	0.34

续表 4-12

指标项目	小型猪体重(kg)			大型猪体重(kg)		
	10～20	20～35	30～60	20～35	35～60	60～90
钙(%)	0.6	0.6	0.6	0.6	0.6	0.6
磷(%)	0.5	0.5	0.5	0.5	0.5	0.5
食盐(%)	0.4	0.4	0.4	0.4	0.4	0.4
铁(mg)	71	53	43	53	44	38
锌(mg)	71	53	43	53	44	38
锰(mg)	2	2	2	2	2	2
铜(mg)	5	4	3	4	3	3
碘(mg)	0.14	0.14	0.14	0.14	0.14	0.14
硒(mg)	0.15	0.15	0.15	0.15	0.15	0.15
维生素 A(IU)	1 560	1 250	1 120	1 160	1 120	1 110
维生素 D(IU)	178	178	130	178	130	115
维生素 E(IU)	10	10	10	10	10	2
维生素 K(mg)	2	2	2	2	2	1
维生素 B_1(mg)	1	1	1	1	1	1.9
维生素 B_2(mg)	2.7	2.3	2.0	2.3	2.0	1.9
烟酸(mg)	16	12	10	12	10	9
泛酸(mg)	10	10	10	10	10	10
生物素(mg)	0.09	0.09	0.09	0.09	0.09	0.09
叶酸(mg)	0.5	0.5	0.5	0.5	0.5	0.5
维生素 B_{12}(μg)	13.0	10.0	10.0	10.0	10.0	10.0

69. 怀孕母猪每头每天营养需要量及每千克饲料中养分含量各是多少?

怀孕母猪每头每天营养需要量见表 4-13,怀孕母猪每千克饲粮中养分含量见表 4-14。

表 4-13 妊娠母猪每头每天营养需要量

指标项目	妊娠前期体重(kg)				妊娠后期体重(kg)			
	90 以下	90～120	120～150	150 以上	90 以下	90～120	120～150	150 以上
采食风干料量(kg)	1.50	1.70	1.90	2.00	2.00	2.20	2.40	2.50
消化能(MJ)	17.57	19.92	22.26	23.43	23.43	25.77	28.12	29.29
(Mcal)	4.20	4.76	5.32	5.60	5.60	6.16	6.72	7.00
代谢能(MJ)	16.65	18.87	21.09	22.18	22.18	24.39	26.61	27.81
(Mcal)	3.98	4.51	5.04	5.30	5.30	5.83	6.36	6.60
粗蛋白质(g)	165	187	209	220	240	264	288	300
赖氨酸(g)	5.30	6.00	6.70	7.00	7.20	7.90	8.60	9.00
蛋氨酸＋胱氨酸(g)	2.90	3.20	3.60	3.80	3.80	4.20	4.50	4.70
苏氨酸(g)	4.20	4.80	5.30	5.60	5.60	6.20	6.70	7.00
异亮氨酸(g)	4.70	5.30	5.90	6.20	6.20	6.80	7.40	7.80
钙(g)	9.20	10.40	11.60	12.20	12.20	13.40	14.60	15.30
磷(g)	7.40	8.30	9.30	9.80	9.80	10.80	11.80	12.30
食盐(g)	4.80	5.40	6.10	6.40	6.40	7.00	8.00	8.00
铁(mg)	98	111	124	130	130	143	156	163
铜(mg)	6	7	8	8	8	9	10	10

续表 4-13

指标项目	妊娠前期体重(kg)				妊娠后期体重(kg)			
	90 以下	90～120	120～150	150 以上	90 以下	90～120	120～150	150 以上
锌(mg)	63	71	80	84	84	92	101	105
锰(mg)	12	14	15	16	16	18	19	20
碘(mg)	0.16	0.13	0.12	0.22	0.22	0.24	0.27	0.28
硒(mg)	0.20	0.22	0.25	0.26	0.26	0.29	0.31	0.33
维生素 A(IU)	4 800	5 440	6 100	6 400	6 600	7 260	7 920	8 250
维生素 D(IU)	240	272	304	320	320	352	384	400
维生素 E(IU)	12	14	15	16	16	18	19	20
维生素 K(mg)	2.6	2.9	3.2	3.4	3.4	3.7	4.1	4.3
维生素 B_1(mg)	1.2	1.4	1.5	1.6	1.6	1.8	1.9	2.0
维生素 B_2(mg)	3.8	4.3	4.8	5.0	5.0	5.5	6.0	6.3
烟酸(mg)	12.0	14.0	15.0	16.0	16.0	18.0	19.0	20.0
泛酸(mg)	14.6	16.5	18.4	19.4	19.6	21.6	23.5	24.5
生物素(mg)	0.12	0.14	0.15	0.16	0.16	0.18	0.20	0.20
叶酸(mg)	0.75	0.85	0.95	1.04	1.00	1.10	1.2	1.30
维生素 B_{12}(μg)	12	20	23	24	26	29	31	33

表 4-14　妊娠母猪的每千克饲粮中养分含量

指标项目	妊娠前期	妊娠后期
消化能(MJ)	11.72	11.72
(Mcal)	2.80	2.80
代谢能(MJ)	11.09	11.09
(Mcal)	2.65	2.65
粗蛋白质(%)	11.0	12.0
赖氨酸(%)	0.35	0.36
蛋氨酸+胱氨酸(%)	0.19	0.19
苏氨酸(%)	0.28	0.28
异亮氨酸(%)	0.31	0.31
钙(%)	0.61	0.61
磷(%)	0.49	0.49
食盐(%)	0.32	0.32
铁(mg)	65	65
铜(mg)	4	4
锌(mg)	42	42
锰(mg)	8	8
碘(mg)	0.11	0.11
硒(mg)	0.13	0.13
维生素 A(IU)	3 200	3 300
维生素 D(IU)	160	160
维生素 E(IU)	8	8
维生素 K(mg)	1.7	1.7
维生素 B_1(mg)	0.8	0.8
维生素 B_2(mg)	2.5	2.5
烟酸(mg)	8.0	8.0
泛酸(mg)	9.7	9.8
生物素(mg)	0.08	0.08
叶酸(mg)	0.5	0.5
维生素 B_{12}(μg)	12.0	13.0

70. 哺乳母猪每头每天营养需要量及每千克饲粮中养分含量各是多少？

哺乳母猪每头每天营养需要量见表 4-15，哺乳母猪每千克饲粮中养分含量见表 4-16。

表 4-15 哺乳母猪每头每天营养需要量

指标项目	母猪体重(kg)			
	120 以下	120～150	150～180	180 以上
采食风干料量(kg)	4.80	5.00	5.20	5.30
消化能(MJ)	58.21	60.67	63.10	64.31
(Mcal)	13.92	14.50	15.08	15.37
代谢能(MJ)	56.23	58.58	60.92	62.09
(Mcal)	13.44	14.00	14.56	14.84
粗蛋白质(g)	672	700	728	742
赖氨酸(g)	24	25	26	27
蛋氨酸＋胱氨酸(g)	14.9	15.5	16.1	16.4
苏氨酸(g)	17.8	18.5	19.2	19.6
异亮氨酸(g)	15.8	16.5	17.2	17.5
钙(g)	30.7	32.0	33.3	33.9
磷(g)	21.6	22.5	23.4	23.9
食盐(g)	21.1	22.0	22.9	23.3
铁(mg)	336	350	364	371
铜(mg)	21	22	23	23
锌(mg)	211	220	229	233
锰(mg)	38	40	42	42
碘(mg)	0.58	0.60	0.62	0.64
硒(mg)	0.43	0.45	0.47	0.48
维生素 A(IU)	8 160	8 500	8 840	9 010
维生素 D(IU)	826	860	894	912

续表 4-15

指标项目	母猪体重(kg)			
	120 以下	120～150	150～180	180 以上
维生素 E(IU)	38	40	42	42
维生素 K(mg)	8.0	8.5	8.8	9.0
维生素 B_1(mg)	4.3	4.5	4.7	4.8
维生素 B_2(mg)	12.5	13.0	13.5	13.8
烟酸(mg)	43.0	45.0	47.0	48.0
泛酸(mg)	48.0	50.0	52.0	53.0
生物素(mg)	0.43	0.45	0.47	0.48
叶酸(mg)	2.4	2.5	2.6	2.7
维生素 B_{12}(μg)	62	65	68	69

表 4-16　哺乳母猪每千克饲粮中的养分含量

指标项目	需要量	指标项目	需要量
消化能(MJ)	12.13	锰(mg)	8
(Mcal)	2.90	碘(mg)	0.12
代谢能(MJ)	11.72	硒(mg)	0.09
(Mcal)	2.8	维生素 A(IU)	1 700
粗蛋白质(%)	14	维生素 D(IU)	172
赖氨酸(%)	0.50	维生素 E(IU)	9
蛋氨酸＋胱氨酸(%)	0.31	维生素 K(mg)	1.7
苏氨酸(%)	0.37	维生素 B_1(mg)	0.9
异亮氨酸(%)	0.33	维生素 B_2(mg)	2.6
钙(%)	0.64	烟酸(mg)	9
磷(%)	0.46	泛酸(mg)	10
食盐(%)	0.44	生物素(mg)	0.09
铁(mg)	70	叶酸(mg)	0.5
铜(mg)	4.4	维生素 B_{12}(μg)	13
锌(mg)	44		

71.种公猪每头每天营养需要量及每千克饲粮中养分含量各是多少？

种公猪每头每天营养需要量见表 4-17，种公猪每千克饲料中养分含量见表 4-18。

表 4-17　种公猪每头每天营养需要量

指标项目	种公猪体重(kg)		
	90 以下	90～150	150 以上
采食风干料量(kg)	1.4	1.9	2.3
消化能(MJ)	17.57	23.85	28.87
(Mcal)	4.20	5.70	6.90
代谢能(MJ)	16.86	22.89	27.70
(Mcal)	4.03	5.47	6.62
粗蛋白质(g)	196	228	276
赖氨酸(g)	5.3	7.2	8.7
蛋氨酸＋胱氨酸(g)	3.1	3.8	4.6
苏氨酸(g)	4.2	5.7	6.9
异亮氨酸(g)	4.6	6.3	7.6
钙(g)	9.2	12.5	15.2
磷(g)	7.4	10.1	12.2
食盐(g)	5.0	6.7	8.1
铁(mg)	99	135	163
铜(mg)	7	10	12
锌(mg)	62	84	1.1
锰(mg)	13	17	21
碘(mg)	0.17	0.23	0.28
硒(mg)	0.18	0.25	0.30
维生素 A(IU)	4 943	6 709	8 121
维生素 D(IU)	248	336	407
维生素 E(IU)	12.5	16.9	20.5

续表 4-17

指标项目	种公猪体重(kg)		
	90 以下	90～150	150 以上
维生素 K(mg)	2.5	3.4	4.1
维生素 B_1(mg)	1.3	1.7	2.1
维生素 B_2(mg)	3.6	4.9	6.0
烟酸(mg)	12.5	16.9	20.5
泛酸(mg)	14.8	20.1	24.4
生物素(mg)	0.13	0.17	0.21
叶酸(mg)	0.73	1.00	1.20
维生素 B_{12}(μg)	18.6	25.4	30.6

注:配种前一月,标准增加 20%～25%。冬季严寒期,标准增加 10%～20%。

表 4-18 种公猪的每千克饲粮中养分含量

指标项目	需要量	指标项目	需要量
消化能(MJ)	12.55	锰(mg)	9
(Mcal)	3.0	碘(mg)	0.12
代谢能(MJ)	12.05	硒(mg)	0.13
(Mcal)	2.88	维生素 A(IU)	3 531
粗蛋白质(%)	12.0(14.0)*	维生素 D(IU)	177
赖氨酸(%)	0.38	维生素 E(IU)	8.9
蛋氨酸+胱氨酸(%)	0.20	维生素 K(mg)	1.8
苏氨酸(%)	0.30	维生素 B_1(mg)	2.6
异亮氨酸(%)	0.33	维生素 B_2(mg)	0.9
钙(%)	0.66	烟酸(mg)	8.9
磷(%)	0.53	泛酸(mg)	10.6
食盐(%)	0.35	生物素(mg)	0.09
铁(mg)	71	叶酸(mg)	0.52
铜(mg)	5	维生素 B_{12}(μg)	13.3
锌(mg)	44		

注:* 为体重 90 kg 以下猪采用的蛋白质量。

72.猪常用的能量饲料有哪些?

猪常用的能量饲料有玉米、大麦、稻谷、小麦、高粱、红薯干等,其共同的特点是自然含水量低于45%,干物质中粗纤维低于18%,粗蛋白质含量低于20%,含有较多的淀粉,有机物消化率高;蛋白质含量低,且氨基酸不平衡,尤其是赖氨酸和色氨酸含量更低。此类饲料不适宜单独喂猪,需与蛋白质饲料合理搭配使用。

(1)玉米　是我国主要饲料用粮。它含能量高,以干物质为基础,猪的消化能可高达16.3 MJ/kg,按正常风干物质计,也可达到14 MJ。玉米含粗纤维少,适口性好,消化率高,玉米中有机物质的平均消化率可达86%。尤其是黄玉米中还含有较多的胡萝卜素,但粗蛋白质含量低,必需氨基酸不平衡,矿物质和维生素缺乏,脂肪含量较高,不饱和脂肪酸含量也高,如大量用作育肥猪饲料,会使猪脂肪变软,影响肉的品质。因此,在肉猪日粮中玉米含量最好不超过60%。

(2)高粱　主产于我国东北地区,消化能平均每千克可达13.8 MJ,营养特性与玉米相似,但高粱含有较多的单宁,可降低蛋白质和矿物质的利用率。高粱有苦涩味,适口性不及玉米,在配合饲料中比例不宜过大,以免引起便秘,通常用量应在15%以下。

(3)小麦　是我国的主要粮食作物,主用作人的食粮,一般不直接用于饲料,而将小麦制粉的副产品麸皮、淀粉作饲料。小麦消化能与玉米相近,但粗蛋白含量为10%~16%,是玉米粗蛋白含量的1.5倍。各种氨基酸含量高于玉米,矿物质含量较玉米高,但钙、磷不平衡。近年来,饲料业试图将小麦开发为饲料粮,现已有了重大突破,并且已经开始应用。

(4)大麦　是谷物饲料中含蛋白质较高的一种精料,粗蛋白质占10%~12%,比玉米略高,赖氨酸含量也较高,但粗纤维含量较高,其消化能相当于玉米的90%。用大麦喂猪可获得高质量的硬脂胴体。配合饲料中含量不超过30%。

(5)稻谷　主用作人的食粮,很少直接用作饲料,其加工副产品糙米和碎米是优质的能量饲料。它的粗纤维含量高,消化能较玉米低,粗蛋白含量较玉米稍低,氨基酸含量与玉米相近,有效钙、磷和微量元素与玉米相近。

(6)稻糠　为稻谷脱壳制米的副产品。包括砻糠和米糠,砻糠是稻壳磨的粉,粗纤维含量很高,对猪没有利用价值。米糠是脱壳后的糙米进一步精磨制米所得的细糠。细糠对猪的营养价值较高,每千克含消化能约11.7 MJ,粗蛋白质含量13%~15%,脂肪含量可达10%~16%,且不饱和脂肪酸含量高,可作低值能量饲料使用,但易氧化酸败,不宜久贮。

(7)小麦麸　也称麸皮。粗蛋白和粗纤维含量都较高,粗蛋白为12%~29%,粗纤维8.5%~12%,消化能低,约为11.7 MJ。麸皮含有丰富的B族维生素,含钙低,含磷高,且多为植酸磷。麸皮因含较多的植酸酶,故麸磷的利用率较高。小麦麸因粗纤维含量高,结构疏松,容量低,而且含有轻泻性盐类,有助于胃肠蠕动,调节消化机能,尤其适于饲喂产后母猪、仔猪和肥育猪,饲料中比例不宜过高,一般不超过25%。

(8)其他糠麸　主要有玉米糠、高粱糠和小米糠等。它们粗纤维含量较高,不适于饲喂仔猪,可用于饲喂妊娠母猪和肥育后期的肉猪。但要注意添加量不要过大。

(9)根、茎、瓜类多种饲料　主要有胡萝卜、甘薯、马铃薯(土豆)、南瓜、甜菜等,这类饲料干物质含量低,干物质中粗蛋白、粗纤维含量也较低,除胡萝卜、南瓜富含胡萝卜素外,都缺乏维生素,矿物质含量也较低,但含糖类较高,适口性较好,必须与其他饲料配合饲喂。

(10)糟渣类　主要有酒糟、醋糟、酱油糟、豆腐渣、粉渣等,营养价值高低与原料有关。原料经加工后,能量中等。由于这类饲料中都含有某种影响猪生长发育的物质，在饲料中应控制饲喂量，一般只能占饲料干物质的 10%～20%。

73.猪常用的蛋白质饲料有哪些？

猪常用的蛋白质饲料包括饼粕类、动物性蛋白饲料和微生物蛋白质饲料及豆科牧草等。饼粕类为大豆、花生、菜籽、棉籽、亚麻籽、向日葵等油料作物籽实，经提油后的副产品、压榨提油后的块状副产品为饼，浸提出油后的碎片状副产品为粕。饼粕类是最主要的植物性蛋白饲料。动物性蛋白饲料包括水产副产品、乳品加工副产品、动物屠宰的下脚料及蚕蛹等，微生物蛋白质饲料是酵母、细菌、真菌和一些单细胞藻类。

(1)大豆饼(粕)　含粗蛋白 40%～45%，必需氨基酸比例组成与动物性蛋白相似，基本上满足生长猪对氨基酸的需要，赖氨酸含量高，蛋氨酸不足，粗纤维不到 1%，能量值很高，大豆饼(粕)中的可溶性碳水化合物主要是糖类，淀粉含量不多，故消化能低，风干基础消化能可达 12 MJ/kg，含钙量低、含磷量较高，但主要是利用率很低的植酸磷。大豆中含有抗胰蛋白酶，影响蛋白质的消化吸收，故在提油过程中要做适当加热处理，以消除其活性。

(2)棉籽饼(粕)　脱壳的棉籽饼蛋白质含量可达 40%以上，而带壳的棉籽饼蛋白质含量只有 22%，赖氨酸含量比豆饼(粕)低一半，精氨酸含量特高，氨基酸平衡程度比豆饼、菜籽饼差，这是其利用效率低于菜籽饼的主要原因。棉籽饼含钙量低、含磷高，但多为有机态磷。因此，在日粮中使用棉籽饼时，不仅要添加赖氨酸，还要与其他饼类饲料配合。另一方面棉籽饼(粕)中含有有毒的游离棉酚，它可引起动物贫血、不育、呼吸困难，应限量使用。猪日粮配合中，添加量不超过 5%～8%，同时进行棉籽饼(粕)去毒处理(去毒方法见第 97 题)。

(3)菜籽饼(粕)　我国年产量 1 000 万～1 200 万 t，为世界之最。含粗蛋白28%～32%，蛋氨酸含量较大豆饼(粕)高，精氨酸含量较低，氨基酸比较平衡，钙、磷含量高于豆饼。粗纤维含量较高，平均13%左右，可高达15%以上，可溶性糖类较低，故能量值较低，消化能为11.7～12 MJ/kg，微量元素不平衡，锌、铁、锰较缺。

菜籽饼(粕)中含有芥子苷(硫葡萄糖苷类化合物)，在芥子酶作用下发生水解产生异硫氰酸盐，部分异硫酸盐经过环化形成恶唑烷硫酮，这是一种致甲状腺肿的物质，能抑制肉猪生长、影响母猪繁殖，因而用作饲料前必须脱毒。具体可用土埋法，即将菜籽饼粉碎成面，按1∶1加水拌匀，置于土坑内，盖土封严，2个月后即可启用。现在国内有菜籽饼脱毒剂问世。脱毒的菜籽饼可占肉猪日粮的10%。

(4)花生仁饼　粗纤维含量7%以下，粗蛋白含量近似豆饼，一般为38%～44%，但氨基酸不平衡，赖氨酸和蛋氨酸不足，而精氨酸含量较高。故不能作为猪的唯一蛋白饲料来源，必须与其他蛋白饲料配合使用。矿物元素中钙、磷都不足。

(5)葵籽饼(粕)　带壳榨油的葵籽饼(粕)粗纤维含量20%以上，粗蛋白28%～32%，消化能低，猪的利用价值很低。去壳榨油的葵籽饼(粕)粗纤维含量低于10%，粗蛋白40%以上，赖氨酸含量不足，因而，利用时要注意赖氨酸的补充。葵籽饼(粕)中矿物质、维生素含量与谷类籽实近似，但钙、磷含量高，且较平衡，平均含量都在0.5%以上。葵籽饼(粕)基本上不含抗营养物质，作饲料利用仅受蛋白质含量、粗纤维含量影响。一般仔猪饲粮中用量可达5%，母猪在25%以下使用，肥育猪宜用10%左右，配合商品赖氨酸使用，有利于提高蛋白质利用效率。

(6)鱼粉　是优质的动物性蛋白饲料，在常用蛋白饲料中，其效果最好。进口鱼粉蛋白含量可达60%，含有多种必需氨基酸，特别是赖氨酸、蛋氨酸和色氨酸含量丰富。鱼粉中粗灰分小于

20%,含有丰富钙、磷和多种维生素(尤其是维生素 B_{12}),也含有硒和碘。鱼粉中食盐含量低于7%,粗脂肪含量小于6%。国产鱼粉蛋白含量多在35%~50%,鱼粉用量可占饲料的5%~10%,适于幼猪和种猪。

(7)肉骨粉　不适于人食用的肉品和肉品加工副产品经高温灭菌后,再经脱脂干燥制成肉骨粉。肉骨粉含粗蛋白30%~40%,氨基酸组成较好,但赖氨酸和蛋氨酸含量明显低于鱼粉。一般加工生产的肉骨粉,蛋白质消化率为80%,钙、磷含量高,磷最低含量也在4%以上,且比例适当。粗灰分一般在20%以上,其饲用价值仅低于鱼粉。不宜作单一的蛋白质补充料,与其他蛋白质饲料混合使用效果好,各种动物配合饲料中的用量控制在5%~10%为宜。

(8)血粉　屠宰动物鲜血经干燥制成。抗凝喷雾干燥和低温真空干燥工艺制得的血粉营养价值较高,其蛋白质可达80%以上,含有多种必需氨基酸,但蛋氨酸、异亮氨酸相对较低,血粉中含铁量高。血粉的适口性不佳,蛋白质消化率较低。血粉中钙、磷含量很低,一般都在0.5%以下。血粉用作配合饲料,其用量一般控制在3%左右比较适宜。玉米-豆粕类饲粮,血粉用到6%,第一限制性氨基酸就变成了异亮氨酸。但血浆蛋白粉是一种高质量的营养性添加剂,是一种理想的代乳料原料。产品中含有丰富的免疫球蛋白,有利于幼小动物健康。

(9)蚕蛹粉　蚕蛹是蚕丝工业的副产品,脱脂蚕蛹制成的蚕蛹粉是优质的蛋白质饲料。蛋白质含量高达70%,且含有多种必需氨基酸,与饼粕配合使用可明显提高猪的增重。粗脂肪含量高,一般都在10%以上,且具有特殊异味,饲粮中不宜多用,也不宜久贮。

(10)微生物蛋白质饲料　又称单细胞蛋白质饲料,指由各种微生物细胞制成的蛋白质饲料,包括酵母、细菌、真菌和一些单细胞藻类。饲用酵母是早已饲料化的微生物蛋白质饲料。液态发酵分离干制的纯酵母含粗蛋白 40%～50%，固态发酵制得的酵母混合饲料因培养底物不同而有较大差异，一般含粗蛋白质 20%～40%，但用富含蛋白质的饼粕类作原料生产的酵母混合饲料，再掺入皮革粉、羽毛粉或血粉之类的高蛋白饲料，也可使产品的蛋白质含量达 60%以上。但动物利用率不高。酵母富含 B 族维生素，不缺赖氨酸，但缺乏蛋氨酸。酵母具有苦味，故适口性较差，应控制饲喂量，在猪的配合饲料中一般添加 3%左右。

(11)豆科牧草　如苜蓿等，也是猪较好的蛋白质补充饲料。适时收割的优质苜蓿干草含粗蛋白 18%～22%，富含多种维生素。豆科牧草既能提供蛋白质，又能起到饲料的作用，对母猪尤为重要。

74.猪常用的矿物质饲料有哪些?

矿物质饲料包括提供钙、磷等常量元素的矿物质饲料及提供铁、铜、锰、锌、硒、钠、氯、碘等微量元素的无机盐类等。

(1)石粉　为最廉价的钙源饲料，为石灰岩、大理石矿产综合开采产品，基本化学成分碳酸钙，含钙量 34%～38%，猪饲粮配合中常用量 1%左右。

(2)贝壳粉　为钙源饲料，主要成分碳酸钙，含钙量 34%～38%。猪日粮中添加量 1%左右。

(3)骨粉　由动物杂骨经热压、脱脂、脱胶后干燥、粉碎而成，其基本成分为磷酸钙。优质骨粉含钙 28.6%、磷 13.1%、钙、磷比例 2∶1，是钙、磷较平衡的矿物质钙磷源饲料。猪饲粮配合中的常用量 2%左右。

(4)磷酸氢钙　无结晶水的磷酸氢钙含钙 29.46%、磷 22.77%，2 个结晶水的磷酸氢钙含钙 23.29%、磷 18.61%，磷酸氢钙中钙、磷易被动物吸收，是最常用的钙磷源饲料。猪饲粮配合中常用量2%左右。

(5)食盐　主要成分氯化钠，可提供植物饲料中较为缺乏的钠和氯2种元素，同时亦具有调味作用，增强猪食欲。在猪日粮配方中，适宜添加量仔猪0.4%，生长肥育猪0.3%。

(6)微量元素添加剂　根据猪对必需微量元素的需要量，利用各种微量元素的无机盐类或氧化物按一定比例配制成微量元素添加剂，用以补充饲料中必需微量元素之不足。目前，各种微量元素添加剂品牌繁多，使用时既需认真鉴别质量，又需注意不同化合物微量元素的含量。

75.猪常用的粗饲料有哪些？

粗饲料是天然水分含量低于45%，干物质中粗纤维含量18%以上的一类饲料的总称。按美国饲料成分表把所有粗纤维(CF)＞18%及消化率低的所有饲料列为粗饲料。它主要包括干草与秸秆、秕壳两类。干草是人工栽培与野生青草收割后阴干或人工干燥制成的，营养价值较高，秸秆与秕壳是籽实收割后剩余的茎叶及皮壳，如稻草、玉米秸、麦秸、豆秸、豆壳、麦壳(糠)等，它们的营养价值比干草低。粗饲料虽然消化率不高，可利用养分少，但可填充猪胃肠，增加胃肠蠕动，刺激消化功能。

青草或青绿饲料，在结籽之前收割晒干，制成的干草，其营养价值虽不如精料和青饲料，但比其他种类的饲料要好，可适当搭配精、青饲料饲喂母猪和育肥猪。豆科植物如苜蓿含有较多的粗蛋白和可消化蛋白质，采用高温快速烘干，其营养物质损失较少。

农作物籽实的外壳或夹皮称为秕壳，收获籽实后的茎叶部分称为秸秆，其含粗纤维达30%～50%，木质素含量占粗纤维的6%～12%。因此，除薯秧、豌豆秸、青态绿豆秸、花生秧外，绝大部分秸秆、秕壳饲料质地很差，粗蛋白质含量低，消化率低，可利用养分少，不宜用于养猪，但鲜嫩的青绿饲料可用于喂猪，并可节省精饲料,降低养猪成本,尤其对母猪而言。

76.什么是青贮饲料,用青贮饲料喂猪有什么好处?

所谓青贮饲料就是将青饲料置于厌氧的条件下,利用乳酸菌发酵产酸,使其 pH 值降至 4.2～3.8,进而抑制青贮物中其他微生物的活动,达到保存青饲料的目的。利用青贮料喂猪有如下好处:

(1)保证全年青饲料供应不断。旺季生产的青饲料贮存起来,供冬、春季饲用。

(2)营养丰富,适口性好。青贮料柔软湿润,芳香味甜,色泽鲜艳,猪喜食,而且所含的有机酸有强烈的促进消化腺分泌,增加消化液分泌量,提高胃液酸度和消化率的作用,同时也能提高营养成分在胃内的分解率。

(3)有助于生猪健康生长。饲料在青贮过程中产生乳酸,良好的青贮料含有 1.2%～1.5%的乳酸及 0.7%～0.8%的醋酸,能杀死饲料中的病菌及污染的虫卵,有助于猪只健康。同时,具有缓泻作用,对妊娠母猪用量不宜太大。

(4)节省燃料。用青饲料养猪,习惯做法是煮熟饲喂,需消费燃料,而青贮后不需再加热,可以直接饲喂,减少了燃料浪费。

(5)开发猪饲料资源。各种作物的青绿茎叶、牧草、蔬菜、野菜等,均可通过青贮成为猪饲料,扩大了养猪饲料的来源。

77.怎样制作青贮饲料?

(1)青贮饲料原理　青贮是利用微生物厌氧发酵来保存青绿饲料营养的一项技术。

(2)青贮原料　青绿植物、野草、野菜、作物秸秆、树叶、牧草等均可青贮。鲜草含糖量高于 3%,较易青贮;豆科牧草含糖量低于 3%,难以青贮,青贮时可将两类饲草按 2∶1 或 1∶1 混合青贮。

青贮原料适宜含水量为65%～75%。

(3)青贮添加剂　主要分3类:第一类是保护剂,抑制饲料中有害微生物的活动,防止饲料的腐败和霉变,减少饲料中营养成分的流失。如防腐剂类:在含蛋白较高青贮原料中加1.5%～3.0%的福尔马林(含甲醛36%的溶液);嫩叶量大的青贮原料再添加1.5%～2.0%的甲酸;在干草和苜蓿青贮原料中水分在10%～40%范围内,添加0.2%二乙酸钠抑制真菌生长。无机酸类:青贮原料内添加硫酸、盐酸、磷酸的稀释液,有利于青贮料pH下降,杀菌、增加适口性。有机酸类:甲酸一般添加量是每吨青贮原料中添加85%～95%的甲酸2.8～3.5 kg。另有乙酸和丙酸。第二类是促进剂:起促进乳酸发酵作用,达到保鲜目的。如糖蜜(含糖5%)添加量为原料量的1%～3%,还应添加玉米、小麦粉、大麦粉等淀粉类物质,乳酸菌制剂,酶制剂(添加0.01%～0.25%)等。第三类是含氮等营养物质,提高饲料营养价值,改变饲料的风味,如尿素、磷酸氢铵、氨水、食盐等,添加量为尿素0.5%,食盐0.2%～0.5%。

(4)青贮容器

青贮塔　为钢筋、水泥、砖砌成的永久性建筑物,优点是经久耐用占地少,贮存损失少,机械化程度高,但一次性投资大,适用于大型饲养场。

青贮窖　分地下式或半地下式两种,可圆形、长方形、条形。无论何种窖,均应选择地势较高、向阳干燥、土质坚实、靠近猪场、远离粪池的地方建设,切忌在低洼处或树荫下。利用砖石、水泥砌筑或用塑料薄膜贴衬在土窖上。窖的宽度不超过窖的深度,四面呈圆形,上下壁垂直,避免地表水渗入窖内,窖四周要挖排水沟。窖的大小视猪群大小和青饲料多少而定。

地面堆贮　选一块干燥平坦的地面,甚至屋内,铺上塑料布后,将草料堆在塑料布上,四边呈斜坡。将草料堆压实后,用双层塑料布封好，周围用土压严。小规模饲养场常用。

袋贮　塑料袋青贮的优点是方法简单，地点灵活以及饲喂方便。适于原料收获批量小，又需陆续供应的养殖户使用。要求塑料袋坚实且无毒，每袋容量以 25～50 kg 为宜。

(5)青贮调制方法与步骤

①原料适时收割：过早含水量大，不宜青贮；过晚粗纤维含量高，品质差。禾本科牧草以孕穗至抽穗期收割；豆科牧草以始花至盛花期收割，青割玉米以乳熟期收割，玉米秸以留有 1/2 绿色叶片收割为佳，红薯藤以霜前期收割。

②铡短切细，收割后晒 1～2 d，水分降至 60%～70%时用铡草机切短，质地粗硬的应铡成 3～4 cm，柔软的铡成 4～5 cm 的短草。

③装填容器：原料铡短后立即装填或边铡边装。目前，多在青贮容器前安放铡草机，铡短的原料直接喷入容器内，注意逐层装入，逐层压实，尤其是四壁和四角更应注意压紧，以排除饲料中的空气，造成良好的厌氧环境。也可将米糠、麦麸、食盐（添加量 0.2%～0.5%）拌入原料内一起青贮，或在原料内加入青贮料添加剂。

④密封：当容器内装满原料，并充分压实后密封，青贮窖可在上面盖一层稻草，加盖一层塑料薄膜，然后再盖 5～30 cm 厚黏土踩实。封窖 3～5 d 后，原料下沉，要及时用土填补，最后盖土要高出窖沿，以免雨水渗入。

(6)青贮时间　青贮制作后 30～50 d 即可开始利用。

(7)启用青贮饲料　开启面积要最小，使用时要注意逐段、分层、从下到上取用，每次取出的草应在当天用完。青贮饲料饲喂时应由少至多，逐渐增加，停喂时，应由多至少逐渐减少，以避免不必要的应激反应。一般情况下每头猪每天用量 2～5 kg。凡腐败变质的青贮料不可再使用。

78. 什么叫饲养标准，为什么要按照饲养标准喂猪？

饲养标准是根据猪的不同性别、体重、年龄、生产目的和水平，以生产实践中积累的经验为基础，结合能量和物质代谢试验以及饲养试验的结果，科学地制定出每头每天应供给的能量和营养物质的数量（即日粮标准），或每千克饲粮中各种营养物质含量标准，这种规定称为饲养标准。

饲养标准的内容主要包括每头猪每天需要的风干料量，达到的日增重，饲粮内含有的能量指标，蛋白质水平，钙、磷、食盐及各种必需氨基酸、必需微量元素和多种维生素的合理提供量。目前已有各种营养指标 40 多种。每千克饲粮养分含量标准具体指标同日粮标准。在养猪生产中，一般均按照每千克饲粮养分含量标准设计饲料配方，然后按日粮标准的风干料量定额投料，或不限量饲喂。

饲养标准是实际饲养工作的技术标准，是猪群饲养和饲料配合的重要依据，科学饲养标准的正确运用能促进实际饲养工作的标准化和科学化，是迅速提高养猪生产水平，经济、合理利用饲料的依据，对猪场的饲料生产计划、饲养计划的拟订、审核及猪肉产品质量检验都起着重要作用。按饲养标准饲养，能满足各类猪对营养物质的需要，进而提高猪的生产性能，降低饲料消耗，提高饲料利用率，降低饲养成本，达到提高养猪经济效益的目的。

79. 何谓配合饲料，合理利用配合饲料有什么好处？

配合饲料是根据猪的饲养标准及猪常用饲料的营养成分和营养价值表，结合当地资源科学地将几种饲料按一定比例混合在一起的营养全面的饲料。

合理使用配合饲料有如下几点好处：

(1)更好地发挥生产性能。由于配合饲料是根据不同品种类型,不同生长阶段,不同生产目的的猪的营养需要而设计的饲料配方,配合成营养平衡的日粮,营养物质利用率高,可促进猪生产性能的更好发挥。

(2)合理利用饲料资源。配合饲料生产时,将几种饲料混合使用,饲料之间营养物质相互补充,可以最合理地利用各种饲料,减少浪费。

(3)预防营养不足。配合饲料添加的微量元素、维生素和氨基酸等添加剂,对猪的生长发育极为有利,可防止营养不足、缺乏和中毒现象,可以抑制病原微生物的生长,减少疾病发生。

(4)降低成本,提高经济效益。配合饲料喂猪,饲料报酬高,二元杂交猪 20～90 kg 肥育,全期饲料与增重比为 3.0 左右,而用单一饲料(如玉米)需 6.0～7.0。另一方面,配合饲料直接用于喂猪,不需再加工、煮溺,既节省劳力,又节省燃料。

80. 配合饲料应遵循哪些基本原则?

配合饲料应遵循如下 6 项基本原则:

(1)选用适宜的饲养标准。根据猪的类型、品种特征及生产性能选择使用适当的饲养标准,确定营养需要量。如肉脂型猪选择肉脂型猪饲料标准,瘦肉型猪选用瘦肉型猪饲养标准等。

(2)选用适宜的饲料品种。如仔猪应选营养价值高,易消化的饲料,母猪应选择体积大的饲料等。

(3)注意饲料的适口性和消化性。防止因饲料配合不当造成饲料适口性差,或猪便秘、拉稀等。

(4)多种饲粮合理搭配。配料时尽量做到饲料多样化,多种饲料合理搭配,各种营养物质相互促进、相互协作、相互制约的生物学作用,进而提高饲料营养价值和饲料利用率。

(5)注意日粮体积,控制粗纤维含量。注意饲料干物质量,使饲料体积与猪消化道相适应。根据猪消化生理特点,按饲养标准限量,粗纤维含量仔猪不超过4%,生长育肥猪不超过6%,种公猪不超过8%,种母猪不超过10%～12%。饲粮中粗纤维含量过高则降低饲料利用率,过低则往往造成猪只便秘。

(6)就地取材,降低成本。在符合生理特点、满足营养需求的前提下,尽可能采用本地价格较低的饲料,不仅可节省运费降低饲料成本,而且可防止新传染病的传入。

81.何谓日粮、饲粮,饲粮配合的方法常用的有几种?

日粮是指猪一昼夜所采食的饲料量。

饲粮是指按日粮饲料的比例配制的混合料。常用饲粮配合的方法有3种:

(1)试差法　此法在养猪生产中简单而又实用,具体步骤是:

①查出饲养标准,列出猪的营养物质需要量。

②确定所用饲料种类,查饲料营养成分及营养价值表,列出所用各种饲料的营养成分及含量。

③初步确定所用各种饲料在饲粮中的大致比例,并计算出各种营养成分的含量,得到初配饲料计算结果。

④将计算结果与饲养标准比较,依其差异程度调整配方比例,再进行计算调整,直至与饲养标准接近一致为止。

(2)方块法　又称皮尔逊四边法,或叫对角或交叉法。此法适用于饲料种类及所要求的营养指标少的饲粮配方。生产中常用此法进行简单的混合饲粮、复合预混料、浓缩料的配制及饲料营养浓度的计算。

(3)电脑法　用配方电脑来计算饲料配方,可获得最佳配方,营养成分全面,饲料价格最低。在大型猪场和饲料厂多采用此法。

82.各种饲料在饲粮中的一般用量是多少？

各种饲料在饲粮中的一般用量因猪的不同生长发育阶段而不同，其具体用量见表4-19。

表4-19 各种饲料在饲粮中的一般用量 %

饲 料	仔猪	生长猪	肥育猪	后备(空怀)母猪	妊娠母猪	哺乳母猪
谷实类	50～60	60～70	60～70	40	50	60
玉米	50～60	40～60	40～60	20～40	40～50	40～60
高粱	6	10～20	10～20	20～30	10～20	10～20
燕麦	—	15～20	15～20	20～30	15～20	15～20
小麦	10～20	10～30	10～30	10～20	10～30	10～30
大麦	10～20	10～30	10～30	10～20	10～30	10～30
碎米	10～30	10～40	10～40	10～40	10～30	10～30
植物蛋白类	25	20	10	10	10	15
豆饼(粕)	25～30	10～20	8～10	5～10	5～10	10～15
花生饼	—	10～20	8～10	5～10	5～10	10～15
棉籽饼(粕)	—	15～20	10～15	10～15	—	2～4
菜籽饼(粕)	4～5	5～8	5	5	3	3
葵籽饼(粕)	2～5	5～10	15～20	15～20	10～20	10～20
动物蛋白类	6以下					
糠麸类	8～10	10～20	15～25	15～25	15～30	10～20
粗饲料	—	2	2.5	20～30	10～30	10～20
青绿青贮料	占精料量的30%～50%					
矿物质类	1.5～2	1～2	1～2	1～2	2～3	2～3
骨粉或磷酸氢钙	1.5～2	1～2	1～2	1～2	1.5～2	2
石粉或碳酸钙	0.5～1	1	1	1	2	2
食盐	0.25	0.3	0.3	0.3	0.4	0.5

83.什么叫饲料添加剂，怎样分类？

饲料添加剂是指为某种特殊目的添加到天然饲料中的少量或微量物质，以满足动物生产的特殊需要，如保健、促生长、增食欲、防饲料变质、改善饲料及畜产品品质，提高饲料利用率，改善养殖环境等。

根据饲料添加剂的不同功能，分为营养性添加剂和非营养性添加剂，前者包括维生素、微量元素和必需氨基酸添加剂，主要起到补充、平衡配合饲料营养成分，提高饲料营养价值的作用，后者包括抑菌剂、促生长剂、抗氧化剂、着色剂、黏合剂、防腐剂、酶制剂等，主要作用是保证和改善饲料品质，保障动物健康，促进动物生产等。

84.国内常用的饲料添加剂有哪些？

目前国内常用的饲料添加剂大致有如下 14 种，前 3 种为营养性饲料添加剂，后 12 种为非营养性添加剂，其中最后的 5 种为绿色饲料添加剂。

(1)微量元素添加剂　目前，养猪生产中添加的微量元素主要有铁、铜、锰、锌、钴、硒、碘，一般以复合无机矿物盐形式添加，也有以有机络(螯)合物形式添加。常用的化合物有柠檬酸亚铁、富马酸亚铁、乳酸亚铁、硫酸亚铁、氧化铁、氯化亚铁、氯化铁、碳酸亚铁、氯化铜、硫酸铜、硫酸锌、氧化锌、氯化锌、碳酸锌、硫酸锌、乙酸锌、氯化锰、氧化锰、硫酸锰、碳酸锰、磷酸氢锰、氯化钴、乙酸钴、硫酸钴、亚硒酸钠、硒酸钠、碘化钾、碘化钠、碘酸钾、碘酸钙、钼酸钠、蛋氨酸铜络(螯)合物、蛋氨酸铁络(螯)合物、蛋氨酸锰络(螯)合物、蛋氨酸锌络(螯)合物、赖氨酸铜络(螯)合物、赖氨酸锌络(螯)合物、甘氨酸铜络(螯)合物、甘氨酸铁络(螯)合物、酵母铜、酵母铁、酵母锰、酵母硒、蛋白铜、蛋白铁、蛋白锌等。

添加量以饲养标准中规定的量为准，基础饲料中所含微量元素可以忽略不计。

(2)维生素添加剂　猪的维生素添加剂常用的有维生素A、维生素A乙酸酯、维生素A棕榈酸酯、β-胡萝卜素、盐酸硫胺（维生素B_1）、硝酸硫胺（维生素B_1）、核黄素（维生素B_2）、盐酸吡哆醇（维生素B_6）、氰钴胺（维生素B_{12}）、*L*-抗坏血酸（维生素C）、*L*-抗坏血酸钙、*L*-抗坏血酸钠、*L*-抗坏血酸-2-磷酸酯、*L*-抗坏血酸-6-棕榈酸酯、维生素D_2、维生素D_3、α-生育酚（维生素E）、α-生育酚乙酸酯、亚硫酸氢钠甲萘醌（维生素K_3）、二甲基嘧啶醇亚硫酸甲萘醌、亚硫酸氢烟酰胺甲萘醌、烟酸、烟酰胺、*D*-泛醇、*D*-泛酸钙、*DL*-泛酸钙、叶酸、*D*-生物素、氯化胆碱、肌醇、*L*-肉碱、*L*-肉碱盐酸盐。

生产中多采用复合添加剂形式配制。使用时应注意其生物学效价和稳定性。如维生素A的人工合成制剂生物学效价可达100%，而鱼肝油中维生素A仅为30%～75%。在25℃条件下，预混料中的维生素A 16周后损失56%，维生素B_2和烟酸27周后分别损失54%和9%，因此，在配制添加剂时，对稳定性差的维生素应加大配入量，并加入抗氧化剂。

(3)氨基酸添加剂　猪用氨基酸添加剂主要是赖氨酸和蛋氨酸添加剂，这两种氨基酸都有*L*型和*D*型之分，猪不能利用*D*型赖氨酸，故添加赖氨酸应按*L*-赖氨酸的实际含量计算。常用的氨基酸有*L*-赖氨酸、*L*-赖氨酸盐酸盐、*L*-赖氨酸硫酸盐及其发酵副产物（产自谷氨酸棒杆菌，*L*-赖氨酸含量不低于51%）、*DL*-蛋氨酸、*L*-苏氨酸、*L*-色氨酸、*L*-精氨酸、甘氨酸、*L*-酪氨酸、*L*-丙氨酸、天（门）冬氨酸、*L*-亮氨酸、异亮氨酸、*L*-脯氨酸、苯丙氨酸、丝氨酸、*L*-半胱氨酸、*L*-组氨酸、缬氨酸、胱氨酸、牛磺酸、蛋氨酸羟基类似物、蛋氨酸羟基类似物钙盐，按饲养标准给予适当添加。仔猪日粮中常加色氨酸添加剂。

(4)驱虫保健添加剂　这类添加剂包括磺胺类药物添加剂如磺胺喹噁啉、二甲氧苄啶预混剂、复方磺胺嘧啶预混剂、磷酸泰乐菌素、磺胺二甲嘧啶预混剂、磺胺氯吡嗪钠可溶性粉等;呋喃类添加剂如呋喃苯烯酸钠粉。驱虫类药物添加剂如伊维菌素预混剂、氟苯咪唑预混剂、越霉素 A 预混剂、潮霉素 B 预混剂、砷制剂(洛克沙砷预混剂)等药物添加剂等。

(5)中草药添加剂　包括大蒜、艾粉、松针粉、芒硝、党参叶、麦饭石、野山楂、橘皮粉、刺五加、苍术、益母草等。

(6)缓冲饲料添加剂　包括氢氧化钠、碳酸氢钠、氯化钾、碳酸钠、碳酸钙、氧化镁、磷酸钙等。

(7)调味性饲料添加剂　包括谷氨酸钠、食用氯化钠、乳糖、麦芽糖、糖精钠、5′-肌苷酸二钠、5′-鸟苷酸二钠、食品用香料、甘草等。

(8)着色吸附添加剂　主要有味黄素,如红辣椒、黄玉米面等。

(9)抗氧化剂　常用的有乙氧喹啉(又称乙氧喹,商品名山道喹)、丁基羟基茴香醚(BHA)、二丁基羟基甲苯(BHT)、没食子酸丙酯等,其中以乙氧喹效果较好,用量以不超过 15 mg/kg 饲料为宜。

(10)防霉剂　种类有丙酸和丙酸盐类(如丙酸铵、丙酸钠、丙酸钙)、富马酸及其酯类、苯甲酸和苯甲酸钠、山梨酸及其盐类(如山梨酸钠、山梨酸钾)、柠檬酸及其盐类(柠檬酸钾、柠檬酸钠、柠檬酸钙)、双乙酸钠等。

(11)酸度调节剂　饲用种类有柠檬酸、延胡索酸、乳酸、苹果酸、磷酸、山梨酸、甲酸及其盐类(甲酸铵、甲酸钙)、乙酸、丁酸、丁酸钠、酒石酸等。使用最广泛效果最好的是柠檬酸、延胡索酸和复合酸制剂(由柠檬酸+延胡索+甲酸钙+乳酸组成)。

(12)酶制剂 饲用种类主要有植酸酶、淀粉酶、脂肪酶、纤维素酶和葡聚糖酶等。而商品酶制剂主要是复合酶。如溢多酶(主要由淀粉酶、蛋白酶、糖化酶、纤维素酶和葡聚糖酶组成)等。各种酶的使用范围如下:

淀粉酶(产自黑曲霉、解淀粉芽孢杆菌、地衣芽孢杆菌、枯草芽孢杆菌、长柄木霉、米曲霉)和支链淀粉酶(产自酸解支链淀粉芽孢杆菌)适用于青贮玉米、玉米、玉米蛋白粉、豆粕、小麦、次粉、大麦、高粱、燕麦、豌豆、木薯、小米、大米;α-半乳糖苷酶(产自黑曲霉)适用于豆粕;纤维素酶(产自长柄木霉)适用于玉米、大麦、小麦、麦麸、黑麦、高粱;β-葡聚糖酶(产自黑曲霉、枯草芽孢杆菌、长柄木霉、绳状青霉)适用于小麦、大麦、菜籽粕、小麦副产物、去壳燕麦、黑麦、黑小麦、高粱;脂肪酶(产自黑曲霉)适用于动物或植物源性油脂或脂肪;甘露聚糖酶(产自迟缓芽孢杆菌)适用于玉米、豆粕、椰子粕;果胶酶(产自黑曲霉)适用于玉米、小麦;植酸酶(产自黑曲霉、米曲霉)适用于玉米、豆粕、葵花籽粕、玉米糁渣、木薯、植物副产物;蛋白酶(产自黑曲霉、米曲霉、枯草芽孢杆菌、长柄木霉)适用于植物和动物蛋白;木聚糖酶(产自米曲霉、孤独腐质霉、长柄木霉、枯草芽孢杆菌、绳状青霉)适用于玉米、大麦、黑麦、小麦、高粱、黑小麦、燕麦。

(13)饲用微生物制剂 是益生素、益生元、EM 制剂、微生态制剂的统称。种类有益生素、益生元(化学益生素)、合生元三大类。其中常用的是合生元。合生元是益生素和益生元的复合物,具有益生素和益生元两方面的功能。益生素主要分 4 类:乳酸杆菌类微生制剂、芽孢杆菌类、酵母类和光合细菌类。益生元主要有低聚糖和酸化剂两大类。

饲用微生物主要包括:地衣芽孢杆菌、枯草芽孢杆菌、两歧双歧杆菌、粪肠球菌、屎肠球菌、乳酸肠球菌、嗜酸乳杆菌、干酪乳杆菌、乳酸乳杆菌、植物乳杆菌、乳酸片球菌、戊糖片球菌、产朊假丝酵母、酿酒酵母、沼泽红假单胞菌、保加利亚乳杆菌。

(14)低残留促生长剂 只有少数抗生素类促生长剂具有既能促生长,又无毒副作用或具有低残留的特性。其种类依据2001年7月3日农业部农牧发[2001]20号文发布的《饲料药物添加剂使用规范》中公布的,主要有以下5种:

①黄霉素 是一种畜专用抗生素,本品经口服后几乎不被吸收,24 h内全部由粪便排出。高剂量使用后,屠体检测,机体各部位无残留。

②杆菌肽锌 具有高效、低毒、吸收残留少等特点,经超高剂量在猪鸡饲料中使用后,经残留检测,结果低于卫生指标限量(0.02 U/g)。

③喹乙醇 在20～30 mg/kg饲料添加量下可长期使用,无残留。但农业部办公厅农办医(2009)23号文《关于加强喹乙醇使用监管的通知》中:"我部批准的喹乙醇兽药国家标准(《中华人民共和国兽药典》)明确规定,喹乙醇作为抗菌促生长剂,仅限用于35 kg以下猪的促生长,以及防治仔猪黄痢、白痢、猪沙门氏菌感染,休药期35 d;禁用于体重超过35 kg以上的猪和禽、鱼等其他种类动物"。

④土霉素 在75～150 mg/kg饲料添加量下长期使用,宰前2 d停用,肌、肝、胃肾均无药残检出。

⑤泰乐菌素 在11～12 mg/kg饲料添加量下长期使用,无残留检出。

值得说明的是,目前国外对能否在猪饲料中添加抗生素问题,争执非常激烈,有的国家已明令禁止使用,我国和大多数国家仍在广泛使用,但是,为避免药物残留,所有抗生素应在宰前1周停止使用。

85.营养性添加剂有何作用?

营养性添加剂主要有氨基酸添加剂、维生素添加剂和微量元素添加剂。

(1)氨基酸添加剂　猪常用的氨基酸添加剂主要是赖氨酸和蛋氨酸添加剂,其主要作用是弥补饲料中该氨基酸的不足,使其他氨基酸得到充分利用,提高饲料利用率。如在日粮中加入0.2%的赖氨酸,猪日增重可提高10%左右。

(2)维生素添加剂　主要作用是维持动物机体的正常代谢,其中维生素A主要是调节碳水化合物、蛋白质和脂肪代谢,具有保护皮肤和黏膜的作用;维生素D主要调节钙磷代谢;维生素E具有促进性腺发育和生殖功能;维生素K可促进凝血酶原的形成,具有止血作用;维生素B_2可提高植物性蛋白质的利用率;胆碱有防治脂肪肝的作用;维生素C能提高机体抵抗力,降低机体应激反应。

(3)微量元素添加剂　具有调节机体新陈代谢,促进生长发育,增强抗病能力,提高饲料转化率等综合功能。常规添加量生猪日增重一般可提高10%～20%,降低饲料成本8%～10%。

86.非营养性添加剂有何作用?

非营养性饲料添加剂主要有保健助长添加剂、饲料品质改善与保护添加剂。

(1)保健助长添加剂　该类添加剂可抑制病原微生物的繁殖,改善猪体内的某些生理过程,提高饲料利用率,促进猪的生长,增加养猪效益。主要包括低残留促生长剂、驱虫保健添加剂、中草药添加剂、酶制剂、饲用微生物制剂等。

(2)饲料品质改善与保护添加剂　由于饲料中某些成分暴露

在空气中易被氧化或在气温高、湿度大的环境中易于变质，或为提高饲料适口性，调节饲料酸碱性或为饲料加工的需要，如在饲料中添加一些物质，可有效地保护和改善饲料品质。常用的有抗氧化剂、防腐剂、调味剂、缓冲剂、着色吸附剂、酸度调节剂等。

87.何谓益生素、益生元，猪食用它们有何益处？

（1）益生素　又称益生菌、促生素，其定义是 Soggaard 于 1990 年提出的，指摄入动物体内，参与肠道微生物平衡，具有直接抑制肠道有害微生物，或者通过增强非特异性免疫功能来预防疾病，而间接起到促进动物生长、提高饲料转化率作用的活性微生物培养物。目前常用的益生素主要有乳酸菌、芽孢杆菌、酵母菌、光合细菌等四大类 16 种。它们是地衣芽孢杆菌、枯草芽孢杆菌、两歧双歧杆菌、粪肠球菌、屎肠球菌、乳酸肠球菌、嗜酸乳杆菌、干酪乳杆菌、乳酸乳杆菌、植物乳杆菌、乳酸片球菌、戊糖片球菌、产朊假丝酵母、酿酒酵母、沼泽红假单胞菌和保加利亚乳杆菌。

（2）益生元　又称化学益生素、前生素等。其定义是指能够选择性地刺激动物肠内一种或几种有益菌生长繁殖，而不被宿主消化的一类物质。作为益生元应具有 2 个基本特点：一是在胃肠道内既不会水解，也不会被动物吸收；二是能选择刺激肠内有益菌的生长繁殖，激化其代谢功能，改善肠道内的微生态环境，能起到增强宿主机体健康的作用，目前，研究和应用较多的益生元主要是低聚糖和酸度调节剂两大类。

国内外开发的低聚糖产品主要有低聚木糖（木寡糖）、低聚壳聚糖、半乳甘露寡糖、果寡糖、甘露寡糖等，为饲料中的天然成分，无毒副作用，它不仅能在肠道粘附病原菌使其失去感染力，同时，增强细胞活素的释放量，提高动物免疫力，降低发病率，减少抗生素的使用，提高饲料利用率和动物日增重，改善生产性能；酸度调节剂分为有机酸和复合酸两类，有机酸如甲酸、乙酸、柠檬酸、延胡索酸等，复合酸如健宝、肥得乐、得卡肥、溢酸宝、溢香酸等，主用于改善肠内环境，抑制杀灭有害微生物，调节微生态平衡，进而起到预防和治疗仔猪腹泻的作用。

88. 使用饲料添加剂应注意哪些问题？

使用饲料添加剂应注意如下问题：

（1）准确掌握所用饲料添加剂的特点、功效、剂量、用法及使用注意事项，严格按使用说明操作，务必搅拌均匀。

（2）根据猪的日龄、体重、生产性能等有的放矢地使用，切勿滥用。

（3）维生素添加剂，无论是水剂还是粉剂，均不得与发酵饲料混合贮存，使用时水温不能超过 60℃，更不得煮沸饲用。

（4）注意配伍禁忌。各添加剂间有的有互补作用，有的有拮抗作用，如矿物质能使某些维生素氧化失效，故矿物质添加剂与维生素添加剂相混时，一定要加大媒介量，且尽量缩短贮存时间。

（5）抗生素添加剂尽量选择低残留品种，且几种交替使用，以防产生抗药性，影响效果。

（6）添加剂应放在干燥、阴凉、避光、通风处，一般贮存期不宜超过 6 个月，故最好是现购现用。

89. 怎样在饲料中加入添加剂？

添加剂在饲料中占的比例极小，0.01％至 1％不等。若混合不均匀，浓度小的部分发挥不了应有的功效，浓度大的部分，易导致动物中毒。

正确的拌料方法是分级预混法。即 50 kg 饲料中若加入 5 g 添加剂，先取 500 g 饲料与 5 g 添加剂充分混匀；再取 1 000 g 饲料与上述混匀的 505 g 预混料混匀；第三次取 2 000 g 饲料与第二次混匀的 1 505 g 预混料混匀；第四次取 5 000 g 饲料与第三次混匀的 3 505 g 预混料混匀；第五次取 10 kg 与第四次混匀的 8 505 g 预混料混匀；第六次将余下的饲料全部混匀。

90. 市售商品饲料有哪些种类？

市场上销售的商品饲料主要有全价配合饲料、浓缩饲料、预混料，全价配合饲料又有颗粒饲料和粉料 2 种，预混料有 1%、2%、3%、4%、5% 5 种。

91. “瘦肉精”为何物质，对人有何危害？

“瘦肉精”学名为盐酸克伦特罗，化学名称为 α-[(叔丁氨基)甲基]-4-氨基-3,5-二氯苯醇盐酸盐，又名盐酸双氯醇胺、氨哮素、克喘宁。本是用作治疗人的哮喘病，有松弛支气管平滑肌的作用。盐酸克伦特罗，为白色或类白色的结晶粉末，无臭、味弱，猪食用后在代谢过程中能够促进蛋白质的合成，加速脂肪的转化和分解，提高猪的瘦肉率。盐酸克伦特罗的这种作用于 1981 年前后，首先在国外被发现，并被冠名“瘦肉精”，被国内有关人士引入，大量用于生猪饲养。它既不是兽药，也不是饲料添加剂，而是一种激素，一种严重危害畜牧业健康发展和畜产品安全的“毒品”。动物食用后，终生残留在其内脏中。

盐酸克伦特罗性质稳定，要加热至 172℃才会分解，所以烹调过程不能破坏它的毒性。盐酸克伦特罗是一种 β_2-肾上腺素受体激动剂，对心脏有刺激作用，会产生心悸、心慌、头痛、恶心、呕吐、肌肉震颤、神经过敏、发烧、战栗等。长期食用，可导致染色体畸变，能诱发恶性肿瘤。

92. 怎样快速识别伪劣饲料？

伪劣饲料的识别有一查、二看、三闻、四摸、五听、六尝等方法。

一查 是检查饲料外包装上是否附具标签，标签应以中文或者适用符号标明产品名称、原料组成、产品成分分析保证值、净重、生产日期、保质期、厂名、厂址和产品标准代号，添加剂预混合料的标签，还应当注明产品批准文号和生产许可证号。

二看 是看饲料的颗粒大小、形状、色泽是否一致，混合是否均匀，是否有异物、霉烂变质。

三闻 是闻其饲料固有的气味，好的饲料有油脂香味或不太强的鱼腥味或芳香味，无霉味。有腐败气味或异常的刺激味均为劣质饲料。

四摸 用手捏紧饲料，粉料松开手后饲料不散时，说明饲料中含水量过高，这种饲料放置时间过长，易霉烂变质。将手插入饲料中有热感，说明饲料已开始发霉。

五听 搅动饲料听其声音，若发出类似金属振动的声音，说明饲料干燥，含水量过高的饲料搅动时无此声。

六尝 用嘴咀嚼品尝，看其是否有泥沙、锯末及其他异物、异味。

93. 怎样在现场快速鉴别鱼粉的质量？

现场快速鉴别鱼粉质量的方法有 8 种：

(1)查装法 检查鱼粉外包装标示是否正规，包装是否完整，有无被折的痕迹，若有可能不是正规产品。

(2)闻味法 正常鱼粉具有强烈的海鲜或鱼腥味，假鱼粉则有氨味或刺激性气味；燃烧鱼粉闻其气味，纯鱼粉具有烧头发味道(燃烧动物蛋白质的味道)，假鱼粉为谷物的芳香味。

(3)外观法 察看鱼粉的外观性状,纯正鱼粉颗粒大小均匀,可以看到鱼肉纤维,多呈黄白色或棕色,手捻松软。假的鱼粉磨得很细,呈粉末状,色较深。

(4)水浸法 将鱼粉与水按1∶5的比例,放入烧杯内,如有沉淀或漂浮为假鱼粉,真鱼粉比重一致,无此现象出现。

(5)加热法 在烧杯内放入30 g鱼粉,10～15 g大豆粉及适量水,加热15 min,如有氨味,为假鱼粉。

(6)酒浸法 将鱼粉用白酒浸泡15～20 min,然后滴入1～2滴浓盐酸,如发生反应并出现深红色者为假鱼粉。

(7)碱溶解反应 将鱼粉放入10%的氢氧化钠溶液内并煮沸,溶解的为真鱼粉,不溶解的为假鱼粉。

(8)石蕊试纸法 燃烧鱼粉用石蕊试纸测定,试纸变为红色的,为假鱼粉。

94. 怎样用酒糟喂猪?

酒糟是酿酒的下脚料,其营养价值随原料的不同而不同。由于原料中的淀粉已变成酒,因而无氮渗出物低,而蛋白质含量相对提高,但蛋白质品质不良。酒糟中含B族维生素较多,但缺乏维生素A、维生素D及钙质,并残留部分酒精。因此,用酒糟喂猪时必须注意以下几点:

(1)仔猪、妊娠后期和哺乳母猪不宜多喂,以免引发母猪流产、产下死胎、怪胎和畸胎及仔猪下痢等不良后果。

(2)要控制酒糟的喂量,一般新鲜酒糟不宜超过日粮的25%,干酒糟应控制在10%以下,以免出现便秘。

(3)酒糟要先加热处理,使酒精蒸发,然后才能喂猪。

(4)酒糟喂猪要注意间歇性,喂一段时间后,停喂7～10 d,然后再喂,以防慢性酒精中毒。

(5)酒糟的保存:一时喂不完的酒糟应在窖中或水泥地面彻底踩实保存,或风干保存,注意发霉结块的为已变质酒糟,不能喂猪。

95. 怎样用蚕蛹喂猪?

蚕蛹是一种优质的动物性蛋白质饲料,鲜体含粗蛋白11.27%,干体含粗蛋白61.6%,其中必需氨基酸含量较高。但因其碱性较大,脂肪含量高,所以应用时必须注意如下几点:

(1)蚕蛹要经过去碱处理。因为蚕蛹多为缫丝厂的下脚料,含碱量大,饲喂前应先将蚕蛹充分冲洗,使其pH值控制在7左右,接近中性。

(2)喂量不宜过大。蚕蛹含有较多难以消化的角蛋白(为4%～6%),故喂量不宜过大,小猪以不超过3%、大猪不超过7%为宜。

(3)蚕蛹要妥善保管,防止霉变。蚕蛹中含高蛋白、高脂肪,应放在干燥、通风、阴凉处保管。

96. 怎样用蚯蚓喂猪?

蚯蚓是一种高蛋白质饲料,其干物质内含有粗蛋白55%～60%,粗脂肪12.8%。通常人工养殖蚯蚓,做成蚯蚓粉用作猪饲料。

蚯蚓粉的制作方法及喂量:将活蚯蚓用清水漂洗干净,焯烫均匀(置沸水中烫1～2 min),经过摊凉、晒干、捣碎或粉碎、过筛,然后用塑料袋密封包装备用。一般4.5～5 kg鲜蚯蚓可制成1 kg蚯蚓粉。猪体重25 kg以下日喂10 g;体重25～50 kg日喂25 g;体重50 kg以上日喂50 g,每天一次,一般喂量不得超过日粮的8%。

97.怎样用棉籽饼喂猪?

棉籽饼是棉籽榨油后的副产品,其营养价值较高,含粗蛋白质43.17%,消化能12.14 MJ/kg,钙、磷含量与豆科饲料相当。由于棉籽饼的加工方法不同,所含游离棉酚的量有很大差别,是否必须去毒处理也有区别。一般农村小作坊的土榨饼,其游离棉酚含量为0.2%~0.4%,而机榨饼含量为0.04%~0.08%,浸出粕含量为0.03%~0.07%。棉籽饼喂猪的安全用量,国外专家认为:当猪的总日粮中游离棉酚含量在0.01%以下时,即添加棉籽饼(含游离棉酚0.07%)15%以下或添加棉籽粕(含游离棉酚0.05%)20%以下,猪的生长增重正常,无中毒反应;当游离棉酚含量在0.01%~0.02%时,即添加棉籽饼15%~30%或棉籽粕20%~40%,则猪只会出现食欲减退,生长不良等现象;当游离棉酚在0.02%以上时,即棉籽饼添加量超过30%,棉籽粕超过40%,会造成猪只不同程度中毒;当游离棉酚在0.03%时,则会引起猪只中毒死亡。

国内科研单位研究证明,在我国大量饲喂青饲料的情况下,用一般的机榨饼和浸出粕饲喂肉猪时,可以不必去毒处理,直接投喂,但必须限量使用,棉籽饼(粕)在日粮中的比例不得超过30%。因而养猪中棉籽饼(粕)的用量(包括去毒、未去毒两种),母猪不得超过5%,生长育肥猪前期可使用20%,后期在15%左右,妊娠母猪、幼猪和种猪尽可能少加,最好不添加。为安全起见,可采用饲喂1个月停喂1个月的方式间歇添加,以避免蓄积中毒。

用棉籽饼(粕)喂猪时,要注意日粮的营养全面,特别是注意保证蛋白质、维生素和矿物质的供给,注意赖氨酸的补足,可采取棉籽饼(粕)与豆饼等量配合或棉籽饼(粕)与动物蛋白饲料搭配使用的方式。山东某育肥猪场,20~60 kg体重猪日粮中豆粕10%,棉粕

4%,进口鱼粉1%,酵母3%,赖氨酸0.1%,日增重达650～700 g,60～90 kg体重猪日粮中豆粕5.5%,棉粕3%,进口鱼粉0.5%,酵母3%,赖氨酸0.07%,日增重达800～950 g。且棉籽饼未经去毒处理,直至出栏也未出现中毒表现。

猪饲料中添加一定量的棉籽饼,为完全起见,还是要经过去毒处理,这不仅对土榨饼,而且对于棉酚含量高于0.08%的机榨饼也是必须的。其去毒方法主要有3种:

(1)水热处理去毒法　将粉碎的棉籽饼,温水中浸泡8～10 h后,将浸泡液倒掉,再加适量水(以浸没饼为宜)煮沸1 h,边煮边搅拌,冷却后即喂。

(2)化学去毒法　此法是以一定量的硫酸亚铁去中和游离棉酚,达到去毒的目的。硫酸亚铁用量一般可按棉酚含量的5倍计算。对于机榨棉籽饼,硫酸亚铁用量可占棉籽饼量的0.2%～0.4%,对于土榨棉籽饼,硫酸亚铁应占1%～2%。此法在广大农村广泛使用,其具体使用方法又有3种:

①硫酸亚铁溶液喷洒法　将配制好的硫酸亚铁水溶液直接喷洒在榨油后破碎的棉籽饼上;生产浸出粕时可直接喷洒在烘粕机的浸出粕上,并控制产品的含水量,不得超过10%,以防霉变。此法多在榨油厂使用。

②硫酸亚铁干粉掺入法　在榨油厂或饲料厂将硫酸亚铁干粉直接拌于棉籽饼或饲料中,混合均匀。

③硫酸亚铁溶液浸泡法　将棉籽饼用1%硫酸亚铁溶液浸泡24 h,泡后去除浸泡液或连同浸泡液一起直接喂猪。此法一般在饲养单位使用。

(3)碱水浸泡法　将棉籽饼用5%石灰水,2.5%草木灰水或小苏打溶液浸泡24 h,然后去除浸泡液,用清水洗滤3遍后,即可饲喂。

98. 怎样用菜籽饼喂猪?

菜籽饼含有硫葡萄糖甙,被芥子酶水解后,其主要产物异硫氰酸盐和恶唑烷硫铜会引起动物的甲状腺肿大,对肾上腺、脑垂体及肝脏也有毒害。猪对菜籽饼较敏感,首先引起食欲和采食量降低,若毒素含量较高则拒食。

菜籽饼的含毒量是因油菜的品种、油脂加工方法及土壤含硫量的不同而差异甚大。一般甘蓝型品种恶唑烷硫铜含量较高,芥菜型品种异硫氰酸盐含量较高,而白菜型品种毒素含量较低。热处理可以破坏芥子酶,也降低有效赖氨酸含量。我国某些地区菜籽饼分析结果:异硫氰酸盐含量为0.05%～0.9%,恶唑烷硫铜含量为0%～0.5%,戊糖8%以上,植酸含量5%～6%,单宁含量为1.5%～2%,芥子碱含量1.2%～2.3%。异硫氰酸盐对动物胃肠黏膜有很强的刺激性,植酸能与钙、镁、锌等金属离子螯合,使其不易被动物利用而出现缺锌症状,单宁带有涩味,影响适口性,芥子碱味苦,这些物质的大量食入均使动物厌食消瘦,影响动物生长和健康。如果菜籽饼中异硫氰酸盐含量低于0.15%,恶唑烷硫铜低于0.4%时,可以不经去毒处理而直接饲喂猪,其喂量为育肥猪日粮总干物质中菜籽饼配比为≤5%,仔猪4%～5%,繁殖猪为≤3%。且建议用其他饼类和动物性蛋白质饲料与菜籽饼混合饲喂,豆饼、棉籽饼、菜籽饼按2∶1∶1,配比搭配少量动物蛋白质,以满足动物对蛋白质的需要。也可用棉籽饼与菜籽饼以1∶1混合饲喂,以降低各自配比而避免中毒发生,但在日粮中二者均不得超过8%,同时注意添加赖氨酸、蛋氨酸,并适当提高铜、铁、锌、锰的给量,增喂青绿饲料或调味剂,以改善适口性。

菜籽饼的去毒处理:对于含异硫氰酸盐高于0.3%、恶唑烷硫铜高于0.6%的菜籽饼,应先作去毒处理再用作猪料。其去毒方法有碱处理法、坑埋法和发酵法。目前国内已有菜籽饼脱毒剂问世，但使用范围还不广。在农村广泛推广应用的是坑埋法，其具体操作如下：选择向阳、干燥、地温较高的地方挖一宽 0.8 m、深 0.7～1 m，长度按埋菜籽饼的数量而定的坑。将菜籽饼粉碎后，按 1∶1 以上比例加水，拌匀后埋入坑内，顶部和底部均盖一层草，覆土 20 cm 以上。待 2 个月后，就可取出菜籽饼喂猪。大量试验和养猪生产证明，这种去毒方法效果较好，可使菜籽饼内的异硫氰酸盐残留量控制在 0.05%以下，恶唑烷硫铜在 0.02%以下，并且此法去毒，菜籽饼中的蛋白质损失很少。

99. 葵籽饼(粕)的营养价值和喂猪效果如何？

葵籽饼与豆饼的营养价值相近。据化验分析，不带壳浸提的葵籽饼消化能为 12.75 MJ/kg，含粗蛋白质 49.7%，粗纤维 10%，钙 0.57%，磷 0.53%。带壳的葵籽饼含粗蛋白质 31.1%，粗纤维 20%以上，赖氨酸 1.7%，蛋氨酸 1.5%，色氨酸 1.5%。与豆饼相比，赖氨酸含量少，蛋氨酸含量高 1 倍多。缺点是粗纤维较多。

据国外报道，在添加一定量赖氨酸的情况下，可完全用葵籽饼代替豆饼喂猪。试验证明，一般小猪饲粮中用量 5%，母猪 25%以下，育肥猪 10%左右。用葵籽饼(粕)代替日粮中 25%豆饼，与不代替日粮增重相同；代替 50%或全部豆饼时，增重显著下降；但若添加一定量的赖氨酸，平均日增重提高 1 倍以上。国内养猪生产中，内蒙古某猪场，用葵籽饼(粕)代替部分豆饼如饲料配方中 20～60 kg 体重二元杂交猪豆饼(粕)8.7%、葵籽饼 10.5%、酵母 6%、赖氨酸 0.29%，日增重 750 g 以上；60～90 kg 体重二元杂交猪豆粕 3.6%、葵籽饼 12.5%、酵母 1%、赖氨酸 0.27%，日增重达 900～1 000 g 以上；若豆粕 6%、葵籽饼 8%、赖氨酸 0.28%、进口鱼粉 0.5%、酵母 1%，日增重达 980～1050 g，效果均好于用玉米-豆饼为主的日粮喂猪的饲养效果。

100.发霉饲料的去毒方法有哪几种?

由于饲料存放环境潮湿或饲料含水量超标、仓库通风不良等均会引起饲料发霉、腐烂、变质,造成饲料浪费,或猪食入后引起中毒。为合理利用霉变饲料,要首先进行去毒处理,其具体方法有4种:

(1)水洗法　将发霉饲料放入缸中,加沸水泡开,并用木棒充分搅拌,而后滤去水分,再加清水,如此反复清洗5～6次后,便可用来喂猪。

(2)蒸煮法　将发霉饲料放在锅中,加水煮沸30 min或蒸1 h去掉水分即可喂猪。

(3)石灰水法　将发霉饲料放入10%纯净石灰水中浸泡3 d,再用清水漂洗干净,晒干后即可饲用。

(4)氨水法　将发霉饲料的含水量调至15%～22%,装入缸中,通入氨气,密封12～15 d,再将其晒干,即可饲用。

经去毒处理后的饲料,无论用什么方法处理的,其营养成分的损失都是相当大的,有的养分如维生素、微量元素、氨基酸等损失率可达100%。所以用这种饲料喂猪,要注意丢失养分的补充。同时,这种饲料不要用于饲喂仔猪、种猪或妊娠、哺乳母猪,仅限于饲喂育肥猪。

101.鸡粪作饲料有何营养价值,使用时应注意哪些事项?

鸡消化道较短,所摄入的饲料通过消化道的时间比家畜快。因此,鸡日粮中所含各种营养物质尚有很多未消化而随粪便排出体外,特别是日粮中大部分氮素未被鸡体利用而存于鸡粪便中。鸡粪中含有丰富养分,尤其是粗蛋白较多,且粗蛋白中几乎各种必需氨基酸的含量均超过玉米、小麦和高粱等谷物饲料,所含赖氨酸为0.5%、蛋氨酸为0.26%、胱氨酸为0.2%。此外,鸡粪中还含有丰富的铜、铁、锌、镁、锰等微量元素。据国外资料介绍，鸡粪中还含有较多的B族维生素。鸡粪中营养成分含量与鸡的种类、年龄以及采食饲料的品质有关，肉仔鸡由于是高能、高蛋白饲养，其粪便中营养物质的含量较高，而蛋鸡粪便则含钙量高。

化验得知，鸡粪的平均营养成分含量，以干物质计：粗蛋白为27.8%、粗脂肪2.4%、无氮浸出物30.8%、粗纤维13.1%、水分3.6%、钙3%、磷2%、粗灰分22.45%、总氨基酸8.1%。

饲喂时的注意事项：

(1)鸡粪要新鲜，尤其是夏季超过24 h或已腐败变味的不用，来自疫区的鸡绝对不用。

(2)鸡粪收集后要经过适当处理后再饲喂，以改善其适口性，提高营养物质的消化率，减少有毒、有害物质对猪的危害。

(3)鸡粪中粗蛋白含量高，但能量较低，饲喂时必须与一些高能饲料如玉米、大麦、小麦等混合，鸡粪的用量以占日粮干物质的20%～40%为宜。

(4)鸡粪的适口性相对较差，开始饲喂时用量不宜过大，要逐步增加在日粮中的含量，以免引起消化系统疾病，同时应适当减少精饲料的供给量，保证精料的摄入但又不造成浪费。

102.怎样用鸡粪喂猪？

用鸡粪作饲料喂猪，价格低廉，可节省相当一部分精饲料（主要是蛋白质饲料）。其饲喂方法有7种：

(1)鲜喂　除去新鲜鸡粪中的羽毛等杂质，不作任何处理，直接拌入饲料中饲喂。

(2)干喂　将鸡粪去杂质后，置于70℃条件下经24 h烘干，以杀灭病原微生物和消除臭味，喂前将鸡粪粉碎掺入日粮中。晒干也可，但其中养分损失大。

(3)发酵饲喂　在新鲜鸡粪中,加入30%的干燥、粉碎的粗饲料和糟渣饲料,如草粉、酒糟、粉渣、糖渣等,搅拌均匀,使鸡粪含水量降至50%左右,装入缸、窖、池或塑料袋等容器内进行发酵(环境温度不得低于15℃)。及时检测其中的温度,当鸡粪中温度升至40℃时便开始翻拌,令其通气降温,使温度不超过45℃。3昼夜后,待鸡粪有浓厚的酒香或醋香味时,便打开容器口,将鸡粪取出或随取随喂,并注意取后封严。

(4)青贮饲喂　经晒干或烘干的鸡粪,掺入约10%的能量饲料(如玉米面、麸等),加水拌匀,使水分达60%左右,再与切碎的青贮原料以20%～30%的比例掺拌均匀,入窖、踩实、封严。经45 d后,鸡粪变成黄绿色浆状并有酒香味时,便可饲用。

(5)热喷饲喂　将鸡粪去杂、干燥后装入热喷机中,经过高压蒸气(每立方厘米3～3.5 kg)5～15 min的作用后,即为膨化鸡粪,可直接配料喂猪,也可晒干贮备,适口性好,消化率高。

(6)糖化饲喂　将鸡粪除杂、干燥、粉碎后加入清水,搅拌均匀(以手握鸡粪不滴水为宜),与洗净切碎的青菜充分混合,装缸压紧后,表面撒上3 cm厚的麸皮或米糠封口。夏季放在阴凉处,冬季放在室内,10 d即可糖化。

(7)化学处理饲喂　在含水分60%左右的鸡粪中,按干重的0.5%或1%加入硫酸或磷酸,使水分降至35%左右,再加入0.5%的甲醛,充分搅拌后,风干到含水分30%左右,再加入2%的尿素,使尿素充分溶解,自然干燥到含水分5%～10%,装袋备用。注意:每加一次药剂后,要充分拌匀并晾晒4～6 min。

103. 羽毛粉有何饲用价值,专业户怎样制作羽毛粉?

羽毛粉含有可消化粗蛋白70%左右,还含有17种氨基酸,以胱氨酸、精氨酸含量最高。在猪日粮中加入1%～2%的羽毛粉,可以代替等量鱼粉，但羽毛粉中的角质蛋白未经处理不能消化，必须经过加热 140℃ 90 min 和加压后，蛋白质的消化率才可提高到 70%～75%。

羽毛粉制作程序：

(1)备料　收集家禽羽毛，经翻晒后用水漂洗干净，沥干水分。

(2)蒸煮　用普通高压锅将洗净沥干的羽毛经 135℃高压蒸煮 1 h，然后捞起晾干。

(3)酸煮　每千克干羽毛浸入 4～5 kg 20%的稀盐酸内，置于锅内加盖煮沸，不断搅拌，当羽毛一拉即断时，捞出沥干。

(4)清洗　煮后的羽毛用清水充分漂洗，除去盐酸。

(5)晾干　清洗干净的羽毛用烘干设备烘干，或置入阴凉通风处晾干，使含水量降至 25%～30%。

(6)粉碎　用粉碎机将晾干的羽毛加工成粉末即为成品。

104.用豆腐渣喂猪时应注意哪些问题？

因为豆腐渣是大豆加工成豆腐的副产品。其干物质中粗蛋白和脂肪含量均较高，适口性较好，消化率高。但因其含有胰蛋白酶抑制剂，宜煮熟饲喂，喂量过多会导致消化不良和胴体脂肪恶化，生长育肥猪饲料中以加入 30%为宜，并搭配一定数量的大麦、玉米精料，以补充维生素和矿物质的缺乏或不足。为防止鲜豆腐渣的腐败和酸败，宜将 5%～10%的碎秸秆铺一层在豆腐渣下，青贮保存。

105.猪饲料中为什么一定要添加适量食盐？

食盐的主要成分是钠和氯，这两种元素在猪体内是不可缺少的，它们主要存在于细胞外液中，对维持渗透压平衡、体细胞的正常兴奋性和神经冲动的传递起着非常重要的作用。氯是胃液中盐酸的组成成分，有助于蛋白质的初步消化；食盐还具有刺激唾液分泌，增强消化酶活性，促进食欲的作用。如果饲料中钠、氯不足，则猪正常生理机能受到影响，易引起蛋白质消化不良、皮毛粗糙、生长缓慢，产生异嗜癖，舔食污水、尿液等，易感染疾病。

在猪的饲料中钠、氯的含量有限，必须在日粮中添加食盐才能满足猪的需要。食盐的供给量，以占风干饲粮的比例计算，一般仔猪0.25%，生长猪0.3%，妊娠母猪0.4%，哺乳母猪0.5%为宜。猪对食盐非常敏感，若供给量过多，极易引起猪的食盐中毒，且致死率甚高。

106.养殖户自配饲料应注意什么问题？

在养猪生产中，农村散养户或小规模饲养户（存栏50头左右），为充分利用自有饲料原料，降低饲养成本，往往自配饲料养猪。由于专业知识缺乏或不足，不注意饲料搭配，有什么喂什么，或者看到什么添加剂宣传得好就加什么，成本没有降下来，本该3个月出栏的育肥猪5个月还出不了栏，严重影响了养殖效益，造成不必要的损失，为避免此现象发生，现介绍几个注意事项：

（1）饲料配方设计要合理　向畜牧专业人员咨询，据所养猪品种、日龄、体重、生产性能确定营养标准，据自有原料或当地生产原料品种，设计出合理的饲料配方。配方要求原料6种以上；原料要求适口性好，就地取材，营养成分高，价格便宜，来源有保障；且所选原料的体积应与生猪消化道容积适应，体积过大，消化道负担过重，影响饲料的消化吸收；体积过小，虽然营养得到满足，但生猪仍有饥饿感，表现急躁不安，影响生长发育。

（2）原料加工调制要合理　对玉米、豆类、小麦、稻谷等籽实原料要粉碎；豆类、棉籽饼要煮熟，以破坏胰蛋白酶抑制素和游离棉酚；菜籽饼要去毒，以提高饲料的消化率，并确保对猪体无毒害作用。

(3)原料称量要准确　按饲料配方严格称取原料，不得擅改原料品种和重量。

(4)饲料混合要均匀　先将用量少的原料如各类添加剂以分级预混法与用量大的原料预混合均匀，通常是根据原料比重大小和化学性质确定两种或几种原料是否适宜预混合，如维生素、氨基酸、喹乙醇、调味剂等宜与玉米面预混，微量元素、阿散酸、猪睡宝等宜与石粉预混，氯化胆碱宜与麦麸预混；然后将经预混均匀的各种原料和配方所规定的其他原料充分混在一起，拌匀。

(5)饲料贮藏要科学　养殖户自配饲料应遵循随配随用的原则，不宜长期保存，以防霉败变质。一般夏季存放 20 d 左右，冬、春季可稍长一些。存放时要注意室内通风、透光、干燥，做到无毒、无鼠害、无污染。

107. 养殖者用何种饲料养猪利润最大，为什么？

用全价配合饲料养猪利润最大。因为用全价配合饲料喂猪，能满足猪的营养需要，利于生产性能的充分发挥，一是猪增重快，育肥期短；二是猪耗料少，饲料报酬高；三是成猪外形好，出售价格高；四是配合饲料也是以玉米、麦麸为主要原料，并且此两种原料价格较高，故全价配合饲料与玉米、麸皮混合饲料价差不大。试以目前常见的二元杂交猪为例，进行比较说明。

在农村散养条件下，某农民用全价配合饲料饲养一头体重 15 kg 的二元杂交猪至体重 100 kg 出栏，育肥期 120 d，平均日增重 708 g，育肥前期和育肥后期喂两种全价配合料，其饲料平均价格是 1.16 元/kg，育肥全期总饲料量 245 kg，饲料报酬 2.9∶1，毛猪销售价格 5.40 元/kg，头毛利润 155.80 元(去除购仔猪 90 元，防疫、药费计 10 元，饲料费 284 元)。

同等条件下，某农民以玉米、麸皮为主要原料饲养一头体重15 kg重的二元杂交猪至95 kg出栏，育肥期180多天，平均日增重444 g，育肥期饲料总量约336 kg，饲料报酬4.2∶1，饲料价格0.9元/kg（玉米1元/kg，麸皮0.76元/kg，混合饲料比例约为3∶2），毛猪售价5.20元/kg，头毛利润91.6元（去除购仔猪90元，防疫费药费计10元，饲料费302.4元）。

由上例可见，用全价配合饲料喂猪比用玉米麸皮混合料喂猪育肥期缩短2个月，每头育肥猪多获利润64.20元。

五、种猪的繁殖与饲养管理

108. 以不同的生理阶段可将母猪分为几种类型，如何划分的？

以不同的生理阶段可将母猪分为后备母猪、基础母猪。基础母猪又分为怀孕期母猪、哺乳期母猪、空怀期母猪。母猪从 4 月龄到配种前为后备母猪。从配种怀孕母猪到分娩为怀孕期母猪又叫妊娠期母猪。分娩后到仔猪断奶为哺乳期母猪。从断奶到下一次配种怀孕为空怀期母猪。

109. 后备母猪有何生长特点？

4 月龄以上的小母猪至配种前为后备母猪。此时，其消化器官比较发达，消化机能和适应环境的能力逐渐增强，是内部器官发育的生理成熟期。小猪在 4 月龄以前，相对生长速度最大，骨骼生长速度最快，4 月龄以后逐渐减慢，4～7 月龄肌肉生长快，6 月龄以后体内开始沉积脂肪。实践证明，凡是生长快的小母猪，其繁殖能力强，故应在后备母猪生长最快的时期，给予良好的培育条件，以获得较好的成年体重和优良的繁殖成绩。因此，培育后备母猪，要经常观察其生长情况，进行选择和淘汰。

110. 怎样选留后备母猪？

(1)父母本的选择　育种场要从核心母猪与优秀公猪的后代中挑选，商品猪场也必须是血统清楚的优秀公母猪的后代。种公猪要生长发育良好，饲料报酬高，胴体瘦肉率高，无遗传隐患；种母猪要产仔多，哺乳力强，母性好，且产仔 2 窝以上，窝产仔猪头数多、初生重大。

(2)仔猪出生季节的选择　选留后备母猪一般多在春季。因为春季气候温暖，阳光充足，青饲料容易解决，好饲养，到当年8～9月份体重月龄均可达到配种的要求，体况、体质和生理机能均已成熟，能准时参加配种。

(3)仔猪的选择　在哺乳期挑选初生体重大、生长发育好、增重快、体质壮、断奶体重大、有效乳头不少于14个，并且排列整齐均匀、无瞎乳头、外形无重大缺陷的小母猪。其选留头数应是最终选留猪的2.5～3倍。

(4)最终选留　仔猪断乳后，尤其是早期断乳的仔猪，往往有一段保育期，保育期结束后，从优秀父母亲本的同窝后代中，选长得最快、个体最大、无缺陷的小母猪参加性能测验。选择依据是仔猪由断乳至开始测验时的日增重，本着少淘汰多选留一些仔猪参加性能测验的原则；同时，注意肢蹄坚实性和体躯结构是否符合肉用型体况，即选留颈、肩部较轻，背腰较长，腿臀丰满的幼猪。6月龄时，对所有参加性能测验的猪按指数中包括的性状进行测定，获得计算指数的全部信息后计算出候选猪的指数。按照更新计划先做纸上选择，纸上选择的数量应适当大于实际需要补充猪群的数量，然后现场逐头进行外形鉴定。外形鉴定主要根据类型、乳头健康、肢蹄发育、外貌特征综合考虑，再淘汰一批，此时的选择指数应体现育种目标，以个体选择为主，适当参考同胞成绩。选留的小母猪按5～10头分组饲养，并在10 d内每天将成年公猪放入小母猪群中20 min，凡是在18～24 d发情，且征兆明显，四肢、乳头数、生长速度和背膘厚度等指标均符合本品种特征的，可鉴定为合格的小母猪。在其第三次发情时可进行配种。在选留的后备母猪生头胎仔猪后，还要根据其繁殖情况进行第三次选择，选优淘劣。

111.后备母猪的饲养管理要点是什么?

(1)饲养要点　根据后备母猪的生理特点,给予必需的营养物质,如长骨骼阶段,保证供给足够的矿物质,尤其是钙、磷,使骨骼长得细密结实、骨架大;在长肌肉阶段,则应供给足量的蛋白质饲料。在6月龄以后,注意日粮的营养结构,少搭配精料和能量饲料,多用青绿多汁饲料,适当加入动物性饲料。当后备母猪体重达到70 kg以上,实行全价饲料限量饲喂,其饲喂量见表5-1。每天饲喂3餐,其中饲喂量早晨为全天饲喂量的35%,中午为全天饲喂量的25%,下午为全天饲喂量的40%。

表5-1　后备母猪限饲喂量表

后备母猪体重(kg)	饲料量[kg/(d·头)]	饲粮营养	
		代谢能(MJ/kg)	粗蛋白(%)
70～80	1.8～2.0	12.34	15
90～100	2.2～2.5	12.34	14
110～120	2.5～2.8	11.92	14
130～140	2.8～3.0	11.72	13

注:引自陈润生《猪生产学》,中国农业出版社,1995年。

(2)管理要点

①适当运动　栏舍要设有运动场,让猪自由活动,冬、春季节要进行驱赶运动,每天上午、下午各一次,每天运动时间不少于2 h。

②及时淘汰　按照育种要求,定时称重,测体尺,把不符合种用要求的初选后备母猪及时予以淘汰育肥。

③分圈饲养　每圈4～6头。

④圈舍温度　控制在18～21℃。

⑤常规管理　保持栏舍清洁卫生,按程序进行免疫接种,定期消毒、驱虫等。

112.后备母猪何时开始配种?

后备母猪配种一般比性成熟晚一些,在开始配种时的体重应为其成年体重的50%～70%。我国地方品种一般性成熟比较早,3～4月龄开始发情,初配年龄小。母猪在生后6～8月龄,体重达50 kg以上,即可配种。国外品种、我国培育品种和杂交品种性成熟较晚,一般4～5月龄开始发情,8～10月龄,体重达90～100 kg即可配种。一般来说,母猪在第三次发情配种最为适宜。

113.何谓性成熟和体成熟?

初情期后,随着年龄的增长,青年公猪开始产生精子,青年母猪生殖器官发育完全,出现发情周期和排卵,有性欲要求,具备了正常繁殖后代的能力,如配种即可繁殖后代,此时称之为性成熟期。猪达到性成熟时,因其身体发育并未完成,故此时不宜用于配种繁殖。如果此时就开始配种繁殖,则会影响其身体发育,降低种用价值。

性成熟后,动物再经过一定时期发育,当机体各器官组织发育完成,并具有动物固有外貌特征,此时称为体成熟。一般达到体成熟后配种繁殖最好。

114.何谓发情周期,母猪发情有何征兆和规律?

母猪初情期后,卵巢出现周期性的卵泡发育和排卵,并伴随着生殖器官及整个机体一系列周期性生理变化,这种变化周而复始(怀孕期除外),一直到性机能停止为止,这种周期性的性活动称为发情周期。母猪从上次发情开始到下一次发情开始为一个发情周期,时间为17～25 d,平均21 d。哺乳母猪通常在断乳后5～7 d开始发情。母猪发情持续时间(称发情期)一般为2～3 d,随品种、年龄、胎次、个体不同而有差异。后备母猪发情时间比经产母猪长，壮年母猪比老年母猪长，地方品种比国外品种、培育品种、杂交品种长，断奶后第一次发情比以后出现的发情期长，夏季较冬季略长。

母猪发情征兆在不同个体具有一定的差异，其一般特征是：从外表观察，首先是阴门潮红肿胀，红肿程度有轻重之分，只是白猪易看出，黑猪不易看出。食欲减退，采食明显减少，精神亢奋，躁动不安，随之阴门的肿胀加剧，阴道逐渐流出黏液，但黏液较稀，这时的母猪不让公猪爬跨。此阶段称为发情前期，持续 1～2 d。接下去食欲进一步下降，有的猪根本就不采食，在圈内起卧不安，频频排尿，常互相爬跨、爬栏。此时的母猪喜欢公猪爬跨。如用手按压腰部，则往往呆立不动，这称为压背反射。阴道黏液这时也变得非常浓稠，此阶段为发情中期。到了后期，母猪阴门肿胀逐渐消退，压背反射消失，也不再接受公猪爬跨，食欲也趋于正常。

115.发情母猪何时配种最为适宜?

从繁殖生理看，配种的适宜时间应是母猪排卵前 2～3 h，也即发情开始后 21～22 h。实际生产中，比较实用而准确的办法是根据母猪发情表征选择配种时机，归纳为“四看”：

一看阴户，发情母猪阴户由充血红肿变为紫红暗淡，肿胀开始消退，出现皱纹时。

二看黏液，发情母猪阴门流出浓浊黏液，上面往往粘有垫草时。

三看表情，发情母猪呆滞、喜伏卧，人手触摸其背腰，呆立不动，双耳直竖，用手推按臂部，不拒绝，反而向人手方向靠拢，此时配种，受胎率最高。

四看年龄，俗话说：“老配早、少配晚、不老不少配中间”，即老龄母猪发情持续期短，当天发情下午配；后备母猪(年龄小)发情期较长，一般于第三天配；中年母猪(经产母猪)宜在第二天配。只要掌握好配种时机，一般一次配种即可准胎，但为确保受胎，增加产仔数，通常进行重复配种，即用同一公猪，隔 8～12 h 再交配一次。

对于个别母猪，特别是引进品种（如长白猪），往往看不出任何明显的发情表征，常常造成失配空怀，必须认真观察或采用公猪试情，适时配种。

116. 为什么个别母猪不发情或屡配不孕？

母猪不发情有生理性和病理性两方面原因。动物在妊娠、泌乳期间不发情，营养不良、衰老或过肥，卵巢被脂肪包埋等引起暂时性或永久性卵巢活动降低，以致不发情等都属于生理性不发情。至于卵巢和子宫发育不良、炎症或异常等病理状态引起的不发情，则属于病理性不发情，如持久黄体、卵巢机能障碍等。

发情周期正常，临床检查未见卵巢或子宫异常，但连续 3 次或 3 次以上发情配种不受孕，其原因不明者，即可认为是屡配不孕。屡配不孕不是永久的，而是暂时的。有人认为它是一种综合征。已报道的与屡配不孕综合征有关的因素有营养、代谢疾病、激素紊乱、遗传因子、流产、早期胚胎死亡、畜舍建筑、发情检查效果、授精技术、不利环境等。总之，屡配不孕是遗传、技术、环境管理等综合因素的结果。

117. 促进母猪正常发情、排卵的方法有几种？

促进母猪正常发育、排卵的方法有如下几种：

（1）公猪诱情　用试情公猪追逐久不发情的母猪，或把公猪和母猪关在一栏内，以促进母猪发情排卵。

（2）仔猪提早断奶　在仔猪 7～10 日龄时开始诱食，使其 25 日龄左右进入旺食期，35 日龄时断奶。断奶 5 d 左右即可发情配种。

（3）控制哺乳时间　将母仔分栏饲养，控制仔猪哺乳次数。

3周龄仔猪间隔4 h哺乳一次，1月龄仔猪间隔6～8 h哺乳一次，间隔哺乳6～9 d后母猪就可发情配种。

(4)户外活动　对长期不发情母猪，可在晴天放入户外晒太阳，并由饲养人员驱赶母猪运动半小时，天天坚持不间断，假以时日，即可促进母猪发情排卵。

(5)乳房按摩　对后备母猪或空怀母猪在早晨喂料后，使母猪侧卧地面上，饲养人员整个手掌由前往后反复按摩母猪乳房，待母猪乳房皮肤微显红色及按摩者手掌有微发热时为度。一般需按摩10 min，每天一次，待母猪有发情征象后，将手指作半曲呈环状，围绕母猪乳头周围做圆周运动，先表面按摩5 min，再深层按摩5 min。此种方法不仅可以促进母猪乳房和生殖器官的发育，而且还能促进母猪发情排卵。

(6)激素催情　常用三合激素(每毫升含丙酮睾丸素25 mg、黄体酮125 mg、苯甲酸雌二醇15 mg)，一次肌内注射2 mL，5 d内发情率可达92%以上。对一般乏情母猪或因内分泌紊乱引起发情障碍的母猪，可一次肌内注射孕马血清促性激素(PMSG) 1 600 IU/头，2 d后肌内注射氯前列烯醇(PG)3 mL。注射11 d后对尚不发情的母猪，再次注射氯前列烯醇3 mL，可以取得满意效果。

118. 猪常用的配种方式有几种，本交的方式有几种？

母猪的配种方法有自然交配和人工授精2种。自然交配指公母畜直接交配，又叫本交。在生产中本交可分为4种：自由交配、分群交配、圈栏交配和人工辅助交配。依配种次数和所用公畜的个数又可将本交分为4种方式：

(1)单次配种　即母猪在一个发情期内，只与一头公猪交配一次。此种方式的优点是提高公猪利用效率，但若饲养人员经验不足，掌握不好母猪的最佳配种时机，往往影响受胎率和产仔数。

(2)重复配种　即母猪在一个发情期内，用同一头公猪先后配种两次，两次间隔 8～24 h。这种方式，可以增加卵子受精机会，提高母猪的受胎率和产仔数。生产中，经产母猪都采用这种方式。

(3)双重配种　即在母猪的一个发情期内，用同一品种或不同品种的 2 头公猪，先后间隔 10～15 min 各配种一次。这种配种方式能促进母猪多排卵，并使卵子可选择活力强的精子受精，从而提高母猪的受胎率和产仔数。生产商品猪的猪场可采用此种方式。但在种猪场或准备留种的母猪，则不能采用双重配种，否则会造成血统混乱。

(4)多次配种　即在母猪的一个发情期内，用同一头猪交配 3 次或 3 次以上，配种时间分别在母猪发情后的 12 h、24 h、36 h。这种配种方式，虽能增加产仔数，但因多次配种增加了生殖道感染的机会，易使母猪患生殖道疾病而降低受胎率。

119. 怎样正确给猪配种?

在猪场内，公母猪交配的地点，应选在母猪舍附近，严禁在公猪舍附近场地配种，以免引起其他公猪的骚动不安。

给猪配种，目前常用且效果较好的是人工辅助交配，其技术要点为：

(1)配种前先用 1‰的高锰酸钾水洗净母猪外阴部，以防污物或细菌感染公猪。

(2)当公猪爬稳母猪后，要迅速从侧面牵拉母猪尾巴，以避免公猪阴茎摩擦母猪造成伤害或体外射精，同时手握成筒状顺势将公猪的阴茎导入母猪的阴道内，禁止强拉，以免损伤。

(3)交配后，用手轻压母猪腰部，以免母猪拱腰精液流出。

(4)配种完毕后，要及时登记配种公猪的耳号和日期，以便推算预产期和以后查找后代的血统。

120.给母猪配种时注意事项有哪些？

给母猪配种时要注意以下事项：

(1)查清公母猪血缘关系，防止近亲交配。

(2)公母猪体格大小要一致，差别不能太大。

(3)公猪采食后半小时内不宜配种。

(4)选择一天中较适宜的时间配种。夏天中午太热，应选择在早、晚配种；冬天清晨太冷，则应适当延后。

(5)配种场地不宜太滑。太光滑的地面，加之交配时流出的精液，容易使猪只滑倒。

(6)大量母猪配种前，要注意检查公猪精液品质，且配种时公猪利用强度不要过大。

(7)每一发情期最好交配两次，以提高受胎率和产仔数。

121.怎样判断母猪是否怀孕？

(1)根据发情周期判断：猪的发情周期大致为3周，若配种后3周不再发情，就可推断已怀孕，尤其是配种前发情周期正常的母猪更为准确。

(2)根据外部特征及行为表现判断：配种后食欲增加，膘情恢复快，性情温驯，皮毛光亮并紧贴身躯，行为稳重，腹围逐渐增长，乳房胀大，阴户下联合紧闭或收缩，并明显上翘的可能已经怀孕。

(3)根据胎儿检查判断：配种2个半月以后，最后两对乳房的上方腹壁可以触摸到胎儿，当胎儿胸壁紧贴母猪腹壁时，可以听到胎儿的心音。

(4)根据乳头的变化判断：大约克夏母猪配种30 d，乳头变黑，轻轻拉长乳头，如果乳头基部呈现黑紫色晕轮时，则可判断为已经怀孕。但此法不适宜长白猪的妊娠诊断。

(5)孕酮含量测定法：血浆孕酮含量大于5 mg/mL为妊娠，小于 50 mg/mL 为未孕。

(6)化验尿液法:取配种后 5～10 d 的母猪晨尿 10 mL 左右,放入试管内测出比重(应在 1.01～1.025),若过浓,则须加水稀释到上述比重,然后滴入 1 mL 5%～7%的碘酒,在酒精灯上加热,达沸点时,会出现颜色变化。若已怀孕,尿液由上而下出现红色;若没有怀孕尿液呈淡黄色或褐绿色,而且尿液冷却后颜色会消失。

(7)超声波妊娠诊断仪进行诊断,准确度更高。

122.什么叫假妊娠,怎样防治母猪假妊娠?

母猪配种后,肚子一天天大起来,乳房也逐渐膨大,到"临产"期前后,甚至还能挤出一些清奶,但最后不产仔,肚子与乳房逐渐缩回,这种现象称作假妊娠。

引起假妊娠的原因:

(1)由于胚胎早期死亡与吸收,而妊娠黄体未消失(持久黄体),致使孕酮继续分泌,好像妊娠仍在继续。

(2)由于营养不良,气候多变以及生殖器官疾病,造成母猪内分泌紊乱,致使发情母猪排卵后所形成的性周期黄体不能按时消失(持久黄体),孕酮继续分泌,抑制垂体前叶分泌促滤泡成熟素,滤泡发育停滞,母猪发情周期延缓或停止。在孕酮的作用下,子宫内膜明显增生,肥厚、腺体的深度与扭曲度增加,子宫的收缩减弱,乳腺小叶发育,表现乳房膨大等。

防治母猪假妊娠,主要是改善母猪配种前后的营养条件,预防、治疗母猪生殖道疾病,做好冬季与早春的防寒、保温工作。早春母猪配种前,应适当多喂些青绿多汁饲料或多种维生素,以保证滤泡的正常发育。为溶解持久黄体,可给母猪肌内注射前列腺素 5 mg,孕马血清 1 000 IU。

123.养猪生产中为什么要推广人工授精技术?

人工授精是家畜繁殖技术革新的一项重大突破,得到世界各国的普遍重视和广泛应用。养殖生产中广泛推广该项技术的原因有以下几点:

(1)人工授精一次的采精量可给10头左右发情母猪配种,能最大限度地发挥优良公畜的种用价值,提高种公畜的配种效能。

(2)可对种公畜进行严格的选择,保留最优秀的个体用于配种,进而加速育种工作的步伐。

(3)由于授精公母畜不直接接触,可防止各种疾病,特别是生殖道传染病的传播。

(4)可以克服公母畜因体格大小相差悬殊,母畜生殖道异常而不易受胎的问题。在杂交改良工作中,也可解决因公母畜所属品种不同而造成不愿交配的问题。

(5)经稀释保存的精液便于运输和检疫,可使母畜的配种不受地域的限制。为公畜不足地区或因疫病封锁公畜不能往来地区解决了母畜配种的困难,有利于杂交改良工作的开展。

(6)人工授精便于采用重复输精和混合输精等繁殖技术,可以选择最适当的时机,将精液输到最适当的部位,能有效提高母猪的受胎率,增加产仔数。

综上所述,人工授精与自然交配相比,具有显著优越性,在养猪生产中要大力推广应用。

124.人工授精包括几个技术环节?

人工授精包括精液的采集、精液品质检查、精液的稀释、精液的保存和运输、输精5个技术环节。

125. 种公猪精液的采集要领是什么?

种公猪的采精方法主要有两种,其操作要领分别是:

(1)假阴道法 公猪在自然交配时,螺旋状的阴茎龟头是在母猪的子宫颈紧紧地约束下发生射精的。用假阴道采精时,也必须特别注意假阴道内的压力调节。公猪射精时间长达数分钟,射精的几个阶段(一般 2～4 个)之间会出现射精暂停,此时特别要通过双联充气球恢复内胎壁有节奏的弹性调节,以保持公猪快感,增加射精量。

(2)手握法 是目前常用的一种方法,此法操作简便,并可灵活掌握公猪射精所需压力。采精前一定要做好种公猪和假台猪及采精所用器械的清洗消毒工作(特别是公猪包皮周围),并用消毒毛巾擦干,4～5 层消毒纱布放在采精杯上备用。采精员应先剪平指甲,洗净手掌且消毒晾干,并戴上消毒过的医用外科手套,穿上清洁工作服,尽量减少精液污染机会。操作要领概括为"握、拉、擦、收"四字。握:当公猪开始爬跨假台猪并逐步伸出阴茎时,采精员应将手掌握成空拳使公猪阴茎导入其内,待公猪阴茎在空拳内来回抽转一些时间后,并且螺旋状阴茎龟头已伸露于掌外时,应由松到紧并带有弹性节奏地收缩握紧阴茎,不再让其转动和滑脱。拉:待阴茎继续充分勃起向前伸展时,应顺势牵引向前将其带出(千万不要强拉!)包皮外。擦:拉出阴茎后,将拇指轻轻顶住并按摩阴茎前端,可增加公猪快感,促进完全射精。收:当公猪静伏射精时,左手掌继续作有节奏的一紧一松的弹性调节,直至引起公猪射精。用包裹毛巾或专用棉套子的集精瓶或保温杯接取精液,以防低温打击。射精时可暂时停止弹性调节,但在射精暂停时,可恢复弹性调节,直至重新射精为止。最初射出的少量精液所含精子很少,可以不必接取。如果不需要测量射精量,则可用 2～4 层纱布覆盖集精瓶口来过滤精液,以减少尘埃污染和直接除去胶状物。

采精完毕，顺势将阴茎送入包皮内，将公猪从假台猪上赶下来。

126.采精时的注意事项有哪些？

采精时应注意如下事项：

(1)采精用的所有人工授精器材，均应力求清洁无菌。在使用之前要严格消毒，每次使用后必须洗刷干净。

(2)假阴道安装前应先检查外筒、内胎是否有破损裂缝、沙眼、老化、发黏等不正常情况，否则将会发生漏水、漏气而影响采精。

(3)安装好的假阴道，必须具备适宜的温度(38～40℃)，恰当的压力(内胎入口处自然闭合成"Y"形)和一定的润滑度等基本条件。

(4)采精场所应该宽敞、平坦、安静、清洁和固定，保证人畜安全和防止精液污染。

(5)活台畜应选择健康无病(包括性病、其他传染病、体外寄生虫病等)、体格健壮、大小适中、性情温顺的发情母猪最为理想。

(6)训练调教公猪期间，要特别注意改善和加强公猪的饲养管理，以保持健壮的种用体况，同时最好在早上公猪精力充沛和性欲旺盛时进行，夏季不宜在高温的中午或下午进行。要多次重复训练，要耐心，多接近，勤诱导，绝不能强迫、抽打、恐吓或者其他不良刺激，以防产生性抑制给调教工作造成更大障碍。

(7)有些公猪性烈，须特别注意安全，提防突然袭击。

(8)还要注意保护公畜生殖器官免遭损伤和保持其清洁卫生。

(9)公猪因射精量大，采精次数一定要适当控制。经常采精时，成年公猪最好不多于隔日一次，青年公猪(1 岁左右)和老龄公猪(4 岁以上)以每 3 d 采精一次为宜。

(10)种公猪在吃食前后 30 min 内不进行采精，采精后严禁种公猪下水洗澡和防止其受到惊吓。

127. 评定精液品质的主要指标有几项？

评定精液品质的主要指标有如下 6 项：

(1)精液外观检查　精液量正常范围 150～500 mL，平均 250 mL。色泽为淡乳白色或浅灰白色，无味或略带腥味。云雾状，猪因精子密度低而使浑浊度降低，所以一般看不到云雾状，但如果采取猪的浓份精液，则其浑浊度和云雾状亦与牛羊相似。

(2)精液 pH 值检查　猪因精清比例较大，故 pH 值为 7.4～7.5。公猪最初射出的精液为弱碱性，其后精子密度较大的浓份精液呈弱酸性。

(3)精子活力检查　一般是根据显微镜下呈直线前进运动精子所占全部精子的百分比来表示精子活力。原精液活力一般为 0.7～0.8。液态保存的精液活力应在 0.5～0.6 级以上(即 50%～60%做直线运动)。

(4)精子密度检查　猪正常精液密度为每毫升精液中含精子 2 亿～3 亿个，2 亿个以上为“密”，1 亿～2 亿个为“中”，1 亿个以下为“稀”。生产中一般采用估测法，即滴一滴精液在载玻片上，轻轻盖上盖玻片，在 300 倍左右的显微镜下观察，若整个视野中布满精子为“密”；若视野中精子之间距离均为一个精子的长度为“中”；若在视野中精子分布稀、空间大、精子间距离超过 1 个精子的长度为“稀”。

(5)精子形态检查　精子畸形率，一般优良品质的精液中精子畸形率不超过 14%～18%，精子顶体异常率，猪平均为 2.3%，对受精力影响不大。但如果顶体异常率超过 4.3%，将直接导致受精力下降，这是猪冷冻精液的受胎率明显不及新鲜精液的主要原因之一。

(6)其他　如生物化学检查，对环境变化抵抗力检查，精子存活时间和存活指数的测定，精液的细菌学检查等指标。

128. 怎样稀释精液？

精液在输精前必须用配制好的稀释液进行稀释。公猪精液一般稀释2～4倍，以1～2倍为好，或按每毫升稀释精液含1亿个有活力精子的标准稀释。

精液稀释液种类很多，如葡萄糖-柠檬酸-卵黄稀释液。其制作方法为：用葡萄糖5 g，柠檬酸钠0.5 g，加蒸馏水至100 mL混匀过滤、煮沸消毒后冷却至25～27℃，用消毒过的注射器吸取卵黄液15 mL注入稀释液中，充分摇匀即成。也可用5%葡萄糖-蜜-卵黄稀释液。稀释液要现用现配。

精液稀释应在采精后尽快进行（一般要求最多不超过30 min），并尽量减少与空气和其他器皿接触。所以，采精前就应将精液品质检查、稀释以及保存的各项准备工作做好。

稀释前应防止精液温度发生突然变化，特别是防止遭受低于20℃以下的低温刺激。同时，要求稀释液的温度要调整至与精液相同。因此，一般是将精液和稀释液同时置于30℃左右的水浴锅或保温瓶中。

稀释时，操作室温度应保持在18～25℃，室内无药味和烟味，将稀释液沿杯（瓶）壁缓缓加入精液中，然后轻轻摇动或用灭菌玻棒搅拌（切勿剧烈震荡），使之混合均匀。稀释后，静置片刻再做活力检查，如果稀释前后活力一样，即可进行分装与保存。如果活力下降，说明稀释液的配制或稀释操作有问题，不宜使用，并应查明原因。

129. 怎样进行输精？

由于母猪阴道和子宫颈接合处无明显界限，因此一般都采用输精管插入法。

输精用具：猪的输精器种类较多，一般包括一个输精管（橡皮胶管或塑料管）和一个50 mL注射器。为了防止输精时精液的倒流，有些输精管的尖端，模仿公猪的阴茎头设计成螺旋状，有的则在输精管尖端带有一个充气环。

输精前的准备：输精前，输精人员应将指甲剪短磨光、洗净擦干。所有输精器械均要彻底洗涤、消毒，母猪外阴部用0.1%高锰酸钾或1/3000新洁尔灭溶液清洗消毒。冷冻精液必须先升温解冻，经检查质量合格，方可用于输精。

输精：让母猪自然站稳，输精员将精液吸入注射器内，接上输精管，涂抹少量的灭菌润滑剂（或注入少量精液于母猪阴门处作润滑剂亦可）。左手将母猪阴唇张开，保定注射器，右手持输精管先沿阴道上壁插入，避开尿道口后即以水平方向，边左右旋转边向前推进，经抽送2～3次后，直至不能继续再前进为止，然后向外拉出一点，缓缓注入精液，输精量每头每次为20 mL。但注意输精不宜过快，一般需5～10 min。精液温度不要低于20～25℃。输精完毕，缓缓抽出输精管，然后用手按压母猪背腰部或在臀部拍打几下，以免母猪拱背，使精液倒流。输精后，必须立即清洗用具，然后消毒备用，并及时做好配种记录。

130. 提高猪人工授精受胎率的技术要点有哪些？

提高猪人工授精受胎率的技术要点有：

（1）加强种公猪的饲养管理，使种公猪常年保持种用体况，精力充沛，性欲旺盛。

（2）调整利用好种公猪，使猪建立条件反射。

（3）所有器具必须洗刷干净，经消毒处理。

（4）采集的精液必须无污染，质量好，符合输精精液的标准要求。

（5）掌握好输精的适宜时机，要在母猪排卵高峰期进行输精。

（6）操作要规范，输精管要插入输精部位，即子宫颈第2～3皱褶处。经产母猪输精两次，初产母猪输精3次，每次输精10～15 mL，两次间隔24 h。发现精液逆流，应再补输一次。

131. 猪胎儿生长发育规律是什么?

卵巢排出的卵细胞,在输卵管膨大部受精,并在进行细胞分裂的同时,继续沿输卵管向子宫角移行,于排卵后的3～4 d到达子宫角。此时的受精卵在子宫内呈浮游状态,随后逐渐均匀地分布在两个子宫角内,并逐渐形成胎盘。这一过程需20～30 d,平均22 d。胎盘形成前,胚胎没有保护物,对来自外界不良刺激很敏感,容易引起胚胎死亡,需要对母猪进行精心的饲养管理。猪的受精卵仅0.5 mg左右,仔猪初生重1.3～1.5 kg,其重量增长260万～300万倍。在受精卵着床后,随母猪怀孕日龄增加,胎儿生长发育速度加快,怀孕30 d时每个胚胎重2 g,80 d时每个胎儿重400 g,114 d分娩时每个胎儿初生重约1 400 g,分娩前34 d增重1 000 g,占初生体重的71%。由此可见,怀孕后期是胎儿体重增加的关键时期。因而要加强妊娠母猪尤其是妊娠后期母猪的饲养管理,以保证胎儿的生长发育(表5-2)。

表5-2 猪不同胎龄胎儿重量的发育性变化

胎龄(d)	胎重(g)	占初生重比例(%)
受精卵	0.000 5	(3.85－3.33)/千万
30	2.0	0.14
40	13.0	0.93
50	40.0	2.86
60	110.0	7.86
70	263.0	18.79
80	400.0	28.57
90	550.0	39.29
100	1 060.0	75.71
110	1 150.0	82.14
114(出生)	1 300～1 500	100.00

注:引自山西农业大学、江苏农学院《养猪学》,中国农业出版社,1994。

132. 妊娠母猪需要哪些营养？

妊娠母猪的营养需要除满足自身外，还需供应胎儿生长发育所需的全部营养物质，保证胎儿良好的生长发育，最大限度地减少胚胎死亡，生产出初生体重大、生活力强、大小均匀的仔猪，并使母猪体重适量增加，产后有健康的体况和良好的泌乳性能。据此，应根据母猪不同妊娠阶段对营养的不同需求，进行不同的饲养。

妊娠前期：怀孕 0～40 d。此期胎儿发育很慢，需要的营养不多，但饲料的营养要全面（给予全价饲料），质量要好，杜绝霉变和有毒饲料，以免胚胎中毒死亡。

妊娠中期：怀孕 41～80 d。此期胎儿发育相对较慢，需要营养不多，但母猪食欲旺盛，可以采食大量饲料，故应以青粗饲料为主，少量加喂精料，一定要让母猪吃饱。

妊娠后期：怀孕 80～114 d。此期内，胎儿发育很快，日粮中精料量应逐渐增加，尤其是钙、磷量及比例适当，适当减少青绿多汁饲料或青饲料，以保证母猪能获得足够的营养，供给胎儿发育需要，以及母体内蓄积部分养分，待产后泌乳之用。妊娠母猪日粮构成见表 5-3。

表 5-3 妊娠母猪日粮构成表

饲料种类	妊娠前期	妊娠后期
配合比例(%)		
黄玉米	35	35
豆饼	5	10
大麦	5	5
麸皮	5	5
粉渣*	20	20
青贮料浆*	30	25

续表 5-3

饲料种类	妊娠前期	妊娠后期
营养需要(每千克风干料含量)		
消化能(MJ)	11.16	11.56
可消化蛋白质(g)	84.5	96.9
每天每头喂量(kg)	5.0	5.88
折风干料(kg)	2.0	2.5
可消化蛋白质(g)	169	242

注:引自山西农业大学、江苏农学院《养猪学》,中国农业出版社,1994。

* 粉渣和青贮料浆按 1∶4 折合风干料;每千克青贮料浆(湿)的消化能为 1.67 MJ,可消化蛋白质 16.6 g,外加食盐 1.5%、骨粉 2.0%,微量元素和多种维生素按营养标准添加。

133.妊娠母猪的饲养方式有哪几种?

根据妊娠母猪不同的体况、胎次,采取相应的饲养方式,归纳起来可分为 3 类:

抓两头顾中间的饲养方式　这种方式适用于断乳后体瘦的经产母猪。

步步登高的饲养方式　这种方式适用于初产母猪。

前粗后精的饲养方式　对配种前体况良好的经产母猪可采用此种方式。

根据群养还是单圈饲养又可分为 2 类:

小群饲养　将配种期相近、体重大小和性情强弱相近的 3～5 头妊娠母猪在同一圈饲养,到妊娠后期每圈饲养 2～3 头。但注意每头母猪平均占有面积不低于 1.6～1.7 m^2。优点是可自由运动,群食可促进食欲,缺点是若分群不当,胆小的母猪采食量少。

单圈饲养　又称禁闭式饲养。妊娠母猪在整个妊娠期均饲养在宽 60～70 cm,长 210 cm 的栏内,优点是吃食量均匀,没有相互碰撞,缺点是不能自由运动,肢蹄病较多。

134. 妊娠母猪的管理要点有哪些?

怀孕的第一个月,重点是恢复母猪的体力。要减少各种刺激使母猪吃睡好,少运动。1 个月后,可增加母猪的运动量,夏季注意防暑,严禁鞭打、防拥挤。雨雪天注意防寒保暖,停止运动,防滑倒。怀孕后期应减少运动量,临产前 5～7 d 停止运动。怀孕母猪最好单圈饲养,抓好驱虫、灭虱工作,严禁突换饲料,适当增加饲喂次数,注意猪舍清洁、卫生,提供良好的环境条件,并保证饲料质量,做好临产护理。

135. 怎样推算妊娠母猪的预产期?

猪的妊娠期 108～120 d,平均 114 d。生产中为及早做好临产母猪的护理工作,多按 112 d 计算。预产期的推算方法常用的有两种:

三三三推算法　在配种月份上加 3,在配种的日期上加上 3 个星期零 3 d。例如 3 月 9 日配种,其预产期是 3＋3＝6 月,9＋21＋3＝33 d(一个月按 30 d 计算,33 d 为 1 个月零 3 d),故 7 月 3 日是预产期。

进四去六推算法　在配种月份上加 4,在配种日数上减去 6(不够减时可在月份上减 1,在日数上加 30 计算)。例如 3 月 9 日配种,其预产期为 3＋4＝7 月,9－6＝3 日,故 7 月 3 日是预产期。

136. 何谓季节产仔? 为什么要倡导季节产仔?

季节产仔是通过对母猪进行有计划的配种,使妊娠母猪集中在最适于仔猪生长发育的季节里产仔,见图 5-1。

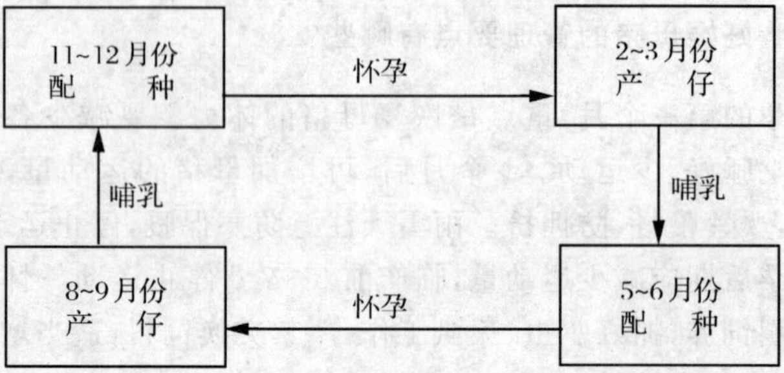

图 5-1 季节产仔示意图

在寒冷的地区，冬季气温可达－30～－20℃，即使在华北平原，冬季气温也多在－5℃左右，此时猪舍内很难保持仔猪的适宜温度(28℃左右)。尤其是农村分散饲养户，往往由于保温不好，哺乳仔猪成活率低，增重速度慢。而采用季节产仔，选择在春(2～3 月份)秋(8～9 月份)两季产仔，不仅有利于仔猪的生长发育，提高成活率，又可降低培育成本。缺点是不能均衡地提供仔猪和商品猪。

137. 怎样让母猪白天产仔?

让母猪白天产仔是近几年母猪生产繁殖中的一项新技术，就是给临产母猪注射新型高效兽用前列腺素 $F_{2\alpha}$ 的类似物——氯前列烯醇，诱导母猪在白天分娩，克服母猪夜间分娩的弊端，提高仔猪成活率。

具体做法是：按母猪妊娠期平均 114 d 准确计算预产期，再根据母猪乳房变化、阴门肿胀、腹部下垂、叼草做窝、吃食减少等临产征兆，在预产期前一天(113 d)上午 8～10 时，给母猪颈部肌内注射氯前列烯醇注射液 2～3 mL(含 0.2～0.3 mg)，可使 98.2%的母猪在次日(114 d)白天分娩。从药物注射到产仔的间隔时间为(25.1±6.2)h,一般在注射后20～30 h开始产仔,最早为15 h,最迟为36 h,平均产程4.4 h。

138. 母猪临产有何征兆?

分娩是妊娠母猪的一个正常生理过程。母猪在产前20 d开始,乳房由后向前逐渐增大,至产前则乳梗膨胀,而呈潮红色。用手挤时,有时有乳汁流出。当发现母猪衔草做窝,频频排尿,行动不安,食欲减退或不吃时,则一般在6～24 h就要分娩,当乳汁由前向后逐渐由稀变浓时,母猪在5～12 h就要分娩,如羊膜破裂流出黏性羊水时,则马上就要产出仔猪。

139. 怎样给母猪接产?

当母猪迫近临产时,接产人员穿好工作服及胶围裙和胶靴,消毒手臂,并做好检查工作。为防止难产,当胎儿前置部分进入产道时,可将手臂伸入产道检查,及早做出诊断,当看到胎儿三件(唇和两蹄)已露出阴门外时,如上面盖有羊膜尚未破裂,要立即将其撕裂,使胎儿的鼻、嘴端露出,并擦净鼻孔和嘴内黏液,以利呼吸,防止窒息。胎儿产出后,要迅速擦去口鼻内的黏液,而后进行断脐,如脐带被自行挣断,一般可不结扎,但须用5%～10%碘酊溶液浸泡脐带消毒,以防感染或发生破伤风。母猪分娩时,若产出时间过长,在两胎儿之间母猪努责后,下一个胎儿仍不排出,助产人员应将胎儿拉出,如无阵缩力,可皮下注射催产素2～3 mL。

140. 母猪分娩后如何护理?

母猪产仔后不久排出胎衣,应及时将胎衣取走,并打扫猪圈及周围环境,换上新垫草,母猪产后消化机能的恢复尚有一段过程,因此产后 12 h 内不必喂料，但必须保证充足饮水，在水中加入少量轻泻性饲料（麦麸）和少许食盐。注意冬天应用温水。母猪产后恢复喂料时也不能立即喂到最高量，因为此时母猪消化机能较弱，经 5～7 d 后再逐渐恢复到原有喂量，以防止乳房炎和消化系统疾病发生。

141. 怎样饲养管理哺乳母猪?

哺乳母猪饲养技术：

(1)哺乳母猪的饲喂次数应增加，每顿要少喂勤添，一般日喂 3～4 次，每头每天饲喂量在 4 kg 左右。

(2)饲料多样化。如能量、蛋白质、矿物质及维生素等各种营养物质，注意搭配平衡。

(3)饲喂时要定时、定质、定量，保证充足的清洁饮水及青绿多汁饲料。

(4)饲料品质优良，不喂霉变冰冻饲料。

(5)母猪产后 1 周内每天饲料用量在怀孕后期的日粮基础上逐渐增加至 4 kg 左右，然后维持这个水平，以后视母猪的体况和奶水的多少增减饲喂量，切忌突然改变饲料。

哺乳母猪管理技术：

(1)每天进行适当运动。

(2)创造安静的环境，禁止大声喊叫或鞭打母猪，日常管理工作程序须有条不紊。

(3)注意圈舍清洁、干燥、卫生，保护好母猪乳房，经常检查母猪体况。

(4)固定奶头，训练仔猪经常固定在一个乳头吃奶。

142. 为什么不能让分娩母猪吃掉胎衣？

分娩母猪吞食胎衣后，尝到了“甜头”，易养成习惯，饥饿时就会产生吃食仔猪的恶癖。另外，胎衣在母猪胃肠内不易消化，易引起消化不良、停食或拉稀，造成母猪泌乳量减少和乳脂率提高，使仔猪吃奶后腹泻。因此，母猪分娩时，要有专人护理，一旦胎衣排出，立即拿走，以免让母猪吃掉，造成不良后果。

143. 母猪泌乳有何特点，初乳和常乳有何不同？

母猪泌乳有四大特点：

(1)泌乳次数多，一次泌乳量少。母猪一昼夜泌乳次数平均达 20 次左右，初乳期可达 30 次。母猪乳房无乳池，不能贮存乳汁，不能经常放乳，只有在哺乳时才能分泌乳汁。母猪一次哺乳过程为 2～4 min，放乳时间仅为 10～30 s，所以一次泌乳量也少(为 0.25～0.4 kg)。

(2)不同的乳头泌乳量不同，一般前面两对乳头泌乳量较多，中部乳头次之，最后两对最少。

(3)每天泌乳量不平衡。母猪整个泌乳期内的泌乳总量为 250～400 kg，日平均 4～8 kg。但每天泌乳量不同，且呈规律性变化。一般是产后 3～4 周时达高峰期，以后泌乳量下降。第一个月的泌乳量占全期泌乳量的 60％～65％。

(4)猪乳养分变化很大，尤其是初乳与常乳营养成分差别很大。

初乳与常乳的区别：

(1)营养成分含量不同，见表 5-4。

(2)营养物质种类不同，初乳蛋白质中 60％～70％是免疫球蛋白，能增强仔猪抵抗力；初乳酸度较高，可促进消化；初乳内含镁盐，具有轻泻作用，促使仔猪胎粪排出，促进消化道蠕动，有助于消化活动。

表 5-4 母猪初乳与常乳营养成分比较 %

种类	干物质	蛋白蛋	脂肪	乳糖	灰分
初乳	20～25	13～18	4～6	3～5	0.6～0.7
常乳	18～20	4～6	8～10	4～5.5	0.8～1.0

注：引自罗安治等《养猪全书》，四川科学技术出版社，2002。

144. 母猪产后拒绝哺乳怎么办？

母猪产后拒绝仔猪哺乳，主要见于下面几种情况，可针对原因采取适当解决措施：

（1）初产母猪因紧张而拒绝　处理方法有 3 种：

①事前预防。在怀孕期间，经常给其按摩乳房、挠肚皮，使产后哺乳成为良性刺激。

②诱导母猪躺下喂奶，并看住仔猪，按序哺育，保持安静，慢慢就可习惯。

③强制哺乳，将母猪捆起哺乳，经过几次形成哺乳习惯。

（2）产后无乳　可采取给母猪加喂催乳饮料，增强泌乳机能的方法解决。

（3）母猪乳房炎　及时治疗。

（4）母猪乳头损伤　因仔猪犬齿尖锐，吮吸时将乳头咬伤。解决方法是用钳子剪掉仔猪犬齿，并及时治疗咬伤的乳头，以防感染。

145. 为什么母猪产后宜加大麸皮喂量？

因为母猪产后消化机能没有恢复，产后 12 h 内不必喂料，但要保证饮水，麸皮内含有较高的粗蛋白和矿物质（含磷量高），赖氨酸的含量也较丰富，并含有抗酸盐，有轻泻作用。若在母猪产前、产后多喂些麸皮，一般比例为 10%～25%，可防母猪便秘及乳汁过浓，有利母猪身体恢复。

146. 影响母猪泌乳量的因素有哪些?

影响母猪泌乳量的因素很多,如品种、胎次、饲养、管理水平等。

(1)品种　母猪品种不同,泌乳量各异。如太湖猪,泌乳力较长白猪高得多。甚至同一品种的不同个体间泌乳力也有一定差异。

(2)胎次　一般情况下,初产母猪泌乳量通常低于经产母猪,而且从第二胎开始泌乳量上升,并保持一定水平,至第六七胎泌乳量下降。

(3)饲粮　妊娠母猪的饲料水平、饲喂量对母猪产后泌乳量起着决定作用。因此,合理地配制并喂给营养全面的饲料,是提高母猪泌乳力的重要措施。哺乳母猪多喂青绿多汁饲料,如南瓜、胡萝卜、牛皮菜等,有利于提高母猪泌乳力。另外饲喂次数、饲料调制,对母猪的泌乳量也有影响。

(4)饮水　母猪乳中含水量为81%～83%,为此,每天需要较多的饮水,若供水不足或不供水,就会影响猪的泌乳量,常使乳汁变浓,含脂量增大。

(5)分娩季节　春秋季节产仔,天气温且凉爽,青绿饲料多,母猪食欲旺盛,其泌乳量也大;冬季严寒,母猪消耗体热多,泌乳量也少。

(6)健康状况　泌乳期母猪若患感冒、乳房炎、肺炎等疾病,可使泌乳量下降。

(7)管理　猪舍内清洁干燥,环境卫生,空气清新,阳光充足,有利于泌乳潜能的发挥,反之会降低泌乳量。

(8)产仔数　一般情况下,一窝仔猪数量多的,泌乳量亦高,见表5-5。

表 5-5 经产母猪产仔数与泌乳力

测定窝数	初生 仔猪数（头）	初生 平均窝重（kg）	初生 平均个体重（kg）	30日龄 平均窝重（kg）	30日龄 平均个体重（kg）
20	7.80	8.47	1.12	36.46	5.65
15	8.40	9.30	1.11	40.20	5.38
28	8.46	8.89	1.05	46.90	5.92
17	8.47	10.30	1.21	47.72	5.01
25	9.70	10.05	1.13	53.46	6.24
32	11.00	13.18	1.19	57.58	6.32

注：引自山西农业大学、江苏农学院《养猪学》，中国农业出版社，1994。

147. 提高母猪泌乳量的方法有几种？

提高母猪泌乳量一般有如下方法：

(1)实行高水平饲养，对泌乳母猪按营养需要给予高水平营养，实行不限量饲喂或自由采食。

(2)多喂青绿多汁饲料，如胡萝卜、南瓜、甜菜（捣细碎喂）。

(3)多喂富含维生素饲料，如酵母粉等。

(4)加喂催奶药，如喂给成药“妈妈多”10～12 片，每天 1 次，连喂 2～3 d，或服用中成药“下乳通泉散”2 包（每包 30 g），每天 2 次，用水冲开掺入饲料内喂给，连用 2～3 d，效果不错。

(5)按摩乳房，每天早晨给母猪按摩乳房5～10 min，可提高泌乳量。

(6)供给充足饮水、提供良好舒适的生活环境和适宜的温度等。

148. 如何选择种公猪？

(1)应选择来自种猪场、有档案记录、经选育的生长速度快、饲料利用率高、胴体品质好的优良公猪，最好是选择外来品种如杜洛克、长白猪、大中型约克夏的后代作为种公猪。

(2)外表特征要基本符合品种的要求。所选种猪整体结构要匀称,身体各部分之间的结合要良好。要求四肢强健、结实,胸部宽深丰满,背腰部长且平直、宽阔,腹部紧凑,后躯充实,肌肉丰满,膘情良好,睾丸发育正常,大而明显,两侧匀称一致,无单睾或隐睾及赫尔尼亚(阴囊疝),阴囊紧附于体壁,包皮无积尿,乳房等发育良好。

(3)有正常的性行为。包括性成熟行为、求偶行为、交配行为,而且性欲旺盛。

(4)健康无病。所购种公猪必须来自一个健康的群体,购入后先隔离饲养1周,观察其健康状况,有无疫病,待适应环境,证明无病后再投入使用(配种)。

149. 种公猪应如何饲养管理?

饲养技术:

(1)营养需要　为使种公猪经常保持种用状况,体质结实,精力充沛,性欲旺盛,精液品质好,就必须进行合理饲养,特别是日粮中的蛋白质,对精液的数量和质量影响很大。为此,在公猪日粮中应给予优质适量的蛋白质。一般来说,日粮中粗蛋白含量达14%时即可满足需要,同时每千克日粮中消化能不能低于12.55 MJ。在配种旺季,每天应加喂2个鸡蛋,以补充动物蛋白,增加射精量。公猪日粮中钙、磷不足或缺乏会使精液品质显著降低,出现死亡、发育不全或活力不强的精子。公猪日粮中钙、磷比例为1.5∶1最好,一般每头公猪每天喂钙15 g、磷10 g、食盐10 g。维生素A、维生素D、维生素E及矿物质元素硒对精液品质也有很大影响,缺乏时公猪的性反射降低,精液品质下降。另外,适量的优质青绿饲料有利于改善公猪体况,提高精液品质。

(2)饲喂技术　一是定时定量。每天上午、下午各定时饲喂

1 次，每顿不宜太饱，每头日喂 2.0～2.5 kg，即可满足需要。二是为防止因日粮容积过大造成公猪垂腹而影响配种利用，建议使用高品质的饲料饲喂公猪。

管理技术：

(1)运动　最好每天对种公猪野外驱赶运动 1～2 次，每次以 2～4 km/h 的速度行走 1～2 h，能增强公猪的体质，提高配种能力，保证精液品质良好。

(2)保持猪体清洁　每天用硬毛刷子刷拭 1～2 次毛皮，除了可防止皮肤病、体外寄生虫外，还可促进血液循环，促进新陈代谢。

(3)定期称重和检查精液品质　种公猪无论是本交还是人工授精，都要定期检查精液品质，特别是在配种前和配种期，最好每 10 d 检查一次，定期称重，据体重变化和精液品质变化来调整营养、运动及配种强度，保证公猪不过瘦、过肥，具有较高的受胎率。

(4)防止咬架　公猪好斗，如偶尔相遇就会咬架，公猪咬架时，立即用木板隔开或用水、火攻将其撵走，防止咬伤或死亡，给生产造成损失。

(5)防暑防寒　种公猪最适宜的温度 18～20℃，夏季注意防暑降温，高温可使精子活力下降，出现死精、畸形精子，使母猪生产畸形仔、死胎、弱仔等。冬季舍内要防寒，减少饲料消耗，防止疾病发生。

150. 种公猪何时开始配种为宜?

青年种公猪的初配年龄往往随其品种、气候和饲养管理条件的不同而有所不同。虽然有些猪种性成熟较早，但并不意味着就可以马上配种利用。如果初配时间过早，不仅会影响公猪今后的生长发育，而且所生仔猪数目少、体小而弱，生长缓慢，缩短公猪的利用年限。如果初配时间过迟，也会影响公猪正常性机能活动和降低繁殖力。

种公猪最适宜的初配年龄，应根据猪的不同品种、年龄和生长发育情况来确定，一般宜选在性成熟之后和体成熟之前配种，体重占成年公猪体重的50%～60%开始初配，培育品种不早于8～9月龄，体重不低于100 kg；我国北方地方猪种，8月龄，体重80 kg左右；我国南方早熟猪种，6～7月龄，体重65 kg左右；外来瘦肉型良种，7～8月龄，体重达100～120 kg时开始初配。

151. 怎样合理使用种公猪？

(1)确定后备公猪适宜的初配年龄和体重，不能过早也不能过晚，具体数字见上题。

(2)严格控制配种强度。初配公猪一般每周使用2～3次，2～4岁壮年公猪，在配种旺季，每天可交配1次，必要时也可交配2次，但间隔时间为8～12 h，同时每周至少休息1～2 d。在分散饲养及非季节性产仔的情况下，一头成年公猪可负担25～30头母猪的配种任务，但在季节性产仔时，只可负担15头左右母猪的配种。在采用人工授精情况下，一头公猪可负担300～400头母猪的配种任务。

(3)选择适宜的配种时间。夏天应在早晨和傍晚进行，冬季在上午和下午天气暖和时进行，配种前后1 h不喂食，配种后不立即给猪饮凉水和用冷水冲洗。

(4)配种时最好有专门的场地，地面要求平坦而不滑。公猪一次交配的时间很长，3～25 min不等，所以交配时切不可有任何干扰。每次配种完毕，应让公猪自由活动十几分钟，然后再赶回圈内，并给些温水让其自饮。

152. 种公猪的种用年限、基础母猪的使用年限各以多少为宜？

种公猪的种用年限一般为4～6年，规模化猪场一般为3年若饲养得当，配种合理，使用年限可延长到8年。此期大致分为

3 个阶段:1～2 岁为青年阶段,猪体正处在继续生长发育时期,因而不宜频繁配种,每周以 1～2 次为宜;2～5 岁为青壮年阶段,此期猪体已发育健全,生殖机能较为旺盛,在营养较好的情况下,每天可交配 1～2 次;5 岁以后的公猪,由于体质渐衰,可每隔 1～2 d 用一次。

基础母猪的使用年限一般为 3～4 年。一个经营正常和猪群结构合理的规模化猪场,无论初产母猪还是经产母猪在仔猪断乳后总要淘汰一批,且年淘汰比例大致为基础母猪的 25%～33%。

153. 种公猪性欲低下怎么办?

诱发原因:种公猪性欲低下主要是由于使用过度,运动不足,饲料中长期缺乏维生素 E 或维生素 A,引起性腺退化,或因睾丸炎、肾炎、膀胱炎等许多疾病所致。

临床表现:不爬跨发情母猪,性欲迟钝,厌配或拒配,即使爬跨母猪也阳痿不举,或交配时间短、射精不足等。

处理措施:

(1)饲料中补充足量维生素 E、维生素 A。

(2)建立适宜的配种制度,合理使用,最好采用人工授精技术。

(3)适当加强运动。

(4)治疗原发病。

(5)药物增进性欲。肌肉或皮下注射甲基睾丸酮 30～50 mg;中草药配方:淫羊藿 90 g,补骨脂 9 g,熟附子9 g,钟乳石 30 g,五味子 15 g,菟丝子 30 g,水煎后一次喂服,连用 2～3 次。

154. 提高种公猪精液品质应采取什么措施?

要提高种公猪精液品质和配种能力,就应经常保持营养、运动和配种利用之间的平衡,此三者之间既相互联系又相互制约。因而,要对种公猪进行合理饲养,精心管理,合理利用。

(1)合理饲养　包括3个方面:其一,饲料配合。种公猪应以精料型饲养,饲粮要求每千克含消化能12.55 J,粗蛋白质12%~14%,钙0.66%,磷0.53%,食盐0.35%,维生素A 4 100 IU,维生素D 275 IU,维生素E 11 mg,烟酸9 mg,泛酸10.5 mg,硒0.13 mg。其二,喂量。一头体重150 kg的公猪,每天应喂全价饲粮2.3 kg(折合消化能28.87 MJ,粗蛋白276 g),并喂少量青绿饲料。采精或配种频繁的公猪,喂料量增加20%~25%,过肥或过瘦的公猪应酌情减料或加料,根据个体情况调节喂量,以保持良好的种用体况。其三,饲喂技术。饲喂公猪以精料为主,定量饲喂,每次不宜过饱,以八九成饱即可。饲料容积不宜大,以免造成垂腹而影响配种,注意供给充足饮水。

(2)精心管理　包括5个方面:其一,单圈饲养。圈栏高度应超过1.3 m。其二,每天刮(刷)拭,保持猪体清洁。其三,定期检查精液品质,据此调整饲养水平和利用强度。其四,适当运动。其五,防疫卫生,坚持常规的消毒、免疫接种,与病猪隔离措施。

(3)合理的利用强度　初配公猪一般每2~3 d配种或采精一次,1~2岁公猪可隔日一次,2~4岁可每天一次,连用4~5 d,停1 d。配种繁忙季节,一天内配种不应超过两次。在两次之间至少间隔4~6 h,长期未用公猪,应经过几次采精检查后,直到精液正常才能配种。

155. 提高母猪年生产力的途径有几条?

母猪年生产力是一个综合指数,是每头母猪一年能提供的断奶仔猪数。这个数量的大小取决于窝产活仔数,哺育期成活率和繁殖周期长短。因此母猪生产力的度量公式为:

$$母猪年生产力=\frac{窝产活仔数\times仔猪哺乳期育成率\times365}{妊娠期+哺乳期+断奶至配种间隔}$$

由公式看出:影响母猪年生产力的 5 个因素中,只有妊娠期为不变因素,其余 4 个因素均为可变因素,它们决定于母猪生产力的高低。因此,提高母猪年生产力有以下 3 种途径:

(1)提高窝产活仔数　除采用遗传改进,如培育高产仔母系、杂交等措施外,关键是抓好繁殖的各个环节。提高配种受胎率,采用重复配种,养好妊娠母猪,减少死胎流产,做好分娩接产,减少分娩时仔猪死亡。

(2)提高哺乳仔猪成活率和断奶窝重　除保证母乳外,主要措施是加强仔猪培育,注意保温,早期补饲,预防疫病,减少仔猪死亡,提高断奶窝重。

(3)提高年产仔窝数　关键措施是缩短母猪繁殖周期,通过实行仔猪早期断奶和缩短母猪从断奶到配种的间隔天数来有效地缩短繁殖周期。

六、仔猪的培育

156. 哺乳仔猪有哪些生理特点?

(1)哺乳仔猪消化器官不发达,重量和容积都很小,机能不完善,但发育较快。初生期仔猪胃液分泌量少,消化酶系统发育差,胃内缺乏蛋白酶,仅有凝乳酶和少量胃蛋白酶原,但胃底腺不能分泌盐酸将其激活,故 20 日龄前胃不具消化蛋白质的功能,仅靠小肠胰蛋白酶消化蛋白质,到 40 日龄左右,胃蛋白酶才具消化作用;3 周龄时胰淀粉酶才能对淀粉和其他糖类有较好的消化作用;10 日龄前肠液中蔗糖酶和麦芽糖酶活性很低,故很难利用蔗糖,只能利用乳糖和葡萄糖,所以初生仔猪消化力弱,不能利用植物性饲料。

但是,提早补料可刺激胃分泌盐酸并促进胃液分泌。在盐酸分泌前,胃内的其他酸类如乙酸、甲酸也有较弱激活蛋白酶原的作用。仔猪到 9 日龄左右,胃液开始具有水解植物蛋白的功能,所以提倡 7～10 日龄开始对仔猪诱食。这是仔猪早期补饲的科学依据。消化机能不完善还表现在食物在胃内排空的时间短,3～15 日龄时为 1.5 h,30 日龄时为 3～5 h,2 月龄为 16～19 h,所以哺乳仔猪每天哺乳和喂料次数要多。

(2)生长发育迅速,物质代谢旺盛。10 日龄仔猪体重可达初生重的 2～3 倍,20 日龄达 4～6 倍,60 日龄可达 15 倍以上。

仔猪单位体重所需养分较多,对质量要求也高。一般 20 日龄仔猪,每千克体重沉积蛋白质 9～14 g,相当于成年猪的 30～35 倍;钙磷代谢也很旺盛,每千克体重中含有钙 7～9 g,磷 4～5 g。

仔猪对营养不足和不全反应敏感，仔猪合成代谢强，饲料转化率高，使用全价配合饲料，饲料与增重比可达 1 : 1.2（哺乳仔猪常见）。仔猪宜用高能、高蛋白饲料饲喂。

（3）体温调节机能不完善，抗寒能力差。初生仔猪大脑皮层发育不全，下丘脑的传导机能不完善，不能通过分解体内贮存的能源物质来调解体温，因此适应环境和调节体温的能力很差，缺少在低温中维持体温恒定的本领，低温时易拥簇成堆，挤压而死。仔猪正常体温是 38.5～39℃，初生时体温较正常低 1～1.5℃，在 20～25℃环境下，需 2～3 d 才能恢复正常体温；当环境温度降到 10℃，体重小的初生仔猪会冻死；当环境温度降到 5℃，体重大的初生仔猪也活不成。所以初生仔猪的防冻保温是非常重要的，尤其是在出生后 1 周内。仔猪随日龄增加体温调节机能也增强，一般从 7 日龄开始有调节机能，到 20 日龄才能发育完善，所以仔猪的环境温度至关重要。初生仔猪的最高临界温度是 35℃，适宜温度：出生后 1～3 日龄为 30～32℃，4～7 日龄为 28～30℃，8～14 日龄为 25～28℃，15～30 日龄为 22～25℃。

（4）缺乏先天免疫能力，抗病力弱。仔猪胎儿期不能从母体胎盘获得免疫抗体，故初生仔猪体内无抗体，但是母猪的初乳中含有大量的抗体，并且仔猪生后 36 h 内，胃肠道可以直接吸收这些抗体物质，建立起仔猪自身的被动免疫机能。所以初生仔猪及时足量吃到初乳是非常重要的。随着仔猪日龄增加，从初乳中获得的抗体逐渐减少，仔猪从 10 日龄自身开始产生抗体，至 20～30 日龄时，抗体产生数量仍很少，抗体含量不足以抵御病原微生物的侵袭，此时的仔猪极易患下痢和其他疾病，故而要及时进行疫苗的免疫接种，以提高抗病力。

（5）体内含铁少，易患贫血症。仔猪出生时体内含铁量很少，仅 45～50 mg，只够 1 周需要。母乳中铁含量又低，其肝脏储存铁质仅够用 2～3 周，所以仔猪从 8～12 d 已开始出现缺铁现象，生长快的仔猪 3～4 d 即出现贫血。因此,仔猪应进行早期补铁。

157. 何谓假死仔猪,如何抢救?

有些仔猪出生后,全身发软,甚至呼吸停止,但心脏仍在跳动,这是仔猪的一种假死现象,需要及时采取有效措施,立即进行救护。抢救假死仔猪的方法有下列几种:

(1)人工呼吸法　将假死仔猪仰卧在垫草上,把鼻孔和口腔内黏液清除干净,再将仔猪两前肢作前后伸展,一紧一松压迫仔猪胸部,每分钟 10～20 次,持续 4～5 min,直至仔猪发出声音为止。

(2)温水浸泡法　用手抓住仔猪双耳或两前肢,把仔猪突然放入 40～45℃的温水里,使其头部露出水面,浸泡 3～5 min,以此激活仔猪。

(3)倒提拍打法　用一只手提起猪的两后肢,使仔猪头朝下尾向上,另一只手轻轻有节奏地拍打仔猪的背部和臀部,使仔猪口鼻内的羊水和黏液流出来,令其呼吸,待猪发生叫声即可。

(4)涂抹刺激物法　可在仔猪鼻盘部涂抹酒精等有刺激性的物质或用针刺激方法进行抢救。

158. 初生仔猪如何保温?

母猪冬季或早春气温低的时候产仔,仔猪在保育补饲期间,必须做好保温工作,给仔猪创造一个适宜的生活环境。

仔猪适宜温度:1～3 日龄 30～32℃,4～7 日龄 28～30℃,8～14 日龄 25～28℃,15～30 日龄 22～25℃,1～3 月龄 22℃;母猪的适宜温度为 15℃,产房温度必须高于 10℃。

保温措施:一是提高产房温度。二是产栏内设仔猪保温箱。仔猪保温箱主要有两种:一种是加热保温型,内吊一只 250 W 红外线灯泡或箱内铺保温板;另一种是体温保持型,采用底板上面铺松软的草袋子或麻袋片,上面扣玻璃钢罩或在箱内吊一个干草把,让仔猪钻入其中保暖。无论何种保温箱，都必须留有仔猪自由出入孔。

159. 为什么要让初生仔猪吃足初乳？

由于母猪的胎盘构造特殊，大分子免疫球蛋白(抗体)不能通过血液循环进入胎儿体内，因而初生仔猪不具备先天免疫能力，只有通过初乳才能获得免疫能力。初乳是母猪分娩后 3 d 内分泌的乳汁，它颜色淡黄，化学组成与常乳不同，蛋白质含量较高(达 13%～18%)，其中 60%～70%是免疫球蛋白，它具有抑菌、杀菌、增强机体抵抗力等功能。每 100 mL 初乳含免疫球蛋白 7～8 g，1 d后下降 50%，2 d 后下降 80%，3 d 后降到 0.5 g。初乳脂肪含量较低，仅占 4%～6%，可避免仔猪消化不良，初乳酸度较好，可促进消化。初乳中含有镁盐，具有轻泻性，利于胎粪排出。初生仔猪生后 24 h 内其肠道上皮处于原始状态，具有很高的通透性，免疫球蛋白很容易渗透进入血液。但是随着仔猪肠道发育，肠壁对于球蛋白的吸收迅速降低。若以出生后 3 h 内肠道上皮对抗体的吸收能力为 100%，则 3～9 h 降为 50%，9～12 h 后降为 5%～10%，36 h 后几乎不能再吸收。因此，仔猪出生后应尽早吃到、吃足初乳，最好在 2 h 内，以获得免疫力，促进消化道活动，利于仔猪的成活和生长发育。若仔猪吃不到初乳，则很难成活。

160. 为什么要给仔猪固定奶头？

给仔猪固定奶头是由哺乳母猪泌乳特点和哺乳仔猪习性决定的。哺乳母猪一昼夜的泌乳次数平均达 20 次左右，初乳期可达 30 次。母猪乳房没有乳池，不能贮存乳汁，不能经常放乳，只有在哺乳时才能分泌乳汁。母猪一次哺乳过程为 2～4 min，放乳时间仅为 10～30 s，一次泌乳量也少，为 0.25～0.4 kg，日平均泌乳量 4～8 kg。一般前面两对乳头乳量较多，中部乳头次之，最后两对乳头的泌乳量最少。仔猪具有抢占乳头，并固定为已有的习性。在如此短的放乳时间里，如果仔猪吃奶的乳头不固定，势必会因争抢乳头而错过放乳时间，使体弱者吃不到乳，有时因仔猪争抢咬痛乳头，干扰正常放乳或母猪拒绝哺乳。因此，仔猪出生后 2～3 d 必须人工辅助固定奶头，为确保整窝仔猪均衡发育，可把体重大的固定在后边乳头，体重小的固定在前边乳头，每次哺乳时注意看护，以防换位，一般 2～3 d 就固定为习惯。

161. 哺乳仔猪养育的中心任务及 3 个关键时期各是什么？

中心任务：一是最大限度地减少死亡。二是力求在哺乳期内获得最大增重。一般要求仔猪 50 日龄前后断奶体重要达到 18～20 kg。三是要求哺乳仔猪的胃肠机能得到充分发育，使哺乳仔猪的消化系统逐渐从只消化乳汁的类型转变为可以消化植物性饲料的类型。一般要求断奶时仔猪的采食量达到每天 400～600 g。

3 个关键时期：

(1)仔猪出生后 7 日龄死亡最多，可占到哺乳期死亡总数的 70%，原因主要是冻和压及由冻引发的下痢而致。

(2)仔猪出生后 10～25 d，常因母猪乳量不足，而仔猪开食，补料不及时造成瘦弱，患病而死。

(3)30 d 后仔猪食量增加，由吃奶向吃料过渡，易发生消化不良、腹泻而致死。

162. 培育哺乳仔猪应把握好几点？

(1)抓好初生期护理，确保成活率。措施有 4 方面：一是早喂初乳，出生后 2 h 内；二是固定乳头；三是保温防寒；四是加强管理，防止挤压。

(2)抓好初生期必需微量元素的补充，促进健康生长。出生后 2～3 d 肌内注射铁元素 150～200 mg，2 周龄时再注射一次，开食后，饲料中添加铁元素，以补充铁元素，预防仔猪贫血；仔猪开食时饲粮中添加铜 125～250 mg/kg，以促进仔猪生长；出生后 3～5 d，肌内注射 0.1％亚硒酸钠生理盐水 0.5 mL，2 周龄时再注射一次，开食后饲粮中添加硒 0.3 mg/kg 以补充硒的不足，促进生长。

(3)提早补饲。仔猪出生后 7～10 日龄开始诱食，开食后抓旺食期补料，出生后 3～5 d 开始给仔猪供给清洁充足饮水。

(4)改善仔猪生活环境。提供温暖、干燥、清洁的环境。

(5)预防仔猪腹泻。措施有 3 项：一是保持环境卫生，定期消毒；二是给分娩前 40～15 d 的母猪注射大肠杆菌灭活苗，使仔猪获得被动性免疫力；三是仔猪料中添加特殊成分，如有机酸、抗生素、益生素、喹乙醇等。

(6)免疫接种预防传染病。养猪生产中传统做法是，20 日龄注射猪瘟单苗，断奶时注射猪瘟、丹毒、肺疫三联苗，据当地疫情可进行仔猪副伤寒弱毒苗、猪伪狂犬弱毒苗等的预防接种。

目前，据猪瘟流行的新特点和仔猪的生理特点，一些地区推行猪瘟超早期免疫，即在仔猪出生时立即注射 1 头份猪瘟单苗，2 h 后再喂初乳，预防效果极好。

163. 提高仔猪成活率的主要措施有哪些？

(1)加强母猪的饲养管理，增加初生重和泌乳量。研究表明，预产期前 10 d 至哺乳期，给母猪饲料中添加油脂可以提高仔猪初生重，补充哺乳期饲料摄入量不足，增加泌乳量。仔猪初生重既影响存活率和育成率，又影响断奶重和断奶后的生长。

(2)加强分娩看护，减少分娩死亡。

(3)固定乳头，吃足初乳。仔猪初生后 2 h 内吃到初乳，2～3 d 内采取人工辅助的方法，促使仔猪尽快形成固定吸吮某个乳头的习惯。

(4)加强保温，防冻防压。在产房内单独为仔猪设置一个保温箱，创造一个温暖的小环境，使其达到或接近仔猪的最适温度：1～3 日龄 30～32℃，4～7 日龄 28～30℃，8～14 日龄 24～28℃，15～30 日龄 22～25℃，1～2 月龄 20～22℃。在产圈的一角或一侧设置护仔栏，使保温箱在护仔栏内，仔猪吃乳后即回护仔栏内的保温箱中，即保温又防压。

(5)寄养与并窝。寄养即将分娩后因母猪患病或死亡造成缺乳或无乳的仔猪，以及产仔数过多，超过母猪正常哺育能力的多余仔猪过寄给另一头或几头母猪哺育。并窝则是指将同窝仔猪数较少的两窝或几窝合并，由一头泌乳能力好、母性强的母猪集中哺育。

(6)保持圈舍清洁卫生，定期环境消毒，按程序免疫接种，有计划地添加预防药物，防止疫病发生。

164.怎样给仔猪配置和饲喂人工乳?

有些母猪产仔后，泌乳不足或无乳，有些猪场为推广超早期断奶(7 日龄)，需配制人工乳饲喂仔猪才能使其正常生长发育，提高成活率和育成率。人工乳多是用脱脂乳、酪乳和植物性饲料，再加上动物脂肪、碳水化合物、维生素、无机盐、抗生素和其他仔猪正常生长发育必需的成分配制而成的。

配制方法：

(1)1～10 日龄仔猪人工乳的配制

配方：牛乳 1 000 mL，全脂乳粉 50～200 g，葡萄糖 20 g，鸡蛋 1 枚，矿物质溶液 5 mL，维生素溶液 5 mL。

配制方法：将配方中的前 3 种原料混合后用高压蒸汽消毒，冷却后将后 3 种原料加入，拌匀即成。

(2)10～30 日龄人工乳的配制

配方一：牛乳 1 000 mL，白糖 60 g，硫酸亚铁 2.5 g，硫酸铜 0.2 g，硫酸镁 0.2 g，碘化钾 0.02 g。

配制方法：将上述各成分放入牛乳中煮沸，冷却后即可饲喂。

配方二：新鲜牛乳 1 000 mL，葡萄糖 5 g，1%的硫酸亚铁溶液 10 mL。

配制方法：将配方中后两种原料放入牛乳中煮沸，冷却至 50℃以下，加入鱼肝油 1 mL 和充分打碎的新鲜鸡蛋半枚及适量的痢特灵（1‰），喂时保持 37℃的温度。

配方三：面粉 40%，炒黄豆粉 17%，淡鱼粉 12%，大米粉 15%，玉米面 5%，酵母粉 4%，白糖 4%，钙粉 1.5%，食盐 0.5%，生长素 1%，鱼肝油 1 mL。

配制方法：将配方中各种粉料混合拌匀后，加入 2～3 倍水搅拌至不稀不稠为宜，煮沸冷却后加入鱼肝油、生长素，搅拌均匀即可用。

(3)31 日龄至断奶仔猪人工乳的配制

配方：玉米粉 30%，面粉 20%，大米粉 10%，豆饼粉 15%，淡鱼粉 12%，麦麸 7%，钙粉 2%，食盐 0.5%，酵母粉 2.5%，，生长素 1%，鱼肝油 1 mL。

配制方法：将配方中各种粉料混合拌匀后，加入 2～3 倍的水搅拌成稀粥状，煮沸冷却后加入鱼肝油、生长素即可用。

饲喂方法：仔猪出生 3～5 d 即可开始调教采食人工乳，开始放浅容器内让其自由舔食，由于人工乳味道鲜美，仔猪经数天的调教便很快学会采食。

人工乳的饲喂时间和用量：10 日龄以内的仔猪，白天每隔 1～2 h 喂一次，夜间 2～3 h 喂一次，每次每头 40 mL；11～20 日龄仔猪，白天每隔 2～3 h 喂一次，夜间每 4 h 喂一次，每次每头喂 200 mL；21 日龄以后的仔猪，不分昼夜，每 4 h 喂一次，每头每次 400 mL，直至断乳。

165. 为什么要对哺乳仔猪进行早期补料，操作时要把握哪几个关键问题？

对哺乳仔猪早期补料，是由母猪的泌乳量变化规律和仔猪的生理特点来决定的。母猪整个泌乳期内的泌乳总量在 250～400 kg，日平均泌乳量为 4～8 kg，但每天泌乳量多少不平衡，且呈规律性变化。一般是产后最初几天泌乳量较少，产后 5 d 左右泌乳量开始上升，在产后 3～4 周时达泌乳高峰期，以后逐渐减少。第一个月的泌乳量占全期的 60%～65%，乳汁是仔猪出生后最适宜的营养来源，尤其是 20 日龄以前的仔猪。有研究报道，仔猪出生后 20 d 内母乳可满足其所需营养的 97%，30 日龄时可满足 84%，42 日龄时可满足 50%，56 日龄时仅满足 27%。随着仔猪的生长，所需的营养物质越来越多，单靠母乳已不能满足本身的营养需要，故而要对仔猪早期补料。

研究发现：提早补料，可刺激胃分泌盐酸，促进胃液分泌，激活胃蛋白酶原，仔猪 9 日龄左右，胃液开始具有水解植物蛋白的功能，这是仔猪早期补饲的科学依据。所以提倡 7～10 日龄开始对仔猪诱食，需 3～5 d，最长 1 周，18～20 日龄正式进行补料，使仔猪食入相当数量的饲料，以便促进胃肠道酶的产生，消化器官的发育，消化机能的完善，降低仔猪在断奶后对全部采食饲料的敏感性，补充仔猪增长增重所需要的营养物质。

给仔猪早期补料应掌握 4 个关键：

(1)饲料的全价性　仔猪料应具备高能量、高蛋白、营养全面的特点，能量蛋白比适当，各种必需氨基酸、维生素、微量元素齐全，且高铜、高锌、高铁、加有延胡索酸等有机酸和奎乙醇等添加剂。一般每千克饲料含消化能 13.40～14.23 MJ，粗蛋白 20%左右，赖氨酸 1.15%～1.40%，蛋氨酸＋胱氨酸 0.60%～0.75%。

(2)饲料的诱食性　仔猪善食甜味和香味，为了引诱早食，可在饲料中加入白糖或糖精，也可添加香精，对仔猪更富有引诱性。常用的饲料香精有柑橘、甘草、兰香素等，市场常见的香味素有化十香、天地香、大地香、乳猪香等产品。此外，为提高适口性，配制仔猪饲料原料必须尽量粉碎粉细，其细度应通过小于 1 cm 的筛孔。生产中常用饲料厂家专门生产的仔猪诱食料，多为细颗粒料，使用方便，诱食效果不错。

(3)诱食的方法　粉状诱食料用水调成糊状，用手指或竹片蘸取少许向仔猪口中抹喂，开始少喂，逐渐加量，目的是调教诱食，使仔猪自行采食。颗粒饲料或炒熟的大豆、玉米、高粱粒可撒少许于干净地面上，利用仔猪喜欢啃咬硬物和对地面上的东西闻、拱、咬等探究行为来诱食。诱食的同时，一定要给仔猪提供清洁饮水。

(4)诱食的时间　一般从 7 日龄开始诱食，10 日龄左右就能认食，15～20 日龄就能开食，开食后仔猪进入旺食期，应少喂多餐，日喂 5～6 次，最好喂生干料，因为生干料比生稀料喂养效果提高 15％左右，比熟料提高 17％～34％，若喂湿料的话，料水比以 1∶(1.2～1.5)为宜。

166.生产中常用的仔猪补饲配方有哪些?

仔猪补饲根据时期不同分为开食期（又称诱食期）和旺食期，故在生产中仔猪补饲配方又分为开食料配方（或称代乳料配方）和旺食料配方。

开食料配方：

(1)玉米 60％、豆饼 20％、高粱 3％、鱼粉 7％、奶粉 4％、葡萄糖 1％、麦麸 3％、骨粉 1％、石粉 1.25％、食盐 0.25％。

(2)玉米 14％、糙米 20％、稻谷 15％、次粉 16％、机糠 13％、菜籽粕 6％、棉籽饼 3％、豆饼 4％、进口鱼粉 8％、石粉 0.6％、食盐 0.4％。

(3)玉米 35.4％、碎米 25％、豆粉 31％、油脂 2.9％、钙盐

2.1%、食盐0.25%、预混料1%、赖氨酸0.29%、蛋氨酸0.05%、硫酸铜0.1%、柠檬酸2%。

(4)玉米44%、高粱12.5%、大豆18%、豆粕10.8%、进口鱼粉5.2%、酵母5.2%、骨粉0.7%、石粉0.6%、食盐0.26%、油脂2.4%。

(5)玉米54%、豆粕22.5%、进口鱼粉3%、磷酸氢钙0.9%、石粉0.9%、动物油4.8%、酵母6%、食盐0.25%、赖氨酸0.11%、预混料1%。

旺食料配方：

(1)玉米49.5%、豆粕31%、麸皮10.2%、动物油5%、酵母2%、磷酸氢钙1.4%、石粉0.8%、盐0.25%、赖氨酸0.07%、预混料1%。

(2)玉米54.5%、高粱15.12%、大豆7.6%、豆粕10.8%、进口鱼粉4.7%、酵母4.7%、骨粉0.6%、石粉0.4%、食盐0.23%、麸皮1%。

(3)玉米48%、碎米25%、豆粉22%、鱼粉2.1%、钙盐1.4%、石粉0.1%、食盐0.35%、预混料1%、赖氨酸0.24%、硫酸铜0.1%。

(4)玉米16%、稻谷20%、糙米18%、次粉5%、糠饼20%、菜籽饼6%、棉籽饼3%、豆饼6%、进口鱼粉5%、石粉0.6%、食盐0.4%。

(5)玉米59%、麸皮5%、豆饼23%、骨粉1%、石粉1%、进口鱼粉5%、酵母5%、预混料1%。

以上各配方除已加有预混料成分的外，均需另加微量元素、维生素添加剂(按产品说明添加)，亦可添加促生长剂、酸化剂等。

167.给哺乳仔猪补料，喂一斤料能长一斤猪吗，为什么？

在一些哺乳猪颗粒料的标签上，以醒目的字体写明：使用该料吃一斤长一斤，或吃一斤长九两。很多人认为是不符事实的夸张宣传，其实这种说法并不夸张。1997 年，笔者曾用本书题 166 中开食料第五个配方配合饲料，对 30 日龄全窝 14 头哺乳仔猪进行试验：每天喂 6 kg 饲料，连喂 6 d，日增重每头平均 500 g(1 市斤)，料重比是 1∶1.17，至 60 日龄断奶，仔猪每头日增重均超过 500 g。这种效果完全是饲料的作用吗？答案：否。饲料尽管起了一定的作用，但不完全是。因为哺乳仔猪摄取营养的途径有两个：一是采食饲料；二是吸吮母乳，虽然随着仔猪日龄增加，母乳对仔猪的营养需要满足比例减少，但在 30 日龄时仍能满足 84%，42 日龄时满足 50%，56 日龄时满足 27%。所以给仔猪提供营养全面的饲料，以弥补母乳对仔猪营养需要的供给不足，达到仔猪品种自有的生长发育速度，是对仔猪补料的目的所在，也是仔猪补料的根本作用。

168. 哺乳仔猪为何应早期补铁，补铁的方法有几种？

铁是造血的原料，缺铁能引起动物贫血症的发生。仔猪出生时体内含铁元素仅 45～50 mg，每天生长需 7～16 mg 铁，而母猪奶中含铁量很低，每头仔猪每天从母乳中得到的铁不足 1 mg，而仔猪肝脏中所贮存的铁质仅够用 2～3 周，如果不及时给仔猪补铁，其体内的铁元素将在 1 周内耗尽。仔猪从 7～12 d 已开始有铁质缺乏现象，生长快的仔锗需铁量更大，3～4 d 内即出现贫血现象。因此必须尽早给哺乳仔猪补铁。仔猪最适宜的补铁时间一般在出生后 2～4 d 为宜，补铁的方法有以下几种：

(1)注射铁制剂　在仔猪颈部或后腿内侧肌内注射血多素 1 mL(含铁 200 mg)，2 周龄时可再注射一次。或注射右旋糖酐铁钴针 2～4 mL(每 mL 含铁 30 mg)，33 日龄时再注射一次。

(2)口服铁铜合剂　取硫酸亚铁 2.5 g、硫酸铜 1 g、清水 100 mL，混合溶解过滤后给仔猪口服。

(3)喂红黏土　在猪栏内的一角放些或撒一层清洁的红黏土(内含丰富的铁),让仔猪自由拱玩、啃食,亦可有效地预防贫血。

169.猪用促生长剂有哪几类,如何给仔猪饲喂?

促生长剂是一种新型猪用饲料添加剂,主要包括七大类:

(1)抗生素类　其种类依据2001年7月3日农业部农牧发[2001]20号文发布的《饲料药物添加剂使用规范》中允许使用的高效、低毒、无残留或低残留的抗生素,主要有黄霉素、杆菌肽锌、喹乙醇、土霉素、金霉素、泰乐菌素、硫酸黏杆菌素、杆菌肽锌+硫酸黏杆菌素(5∶1)、莫能菌素预混剂等。使用量按猪只大小有所不同,一般饲料中添加比例为乳猪料中占0.5%～0.75%,断奶仔猪及幼猪料中占0.25%～0.5%,中猪料中占0.15%～0.25%。

据试验,在同等饲养条件下,用抗生素喂仔猪可提高成活率10%～30%,日增重提高10%～20%,降低饲料消耗率5%～10%。其促进猪生长的作用机制,主要是它的杀菌和抑菌作用,阻止胃肠道有害微生物的繁殖和毒素产生,防止疾病的发生,并降低肠壁厚度,有利于营养吸收,从而提高饲料的利用率,促进猪的生长。因此,在一般猪场特别是卫生条件不好和以植物性饲料为主的条件下,添加抗生素对幼龄猪效果最好。

(2)酶制剂　如蛋白酶类、纤维素酶类、淀粉酶类、复合酶等。

(3)有机酸及其盐类　如柠檬酸、延胡索酸、甲酸、乳酸、乙酸等,添加量一般为1%,仔猪增重可提高20%,腹泻发生率减少42%,仔猪添加一般于30日龄前,最迟不超过42日龄,否则可能出现副作用。

(4)微生态制剂　如乳酸杆菌、双歧杆菌等益生素、益生元、EM等。

(5)激素类　如猪生长激素(PGH)及β-肾上腺能兴奋剂等。生长育肥猪每天每千克体重注射PGH 30-60 μg,可提高日增重

20%左右，饲料利用率提高 20%，体脂减少 30%，瘦肉率提高 10%。但是要注意：在激素的使用问题上，业内人士多有争议，笔者也不赞成使用。原因是猪产品中激素残留问题可能影响产品的安全性。

(6)高铜、高锌及高铁　每千克饲料中添加浓度铜为 125～250 mg，锌为 100～150 mg，铁为 80 mg。高铜的添加对不同日龄的猪只有不同的效果，仔猪最好，生长猪次之，肥育猪较差。日增重提高幅度仔猪是 22%，生长猪 6.5%，肥育猪 3.6%。饲料利用率提高仔猪是 8.3%，生长猪 2.3%，肥育猪 1.1%，尤其是对幼猪及低蛋白水平下效果更显著，且与抗生素合用效果更佳。

高铜的作用机制，实质上是对微生物的作用，在肠道内选择性地抑制某些菌群的繁殖，促进某些菌群的增殖，进而起到预防肠道疾病和促进消化吸收的作用。并且体内微量元素间也有一个动态平衡的问题。使用高铜、高锌与高铁的原理，一般讲铜可促进铁的吸收，高锌、高铁可中和高铜的毒性。同时也有促进生长的作用。

值得注意的是，饲料中高含量的铜对仔猪效果最好，生长猪较差，肥育猪最差，而且高铜在肠道仅有部分被吸收，绝大部分随粪便被排出体外，造成土壤和环境的高金属离子污染，这个问题已被国内外有识之士提出。故而笔者认为高铜、高锌、高铁促生长添加剂仅用于仔猪，生长猪和肥育猪最好不用。

(7)砷制剂　多用有机砷常用的有两种：对氨基苯砷酸和 3-硝基-4-羟苯砷酸。前者的商品名为阿散酸；在每千克饲料中的添加浓度为 50～100 mg，它有抑制肠道细菌、预防肠道疾病、扩张皮肤毛细血管的作用，饲喂的仔猪皮肤发红，给人一种健康的感觉。市场上商品料中多添加阿散酸。

有机砷的添加，虽然畜产品中药残不严重，但是粪便对环境的污染却非常严重，尤其是对土壤和水源的污染。据有关专家推测，一次使用 30 年难净化。砷是一种致癌物质，污染环境对人类的威胁可想而知，故而为人类的长远安全着想，最好是立即停止使用。

总之，促生长剂能防治仔猪多种胃肠道疾病和营养不良造成的生长停滞，促进动物细胞分裂及蛋白质合成，快速增重，改善饲料利用率，提高养猪效益。

饲喂方法：养猪场（户）可在仔猪常规饲料中加入促生长剂，添加量依说明书规定执行。商品乳猪料或仔猪料中多已含有，不要再盲目添加。添加时采用分级预混法充分拌匀，直接饲喂。但必须注意：严格用量标准，不能随意加量，以免引起中毒；添加促生长剂的饲料加热不能超过40℃；不要与其他药物添加剂同时使用。

170.配制乳猪料必须注意哪几个问题?

由于乳猪胃肠道消化生理特点和人们对哺乳仔猪生长发育的主观要求，乳猪料在原材料选用、配方设计及加工方面，都有鲜明的特点，普通猪场和农民养猪户要养好仔猪，也要掌握这些特点，现介绍如下：

(1)使用诱食剂　主要是香味素和甜味剂。作用是通过味觉和嗅觉两个方面诱导仔猪采食，仔猪喜食甜味，对不同味素的特定香型也很敏感，一旦习惯适应了一种饲料的香型，会拒绝采食其他香型香味素的饲料，所以配制乳猪料时要注意香味素香型的一致性，不要随意改换。

(2)使用乳清粉　哺乳仔猪在对所有糖类营养物质的消化利用方面，只有乳糖能很好使用，乳清粉中乳糖含量80%以上，是哺乳仔猪糖分供应的最好原料，所以配制乳猪料时要注意使用。

(3)使用抗生素　仔猪胃肠道功能和抵抗力弱，使用一定抗生素一方面可以起到杀菌抑菌防病作用，另一方面又有促进营养物质吸收利用，促进仔猪生长作用。抗生素种类很多，可单独使用，但更多的是两种、三种搭配使用，合适的搭配可以显著提高使用效果。

(4)高铜、高锌和高铁　高铜可以抑制胃肠道细菌,有明显的促生长作用,高锌、高铁有防止铜中毒的作用。高浓度含铜日粮(每千克日粮含 125～250 mg)使仔猪日增重提高 22%,饲料利用率提高 8%以上。并且高铜和高含量硫酸亚铁日粮还能使猪的粪便变黑。目前市场上的猪饲料基本都是高铜日粮。

(5)酸度调节剂　哺乳仔猪胃肠道酸性不够,不利于一部分酶的激活和营养物质的消化,不利于对某些细菌的抑制,故而添加有机酸如甲酸、乙酸、柠檬酸,延胡索等,使其得到有效改善。酸化剂可用单体的也可用复合的。但在乳猪料中是不可缺少的。

(6)酶制剂　可用复合酶制剂,补充哺乳仔猪体内酶的不足,对营养物质消化具有明显促进作用。

(7)使用膨化豆粕　哺乳仔猪仅靠肠胰蛋白酶消化蛋白质,熟化不好的豆粕含抗胰蛋白酶,影响仔猪对蛋白质的消化作用,而膨化豆粕使豆粕熟化良好,故而使用之。

171.仔猪什么时间断奶最好?

仔猪哺乳到一定的阶段后即停止哺乳,称为断奶。一般讲,仔猪的断奶越晚,对断奶应激的抵抗力越强。在养猪生产中,哺乳仔猪传统的断奶时间是 60 日龄,近几年,随着饲料、营养、饲养科学的发展,尤其是仔猪的提早补饲,使仔猪早期断奶成为可能,国内外均提出早期断奶的问题。国外的早期断奶时间定为 21 日龄或 28 日龄,国内多定为 35 日龄,究竟仔猪的适宜断奶时间如何确定呢?

仔猪的适宜断奶时间,应根据母猪和仔猪的生理特点及技术条件来考虑。母猪产仔后子宫完全恢复大约要 20 d,在子宫未完全恢复前配种受胎,繁殖机能障碍增加,产仔数低。同时,母猪的泌乳高峰是在产后 3～4 周。仔猪到 4～5 周龄已利用母猪泌乳量的 65%以上,且 30 日龄时母乳可满足营养需要的 84%,6 周龄时可满足50%,7周龄时仅满足27%。仔猪在20日龄后胃底腺可分泌胃酸,到40日龄左右,分泌盐酸浓度增加,胃蛋白酶才具有消化作用,胰淀粉酶在21日龄时活性提高,对淀粉和其他糖类具有消化作用,自身的消化机能和免疫机能在增强,可以采食饲料获取所需的营养物质。因此,可在4～5周龄体重达6～7 kg时断乳。从技术条件看:断奶越早的仔猪,要求培育条件(饲料、温度调控等设备条件、管理水平)越高,培育成本也会增加。到4～5周龄后,仔猪所需的饲料管理条件、猪舍设备等与60日龄断奶时相近。由以上分析,在生产设备、饲料、管理等条件较好的养猪场(户),以4～5周龄断奶为宜,还可提早到3周龄体重达4～5 kg时断奶,但3周龄断乳的前提条件是仔猪已完全能自己采食饲料,否则不能断乳,一般猪场(户)当前以5～6周龄时断奶为宜。

172.为什么要推广仔猪早期断奶技术,早期断奶的适宜日龄是多少?

我国养猪生产中近几年广泛推广的仔猪早期断奶日龄是28～35日龄。仔猪早期断奶具有如下优点:

(1)增加母猪年产仔窝数和产仔数,提高母猪年生产力。在母猪的繁殖周期中,妊娠114 d+哺乳60 d+配种7 d=181 d,每年2窝。妊娠期是一个常数(114 d),若将哺乳天数由60 d缩短到35～42 d,母猪年产仔窝数由2窝可增加到2.2窝,以每窝产仔10头计,一头母猪一年可多产仔2头,能在一定程度上提高母猪的经济效益。

(2)提高饲料利用率。仔猪断奶后直接利用饲料,比通过母乳再利用的效率要高得多。由于早期断乳,母猪在哺乳期失重减少,并减少哺乳后期的投料量,同时缩短断乳到配种的间隔天数。

(3)有利于仔猪培育。断奶后完全根据仔猪的营养需要配制饲料,任其自由采食,不受母猪泌乳下降或营养不全的影响,以提高日增重。基于仔猪早期断奶的诸多优点，故在养猪生产中要大力推广仔猪早期断奶技术。

173. 怎样给仔猪断奶？

生产中常用的断奶方法有 3 种：

（1）一次断奶法　即当仔猪达到预定的断奶日龄时，一次性将母猪与仔猪分开。此种方法简单易行，工作量小，主要适用于泌乳量已显著减少，无患乳房炎危险的母猪。此法缺点是：仔猪断奶应激较强，生长会受到一定影响，母猪易引发乳房炎。使用此法时，应于断奶前 3 d 左右减少母猪精料、青饲料及水的供给量，以降低泌乳量。

（2）分批断奶法　又称先强后弱断奶法。根据仔猪的发育情况及用途，分批陆续断奶，一般将发育好、食欲强或拟用作肥育的仔猪先断奶，而发育差或拟留种用的后断奶，适当延长哺乳期，以促进其发育。此法缺点是断乳时间长，优点是可以兼顾弱小仔猪和拟留作种用的仔猪。一般于预定断奶 1 周前，先将发育好的仔猪隔离出去，到预定断奶日期再把母猪转出。

（3）逐渐断奶法　又称安全断奶法。在仔猪预定断奶日期前 4～6 d，逐步减少母猪精料和青饲料喂量，让母仔分开饲养。常将母猪赶出，定时放回哺乳，且次数逐日减少直至断净。此法比较安全可靠，可减少对母仔的刺激，可有效地避免一次断奶的不利影响。

174. 仔猪早期断奶需要注意哪些问题？

仔猪早期断奶需注意如下问题：

（1）要抓好仔猪早期开食训练，使其尽早适应独立采食为生。对准备实行早期断奶的仔猪，在 7～10 日龄就应进行开食训练，提早补饲，经适应期，达旺食期方可断奶。

(2)仔猪日粮应体现高能量、优质蛋白、适口性及全价性，添加适量酸化剂和预防药物。断奶后第一周要适当控制采食量，以免引起消化不良而腹泻。

(3)尽量减少断奶应激，赶走母猪，断奶仔猪留原圈饲养。要注意保持圈舍的干燥、清洁、温暖，避免寒冷、风雨等不利因素对仔猪的影响。

175.早期断奶仔猪需要哪些营养？

仔猪5周龄断奶后，生长发育所需的营养物质更加丰富，且必须由饲料供给，故了解早期断奶仔猪的营养需要及按需供给至关重要。根据国家饲养标准规定，早期断奶仔猪的营养需要如下：

(1)能量　10～20 kg体重的断奶仔猪，每天每头需要消化能12.58 MJ，由于采食量较少，故每千克日粮中所含的消化能水平要高，应不低于13.85 MJ。

(2)蛋白质　10～20 kg体重的断奶仔猪饲粮中粗蛋白含量应为19%，赖氨酸0.78%，蛋氨酸+胱氨酸0.51%。

(3)矿物质　主要为钙、磷。10～20 kg体重的断奶仔猪饲粮中应含钙0.64%、磷0.54%，钙、磷比应为(1～1.5)：1，食盐0.25%，铜、铁、锌、锰、碘、硒每千克饲粮中含量分别为4.9 mg、78 mg、78 mg、3 mg、0.14 mg、0.25 mg。为促进生长发育，在实际生产中铜、铁、锌、锰、碘、硒在每千克饲粮中的添加量可分别达196 mg、136 mg、170 mg、63 mg、0.3 mg、0.4 mg。

(4)维生素　10～20 kg体重断奶仔猪每千克饲粮中维生素含量为维生素A 1 718 IU，维生素D 197 IU、维生素E 11 IU、维生素B_{12}、维生素B_2、烟酸、泛酸、生物素分别为0.015 mg、2.9 mg、18 mg、11 mg、0.1 mg，氯化胆碱(50%)800 mg。

176.早期断奶仔猪的饲养管理要点是什么?

为了减缓仔猪断奶后所受到的强烈刺激,要对断奶仔猪加强饲养管理。其要点如下:

(1)注意饲料过渡,不突然更换　断奶1～2周内要继续喂给哺乳仔猪料,并适量添加抗生素、氨基酸和促生长剂,预防断奶仔猪腹泻,其后逐渐过渡到断奶仔猪料。

(2)注意环境过渡,坚持原圈饲养　为避免转圈对仔猪所产生的应激,可采用原圈饲养的方式,同时注意保持适宜的圈舍温度,保持圈舍内阳光充足、清洁干燥,定期清圈消毒,冬季多垫干土和垫草,并勤扫、勤换,为早期断奶仔猪制造一个温暖舒适的小环境。原圈培育到一定时间再转圈分群。

(3)注意饲养制度过渡,不随意改变　仔猪断乳后15 d内,应按哺乳期的饲喂方法和次数进行饲喂,避免停食时间过长,仔猪暴食影响消化,为此要少喂勤添,定时定量,一般每天4～5次,每次喂八九成饱为宜,即限量饲喂,以使其保持旺盛的食欲。夜间21～22时加喂一次,不仅有利于仔猪生长发育,还可防止夜长仔猪饥饿而睡卧不安。同时要供给充足、新鲜、清洁的饮水,坚持全天不断。仔猪饮水量一般冬季为饲料量的2～3倍,秋季为4倍,夏季为5倍。为使仔猪健康生长,仔猪应有足够的占地面积和槽位。断奶仔猪的占地面积为每头0.5～0.8 m^2较好,设有足够的食槽和水槽,让每头仔猪都能吃饱、饮足。

(4)合理分群　仔猪断奶后,在原圈饲养10～15 d,当仔猪吃食与粪便一切正常后,再根据仔猪的性别、大小、吃食快慢进行分群,应使个体体重相差不超过3 kg的仔猪合为一群,每群10头左右为宜。对体重小、体弱的仔猪单独组群,细心护理。

(5)细心调教　刚断奶转群的仔猪吃食、卧位、饮水、排泄区未形成固定位置,应加强调教训练,使其形成固定的卧位和排泄区,以保持栏内卫生。训练方法:特定的排泄区粪便暂不清扫,诱导仔猪去排泄,其他区域的粪便及时清扫干净,对不到指定排泄点的仔猪进行驱赶,坚持5～7 d可建立起固定的吃、睡卧、排泄位置,这也是猪特有的行为学特性。

177.仔猪断奶后,为什么容易腹泻,怎样预防该病的发生?

断奶仔猪,尤其是早期断奶仔猪,由以母乳为主、饲料为辅改变为完全靠饲料生活,特别是一次性断奶仔猪,日粮的突然变化,常使仔猪肠道内正常菌群失调而引进消化不良而腹泻。同时,刚断奶仔猪常常拒食,过度饥饿后又猛吃,加重胃肠负担,导致消化机能紊乱,引发腹泻。

该病预防措施有:

(1)适时减料　仔猪断奶前5 d开始给母猪减料,使母猪的泌乳量相应减少,造成仔猪饥饿,促使其四处寻料,此时给仔猪备下营养丰富、适口性又好的饲料,让其自由采食。

(2)给料　定时定量,以少给、勤添为原则饲喂断奶仔猪。断奶后1～2 d内,仔猪的日给料量约为0.4～0.6 kg,以后再逐渐增加。

(3)环境卫生　保持圈舍清洁卫生,定期消毒,舍内温湿度适宜,减少病菌侵袭。

(4)饲料中添加特殊成分

①添加有机酸,有机酸可激活某些消化酶,改善胃肠道环境,抑制大肠杆菌繁殖,减少肠道疾病发生。如柠檬酸添加量为1%,仔猪增重提高20%,腹泻发生率可降低42%,但注意用于30日龄前,最迟不超过40日龄,否则可能出现副作用。

②添加抗生素,主要有四环素类(土霉素和金霉素)、多肽类(杆菌肽锌和硫酸黏杆菌素)、大环内脂类(秦乐菌素和北里霉素等)。使用较普遍的是土霉素,添加量为每吨饲料中添加精制土霉

素纯粉 50～80 g，抗生素不仅能预防疾病感染，同时有促生长作用，与较大剂量的铜、铁结合使用，效果更佳。

③添加益生素，有助于建立有益的胃肠微生物区系，保持微生态平衡，从而防止腹泻。目前，主要有多种乳杆菌、肠球菌、双歧杆菌，地衣芽孢杆菌、枯草芽孢杆菌等制剂，按产品说明添加。

④添加喹乙醇，广谱抗菌，治疗和预防疾病，同时有促生长作用。对仔猪添加量为 50 mg/kg，即每吨饲料中添加 50 g，增重可提高 20%以上。

(5)大肠杆菌免疫接种　母猪分娩前 40 d、15 d 分别接种大肠杆菌苗，可预防致病性大肠杆菌引起的腹泻。目前推广的有大肠杆菌 K88・K89 双价基因工程苗（口服接种）和大肠杆菌 K88・K89・K987P 三价灭活苗（注射接种）。但因大肠杆菌血清型较多，型间抗原的免疫原性差别很大。因此，用本场分离的致病性大肠杆菌制成的灭活苗，预防效果最佳。

178. 提高仔猪断奶重的主要措施有哪些？

提高仔猪断奶重的主要措施有如下 7 项：

(1)提早诱食　一般 7～10 日龄仔猪开始诱食。

(2)抓旺食期补料　配制接近母乳营养水平且适口性好的全价饲料，即能量水平为每千克饲料含消化能 13.81 MJ，粗蛋白含量 20%～22%，粗纤维在 4%以下，赖氨酸 1%、钙 0.64%～0.83%、磷 0.54%～0.63%，同时含有多种必需的微量元素、维生素和氨基酸等。并注意尽量使仔猪多吃料，这是提高仔猪断奶重的关键。

(3)及时补铁，预防贫血　生后 2～3 d，肌内注射葡聚糖铁或牲血素 1～2 mL，2 周龄时再注射一次。在配制哺乳仔猪饲料时，使铁含量达到 80 mg/kg。

(4)补铜、硒促生长　生长快的仔猪最易缺硒，缺硒严重者可导致仔猪突然死亡。补硒是在生后 3～5 d，每头仔猪肌内或皮下注射 0.1%亚硒酸钠 VE 制剂 0.5 mL,断乳前后再注射 1 mL,或肌内注射 0.1%亚硒酸钠生理盐水 0.5 mL,2 周龄时再注射 1 mL。缺铜影响铁的吸收利用,同时可引起贫血,高铜有促进生长作用,而高锌可钳制铜的毒性,故而仔猪日粮中铜含量应达 125～250 mg/kg(资料记载,125 mg/kg 的铜提高增重效果最佳,而 250 mg/kg 提高成活率最好),锌含量应在 100～150 mg/kg。

(5)添加促生长剂　主要有抗生素类、益生素类、喹乙醇、酶制剂等 4 种,其添加量参见本书题 177。

(6)饮水　供给充足的清洁饮水。

(7)预防腹泻,增强体质　方法参见题 177。

179. 国外断奶仔猪的目标增重速度是多少?

为提高我国养猪生产水平,了解国外现行生产水准是非常必要的,现将加拿大断奶仔猪增重速度介绍如下,见表 6-1。

表 6-1　加拿大断奶仔猪的目标增重速度

周龄	活重(kg)	日增重(g)	周龄	活重(kg)	日增重(g)
3	6.0	271	7	16.4	486
4	7.9	271	8	20.3	557
5	10.3	343	9	24.8	643
6	13.0	386	10	30.0	743

180. 怎样进行仔猪的免疫接种,猪瘟超早期免疫何时进行?

一般养猪场(户)在仔猪 20 日龄时注射猪瘟兔化弱毒苗,断奶时注射猪瘟、猪丹毒、猪肺疫三联苗。根据当地疫情,60 日龄注射仔猪副伤寒弱毒苗、猪伪狂犬弱毒苗等。

猪瘟超早期免疫是在仔猪出生时立即注射猪瘟兔化弱毒苗 1 头份,注射 2 h 后再喂初乳,预防效果极好。

181.仔猪笼养有什么好处?

生产实践中,一些规模猪场常实行仔猪笼养,其优点是:

(1)笼舍内可以安装自动饮水器、自动给料箱,利于自动化生产。同时,粪尿均泄漏于笼外而不污染笼具和饲料,卫生条件好,仔猪活动量少,饲料利用率高。

(2)笼舍内仔猪占居室间小,笼舍利用率高。

(3)笼舍内饲养仔猪,便于观察和饲养管理,节省人力和工时。

(4)笼舍便于清扫和消毒,有利于仔猪的疫病防治。

(5)笼具多在封闭式猪舍内,可采用温度调控设施来调节温度和湿度,做到冬暖夏凉,四季适宜,有利于仔猪的正常生长发育和快速增重。

182.怎样挑选仔猪?

养猪场(户)购进用于育肥的仔猪时,无论是从繁殖场、养猪户还是集贸市场,都有一个选优问题。选优可以是窝选,也可以是个体选。要想挑选到好饲养、发病少、长得快的仔猪,必须注意以下几点:

(1)看父母品质　一是父母品质越好,仔猪质量越高;二是父母间没有近亲关系,一头种公猪在一个地方连续几年使用,常有与其儿女交配的,要避免购入它们的后代;三是母猪符合土种化或二元杂交化,公猪外来良种化的要求;四是正规猪场可抽查繁殖档案。

(2)看整齐度　同窝仔猪生长发育越整齐,品质相对越好。

(3)看体重　同窝仔猪体重越大越好;不同窝仔猪要断奶日龄相近、窝仔数相近的;仔猪断奶时体重越大越好。

(4)看毛色　主要通过毛色推断其是否属于杂交种或属于哪种杂交组合个体。

(5)看健康状况　要求健壮结实，精神良好，产地没有疫病流行。

(6)借鉴民间经验　一看耳内是否油润，油润者表示健康水平和营养状况甚好，预示日后有良好的生长发育性能；二看最后一对乳头间距远近，远者一般肯吃食，生长快，好饲养；三看蹄壳光泽程度，光泽好者说明健康、好养；四看蹄子姿势，太直、太斜都不理想，此点对种猪更加重要。

总体来说，好的仔猪，一是好的杂交种；二是健康状况良好；三是有好的生长发育潜力。

183.如何使仔猪安全过冬？

在寒冷的冬季，影响仔猪安全的因素主要是低温、挤压、采食及疫病等，要使仔猪安全过冬，必须采取如下措施：

(1)建立适宜群体　仔猪断奶后需要转群、分群和并群。转群最好是原窝转，分群和并群应视猪舍大小合理安排，一般每群以10头左右为宜。当环境温度下降到6℃时，仔猪就会拥挤成堆垛，群体头数越多，堆垛越高，弱小仔猪就会被压在底层而死亡。因此仔猪群体要适宜。

(2)保持猪舍温度　猪舍应背风向阳，冬天用塑料薄膜封闭，注意门窗的关闭，防止冷风侵入。舍内要勤清粪便，多铺垫草，有条件的可设取暖设备，保持舍内温度最低在6℃以上，最好达20℃左右。

(3)改单养为群养　家庭饲养户养仔猪也要饲养5头以上，不要只购1头。仔猪群养一是互相争食、吃得饱、长得快；二是互相取暖；三是能充分利用质差价廉饲料，使好差饲料搭配，可节省饲料，降低成本。一般每圈5～7头为宜。

(4)加强饲养管理　冬日夜长，每晚22时左右要加喂一次；要保温与通风相结合，改善舍内空气环境，以控制呼吸道病的发生；

仔猪按程序免疫，环境用具定期消毒，以预防传染病的发生与流行。

184. 仔猪什么时间去势最适宜？

近代培育、国外引进的瘦肉型品种猪 6～7 个月才达到性成熟。在高水平饲养条件下，育肥猪 5～6 个月体重可达 90～100 kg，此时出栏尚未达到性成熟。所以饲养没有地方品种参与的两品种或三品种杂交瘦肉猪，育肥时，可只给公猪去势，不给母猪去势。

我国地方品种猪性成熟早，3～4 个月达性成熟，此种猪育肥期又长，8～9 个月才达 100～110 kg，所以供育肥的公、母猪都必须去势。国外引进品种与我国地方品种的杂交猪性成熟一般为 5 个月左右，育肥期需 6 个月，所以供育肥的公猪必须去势，母猪可以去势，也可以不去势（不去势时出栏前往往有一次发情表现）。

仔猪去势的适宜时间，因饲养方式的不同而异。自繁自养的专业户，供育肥的仔猪可于哺乳期内 35 日龄左右，体重 7 kg 左右时去势；规模养猪场仔猪应在 24 日龄左右去势，到 35 日龄断奶时，刀口已愈合。不留种用的小母猪可于 2 月龄以内去势。购买仔猪育肥的家庭饲养户，在购进仔猪 1 周后，适应期一过，立即去势。早去势，伤口愈合快，手术简便，后遗症少。

185. 怎样给小公猪去势？

给小公猪去势又叫阉割，是将小公猪的睾丸和副睾摘除，使其失去性机能。去势一年四季均可进行，但以春、秋两季为好。

去势方法及步骤：先准备一把手术刀（也可用刮脸刀片）和 5%碘酊 5 mL，消毒棉球若干。然后将小公猪左侧卧地，背向术者，术者用右脚踩住猪的颈部，左脚踩住猪尾，用碘酊棉球在猪肛门下方的阴囊部位涂擦消毒。消毒后用左手拇指和食指捏住阴囊上部皮肤,把一侧睾丸挤向阴囊底部,使阴囊底部皮肤紧张,将睾丸固定住。术者右手持刀,在阴囊底部纵向切开一个长 2 cm、深 1 cm 的切口,挤出睾丸,用手撕断鞘膜韧带(白色韧带),用力拉断精索,涂擦碘酊;然后以同样方法摘除另一侧睾丸。切口涂擦碘酊消毒,一般不用缝合,但去势后要立即注射精制破伤风抗毒素(1 500 IU×2 支),注意保持圈内清洁卫生,以免污染伤口而引起感染。

186.怎样给小母猪去势?

给小母猪去势通常采用外科手术方法,将不留种用的小母猪卵巢摘除。手术方法一般分为两种:一种为“小挑花”,另一种为“大挑花”,依小母猪日龄大小决定采用何种方法。2 月龄以内的小母猪去势一般用“小挑花”,2 月龄以上或淘汰母猪去势一般用“大挑花”。“小桃花”的具体方法步骤如下:

(1)保定　术者以左手提起猪的右后肢,右手抓住右膝前皱襞,使其右侧卧地(头在术者右侧,尾在术者左侧,背向术者),右脚踩在猪耳后的颈部,并将其左右侧向后伸直,使小猪后躯呈半仰卧姿势,左脚踩住小猪的左后肢小腿部,使皮肤绷紧即可施术。

(2)部位　在左腹下部左侧倒数第二、第三对乳头之间的外缘,距离左侧乳头 1～2 cm,与左侧髋结节(八字骨)内相对处即为手术部位。

(3)术式　术部消毒后,术者以左手食指或中指定在左侧术部,大拇指压定对侧髋结节,对着左侧髋结节内角压迫,几乎达到两指相接触的程度,压得愈紧离子宫角愈近,则手术越容易成功。右手持刀垂直切开皮肤,当刀(柳叶刀)一次切透腹壁各层组织时,有一种对刀的抵抗力突然消失的空虚感,接着可将刀的尖端向腹腔深部对侧斜行深入 1.0～1.5 cm,也可轻轻在腹腔内作弧形滑动,随后子宫角即随腹水一同自动冒出体外,即称为“透花法”。如果子宫角不能冒出时，可用刀柄伸入腹腔勾出。子宫角出来以后，用左手食指和其余三指背面用力压迫切口边缘的左侧腹壁，左手拇指将子宫角压在食指上面，在右手的协助下，左拇指频频捻导，先导出一侧子宫角，再导出另侧子宫角。待两侧子宫角、输卵管、卵巢全部导出后，随即摘除两侧子宫角、卵巢及部分输卵管，断端涂擦碘酒消毒后送回腹腔。最后创口涂以碘酊，并轻轻提起仔猪的后肢摇晃几下，以防止粘连，手术结束，即可放走。

187.哪些情况下猪不能去势?

猪的去势也要具备一定的条件，下列情况下不能进行去势：

(1)病猪不能去势。凡是体温不正常，患有严重皮肤病和体弱多病的猪都不能去势。

(2)发情母猪不能去势。母猪发情时由于输卵管红肿充血，此时去势易引起出血死亡。

(3)饮食后的母猪不能去势。饮食后去势，易伤及猪的胃肠，影响猪的消化吸收和生长发育。

(4)怀孕母猪不能去势。母猪怀孕时去势，容易造成机械性流产。

(5)炎夏中午母猪不能去势。由于炎夏中午气温较高，去势后输卵管不结扎，容易引起出血过多而导致死亡。

(6)无必备药物不能去势。去势时猪体皮肤和伤口一般用5%的碘酒消毒，术者手及手术刀用75%的酒精消毒，以防局部感染化脓；术后立即肌内注射精制破伤风类毒素，以预防破伤风。无上述药物时，不能给猪去势。

188.“僵猪”形成的原因有哪些，如何消灭、治疗“僵猪”?

“僵猪”是由种种因素造成猪只被毛粗乱、精神呆滞、曲背拱腰、体小瘦弱、生长远远落后于其他同窝或同舍猪的落窝猪或叫

“落脚猪”、“小老猪”。

“僵猪”形成的原因很多，如父母猪近亲交配、胎胚期发育不良，初生重小，没有吃好初乳或母乳不足，补饲过晚或不当，营养不良，矿物质缺乏，受冻或疾病(下痢等)，寄生虫侵袭等。其中有的是单一因素，有的则是多种因素造成的。

要消灭“僵猪”，首先要杜绝父母猪近亲交配，加强母猪妊娠期和泌乳期的饲养和管理，其次根据幼猪不同时期的特点给以正确地饲养管理与护理，使猪只健康生长发育。

“僵猪”的治疗：先根据“僵猪”出现的日龄、季节及特征等，具体分析，找出原因，排除致僵因素，改进饲养管理，单独饲养。措施如下：

(1)饲料中添加抗生素促生长剂，如喹乙醇或杆菌肽锌或泰乐霉素等，添加浓度为 1.25%～0.75%，促进机体生活机能的调整，恢复正常生长发育后，添加浓度减为 0.4%，以利于猪的快速生长。

(2)饲喂高铜、高锌、高铁饲料，使铜、锌、铁在饲料中的浓度分别为 150 mg/kg、100 mg/kg、80 mg/kg。

(3)健胃、驱虫，驱虫药物可选用兽用敌百虫，按每千克体重 60～80 mg，拌入饲料中一次服完，或选用伊维菌素(或阿维菌素)和阿苯达唑联合用药，阿维菌素以每千克体重 0.29 mg，阿苯达唑剂量为每千克体重 30 mg，一次拌料内服，以杀灭体内、体外的包括线虫、吸虫、绦虫、疥螨、血虱在内的全部寄生虫成虫和幼虫。在驱虫后 3～5 d，按每 10 kg 体重 2 片大黄苏打片，研成粉末，均分三餐拌入饲料，以增强猪只胃肠蠕动，促进消化。

(4)使用生长激素，如助长素等。

189. 何谓无特定病原菌猪群(SPF 猪群),建立 SPF 猪群的意义如何?

无特定病原菌猪群是指经常规检查体内外不带有特定的微生物和寄生虫的猪群。目前,国际上对 SPF 猪群的监测内容还没有一个统一的质量标准。我国的 SPF 猪群标准是国内专门从事 SPF 猪系统开发研究的北京市 SPF 猪育种管理中心,参考国外有关资料,根据我国实际,经多方专家反复论证,确定 SPF 猪所控制的疾病种类为:猪气喘病(MPS)、萎缩性鼻炎(AR)、猪痢疾(SD)、猪为狂犬病(PR)、虱、螨 6 种。并不是完全净化的无菌猪。

建立 SPF 猪群的意义在于不仅可以有效地防止以上 7 种疫病的感染,提高仔猪的成活率、增重率和饲料利用率,而且也可减少其他疾病的发生、缩短猪的肥育期、降低生产成本。据某日本资料报道,生长育肥猪由 20 kg 至 90 kg 一般需要 120～150 d,SPF 猪只需 90 d,可缩短 30～60 d;每增重 1 kg 饲料消耗量由 3.8～4.5 kg,降低到 2.5～3.0 kg,节省 25%,仔猪生后 8 周龄体重可达 20～25 kg。所以建立 SPF 猪群不仅是控制疾病的重要措施,也是一项提高猪群生产力的先进技术,还是开展科学研究、研制生产疫(菌)苗的物质基础,对养猪生产及科研工作都具有非常重要的意义。

190. SPF 猪群建立的方法有哪几种?

从一个普通猪群建立 SPF 猪群,大体可分为初级 SPF 猪的建立和二级 SPF 猪生产两阶段。初级 SPF 猪主要作为种猪供繁殖二级 SPF 猪用,因此,称为 0 世代,二级 SPF 猪即可用自然哺育法供肥育用。

初级 SPF 猪群的建立,首先要严格选择性能优良而健康的种母猪,在母猪临产时,通过无菌手术将仔猪取出,在特定的环境条件下，用人工培育，以育成 SPF 猪群，其方法有 3 种：

（1）剖腹取胎法　又可分为 2 种方法，即子宫切除法和子宫切开法。

子宫切除法是对临产前 1～2 d 的母猪进行体表消毒后，吊起后腿麻醉、剖腹、将子宫由根部切除，浸在消毒液中，并迅速移至无菌室内，剖开子宫取出仔猪。

子宫切开法是并不摘除子宫，只将子宫切开，取出仔猪。取出的仔猪，在人工控制的环境中，由人工哺育长大，并在隔离环境中繁殖其后代以育成 SPF 猪群。该法特点是使初生仔猪能尽量保持无菌，在以后严格哺育环境中可有效消除四大慢性传染病的感染。这是一种生产无菌猪的方式，需要特殊设备和高技术水平，生产成本高，不适于一般猪场采用。

（2）人工接产无菌培育法　即在自然分娩时，将母猪后躯及产道消毒后用人工接产生产"准 SPF 猪"的方法。其特点是不损害母猪的繁殖能力，在严密消毒的条件下，确保仔猪不受感染（仔猪不着地，在尚未呼吸之前移入消好毒的容器内，转入哺乳室，并严格体表消毒），达到培育 SPF 猪的目的。

（3）利用康复母猪培育法　这是我国兽医工作者创造的一种利用气喘病康复猪具有坚强免疫力，不再感染且不排毒的特点，培育"假定健康群"SPF 猪的方法。该法特点是不需要特殊的严密的消毒制度，而是利用已患过气喘病的"老猪"进行生产，只需要增加一些检查设备（如 X 光机）和自繁自养制度即可。适于一般猪场采用。缺点是达到净化时间长、易复发。

191. SPF 猪如何繁殖与推广？

SPF 猪分为两级，由剖腹产或人工接产等所获得未与特定病原体接触过的猪，称为初级或 0 世代猪，主作种猪使用。由初级猪正常分娩并在 SPF 场育成的猪叫二级猪，主要用于肥育。二级猪才按世代划分为一世代、二世代……

SPF 猪既不是无菌猪，也不能获得免疫，永葆健康，对其特定病原体还很敏感。若卫生、防疫不严，一旦与病原体接触，极易出现严重症状，甚至死亡。因此，建立 SPF 猪群，还必须有一套巩固和逐步扩大无病群的严密防疫和推广制度，有计划、有组织地建立无病区、无病场，以繁殖、推广和利用 SPF 猪。否则由于病原体的侵入，有的仅可维持 1 年，最长的也只能维持 5～6 年。所以说，SPF 猪群建立不易，繁殖和推广更难，有待进一步研究和提高。

七、猪的育肥

192.生长肥育猪的生长发育有何规律?

猪的生长发育是个复杂的过程。体重的不断增长,使体躯向长、宽和高的方向发展,这种量的变化为生长。体组织、器官和性机能由不成熟到成熟,机能由不完善到完善,使组织器官发生质的变化为发育。但生长和发育不是截然分开的,而是相互统一的。

猪的生长发育有一定的规律性,掌握这些规律就可以在生长发育的不同阶段,控制饲料类型和营养水平,加速或抑制生长发育程度,并可改善猪的体型结构和胴体品质,使它向消费者需要的方向发展。

猪生长发育规律主要表现在如下 3 个方面:

(1)体重的增长规律　猪体重的增长以平均日增重表示,随日龄增长而提高,表现为不规则的抛物线形,呈现慢—快—慢的趋势。即随日龄(体重)的增长平均日增重上升,到一定体重阶段出现日增重高峰,然后日增重逐渐下降。日增重的转折点大约是成年猪体重的 40%。据试验,国外品种与地方品种的杂种猪,日增重高峰在 80～90 kg,少量在 90 kg 以上。日增重高峰出现的早晚,与猪的品种、杂交组合、营养水平和饲养条件均有关系。在肉猪生产中要抓住这一阶段的生长优势,在达到高峰时出栏。按日龄表示在 6 月龄左右,这一阶段生长快、饲料利用率高。

(2)体组织的生长发育规律　猪体组织指骨骼、肌肉和脂肪,三者的生长在同一阶段各有侧重。不同品种、类型也有不同。随着年龄的增长，骨骼最先发育也是最早停止。一般生后2～3月龄体重30～40 kg是快速生长时期，同时肌纤维开始分裂，到体重50～60 kg期间，肌纤维生长进入高峰期。脂肪是最晚发育的组织，幼年时沉积最少，后期加快直到成年。

据经荣斌(1993)研究，皮、骨的增长在生后各阶段的增长量小而缓慢，猪只体重从20 kg至90 kg，皮肤和骨骼日增长量分别从21 g和23 g增至32 g和38 g。肌肉是在体重60 kg以前生长强烈，后期减缓，但直至体重达90 kg以前，都是高速均匀生长，每天沉积由20 kg体重的275 g增至90 kg体重的288 g。脂肪的沉积，前期很慢，后期很快，体重20～60 kg，每天沉积仅74 g，60～90 kg体重阶段猛增至280 g，后期是前期的4倍。方樟明(1982)用长白猪×北京黑猪的杂种肉猪为材料，研究骨骼、肌肉、皮肤和脂肪的生长发育规律，把肉猪从出生至90 kg体重分为：初生至20 kg、20～40 kg、40～60 kg和60～90 kg 4个阶段，瘦肉分别增长3.64 kg、4.21 kg、3.6 kg和4.4 kg，前期增长占72.2%，后期占27.8%；脂肪组织分别增长0.68 kg、1.13 kg和4.03 kg，前期增长占48.1%，后期增长占51.9%。

以上两项研究结论完全一致，即体组织的生长发育规律是骨—皮—肉—脂。但在我国地方品种，骨骼从出生到4月龄生长强度最大，皮从出生到6月龄生长快，肉是4～7月龄生长最快，脂肪在6月龄以后生长强烈，因而胴体肉少、皮厚、脂肪多，生长发育规律是骨—肉—皮—脂。综合起来，就是常说的“小猪长骨，中猪长皮(指肚皮)，大猪长肉，肥猪长油(指脂肪)”。

瘦肉生长需要蛋白质为主要原料，脂肪的沉积则是物质代谢过程中多余能量的积蓄。在生产实践中，充分利用上述规律，在肥育前期，增加蛋白质供给，促进肌肉组织沉积；肥育后期，适量减少能量供给，控制脂肪的过量沉积，从而提高瘦肉率，降低生产成本。

(3)猪体化学成分的变化　猪体化学成分随体组织和体重的增长呈规律性变化。猪体的水分、蛋白质和灰分随日龄和体重的增加相对含量下降,脂肪相对含量迅速增高,见表 7-1。在生长肥育前期增长的主要是水分和蛋白质,中期减少,后期更少。脂肪则是前期增加很少,中期渐多,后期最多。

表 7-1　猪体化学成分与体重的关系　%

日龄或体重	水分	脂肪	蛋白质	灰分	去脂干物质	
					蛋白质	矿物质
初生	79.95	2.45	16.25	4.06	80.00	19.99
25 d	70.67	9.70	16.56	3.06	84.40	15.60
45 kg	66.76	16.16	14.94	3.12	82.27	17.28
68 kg	56.07	29.08	14.03	2.85	83.12	16.88
90 kg	53.98	28.54	14.48	2.66	84.48	15.52
114 kg	51.28	32.14	13.37	2.75	82.94	17.06
136 kg	42.28	42.64	11.63	2.06	84.96	15.05

注:引自张龙志等《养猪学》,中国农业出版社,1994。

由表 7-1 可知,在体重达 45 kg 以后,蛋白质和灰分相对稳定,水分骤减,脂肪猛增。许振英教授(1991)应用体蛋白与体脂肪吻合异速方程推算出的猪体成分的动态变化资料表明:随体重变化,体蛋白基本稳定在 14%左右,体脂肪猛增,见表 7-2。

表 7-2　猪体成分的动态变化

空腹体重(kg)	15	20	40	60	80	100	120	140
体蛋白(%)	12.94	13.96	14.25	14.41	14.53	14.63	14.71	14.77
体脂肪(%)	2.23	11.11	17.07	21.94	26.62	30.10	33.39	37.07

注:引自许振英《养猪》,1991。

193. 肉猪按生长发育阶段分为哪几个时期?

肉猪按生长发育阶段可划分为 3 期:体重 20～35 kg 为生长

期，称为小猪阶段；体重 35～60 kg 为育成期，称为中猪或架子猪阶段；体重 60～90 kg 为肥育期，称为大猪或催肥阶段。也可划分为 2 期：体重 20～60 kg 为生长发育期；体重 60～90 kg 为肥育期。

194. 影响猪育肥的因素有哪些？

影响猪育肥的因素有以下几种：

(1)品种和类型　不同品种、不同类型的猪，肥育效果不同。生产实践中最重要的是杂交的程度和杂交优势的大小。一般规律是：二元杂交猪肥育效果好于纯种；三元杂交猪肥育效果好于二元杂交猪；父母本之间种质差异大的肥育效果好于差异小的；父母本培育程度高的，好于培育程度低的。

杂交猪增重速度的优势率为 10%～20%，饲料利用率的优势率为 5%～10%以上，肥育期较我国地方品种缩短 1～3 个月，所以引进种猪的杂交后代，用于育肥通常效果较好。

(2)初生重和断奶重　正常情况下，仔猪初生和断奶时的体重大小与肥育效果呈正相关。仔猪初生重越大，则生活力越强，体质健壮，生长迅速，断奶重也越大。断奶重大，肥育期增重快，饲料消耗少，抗病力强，肥育效果好，死亡率低。我国有民谚："初生差 1 两，断奶差 1 斤，肥猪差 10 斤"，准确地道出了三者之间的关系和规律。

在现代肉猪生产中，杂交仔猪 35 日龄断奶体重应达到 7～8 kg，70 日龄体重应达到 20～25 kg，肥育猪 180 日龄应达到 90～110 kg。

一般讲，仔猪断奶后应该有一个良好的保育阶段，经 20～30 d 的过渡，然后转入育肥。缺少这个过渡阶段，会有一定的影响。

(3)性别　性别对肥育效果的影响，也已为我国长期的养猪实践所证实。公、母猪经去势后，新陈代谢及体内氧化作用和神经的兴奋性降低，性机能消失，异化过程减弱，同化过程增强，将所吸收的营养更多地利用于长肉和脂肪，表现出性情安静，食欲增进，增重速度提高，脂肪的沉积增强，肉的品质改善。试验证明：公猪阉割比不阉割增重提高 10%，母猪阉割比不阉割脂肪多 7.6%，饲料利用率和屠宰率都较不阉割的高。至于阉割公、母猪之间，无论日增重和脂肪产量等皆相差不大。

对于由国外引入品种猪，因性成熟较晚，小母猪发情对肥育影响较小。肥育时，可只阉割公猪不阉割母猪。同时，未阉割母猪较阉割公猪肌肉发达，脂肪较少，可以获得较瘦的胴体。

(4)营养和饲料　营养对肥育的影响极大。猪生长的物质基础是营养物质，有充足、平衡的营养供应，才有可能获得较快的生长。各种营养物质缺一不可，特别是能量供应水平与增重、肉质成分有密切关系，一般说能量摄取越多，日增重越快，饲料利用率越高，屠宰率、胴体脂肪含量也越高，膘越肥。蛋白质供应不足，不利于生长发育，随着日粮蛋白质含量超过 18%，对日增重无效，但却能改善肉质，降低肥度。由于用提高蛋白质水平来改善肉质不经济，故肥育猪蛋白质水平一般不超过 18%。维生素和矿物质也是重要的，肥育猪广泛使用的市售添加剂，多数都含维生素、矿物质和其他有利于肥育的物质。实践证明：合理的能量、蛋白质配比，平衡的维生素、矿物质含量，若不添加促生长剂类有利于肥育的物质，日增重仍不能达到理想的水平。

饲料是营养物质的直接来源，不同饲粮类型的营养不同，肥育结果也不同，精料型的饲粮比粗料型饲粮肥育效果好，配合饲料比混合饲料和单一饲料的效果好。不同品质的饲料对肉质有影响。多给大麦、小麦、甘薯等淀粉多的饲料，肥育猪脂肪色白、坚硬、品质较好。而米糠、玉米、豆饼、鱼粉、蚕蛹等脂肪含量高，不饱和脂肪酸较多的饲料，则需要在出栏前 1 个多月停止使用或减少喂量，否则容易影响脂肪硬度,影响肉的味道和色泽。

市场上有大量的商品饲料可以选用。选用什么档次、什么品牌的饲料,在很大程度上影响着育肥的效果,决定着养猪的效益。

(5)温度、湿度与光照　肥育期最适宜的温度是15～23℃,过热过冷都会影响育肥效果,降低增重速度。湿度随环境温度的变化而对育肥效果产生影响,高温下的高湿度影响最大,但在适宜气温下,湿度大小对肥育猪增重不起直接作用。不同光照条件下,无论增重和饲料利用率,皆无明显差异,说明对育肥无影响。

(6)饲养管理　符合猪生理特点的精细饲养和科学管理,可以明显地促进猪的生长发育,进而促进增重效果,而粗放的饲养管理则会降低生产效率,造成许多常人不易看到的损失。选用不同的育肥方式效果也不一样,如一条龙办法即直线肥育法比吊架子肥育法(即阶段肥育法)明显地生长快、出栏早。圈养密度对肥育效果也有影响,密度太大,从局部环境温度上讲,气流降低,使猪的采食量减少,饲料利用率和日增重下降。因此,每圈头数不宜过多,以10～20头为宜,每头猪占有足够的面积,以占圈0.8～1 m^2为好。

此外,猪群健康状况对肥育也有影响,特别是疫病,包括传染病和寄生虫病,能造成严重危害。

195.肉猪育肥前的准备工作有哪些?

肉猪育肥前要做好如下5项准备工作:

(1)圈舍消毒　进猪前,将圈舍彻底清扫消毒,可用2%～3%氢氧化钠(苛性钠)水溶液喷洒地面、圈舍顶棚、食槽水槽,用20%石灰乳粉刷墙壁。用土地面圈养肉猪的,圈内积粪彻底打扫干净后,先用苛性钠溶液喷洒一遍,垫上一层新土,再消毒一遍。

(2)隔离观察　外购仔猪,特别是从外地或交易市场购进的仔猪,进场后先在远离圈舍的隔离圈饲养5～7 d,经观察健康无病,方转入育肥圈。

(3)预防接种　自繁仔猪和由隔离圈转入仔猪，均按免疫程度进行猪瘟、猪丹苗、猪肺疫、仔猪副伤寒等疫苗的免疫接种(散养户在当地兽医人员的指导下进行)。

(4)断奶仔猪养育　断奶仔猪入圈后，先经 20～30 d 的养育阶段，日粮的营养水平和温度、饲养管理等类似于断奶仔猪后期，经此过渡阶段后，再转入肥育期的饲养管理。

(5)驱虫　猪的体内寄生虫，以蛔虫感染最普遍，尤其是家庭饲养繁殖的仔猪，圈外放养，感染率更高，主要危害 3～6 月龄幼猪。肥育初期，常用四咪唑 、左旋咪唑等药物驱除。体外寄生虫，以猪疥螨为最常见，对猪危害也较大，常用 2%敌百虫水溶液喷雾猪体表，同时，更换垫草。一次不愈，间隔 1 周再喷一次，猪栏和猪能触到的地方同时喷雾。另外，在猪饲料中拌入阿维菌素(每千克体重 0.29 mg)一次喂服，可同时驱除体内线虫和体表疥螨、猪虱，既方便，效果又好。

196.猪群饲养管理的一般原则有哪几项?

猪群饲养管理的一般原则，是根据猪的生物学特性，有针对性地采取的饲养管理措施。这些原则不仅适用于肥育猪，也适用于其他猪。这些原则包括：

(1)合理分群分圈　分群的目的是为了便于管理和有效地防止强夺弱食。分群的依据是品种、性别、年龄、体重大小、体质强弱和采食快慢的异同。

分群的注意事项主要有以下 5 点：

①成年公猪、妊娠后期的母猪，宜单圈饲养。

②妊娠前期的母猪，宜 2～3 头一圈。

③自繁自养时，断奶仔猪以原圈原窝养至转群或出栏为好。

④肥育猪每圈以不超过 10～20 头为宜，要求一个群内的猪在

来源、体重、强弱等方面比较相近。小猪阶段体重差别以不超过4～5 kg，架子猪不超过7～10 kg为宜。

⑤分群之后要保持群体的稳定，除经过一段时间喂养，个别猪只确需据体重大小、体况变化适当调整外，不应随意变动。

有分群必有合群，合群的中心问题是：注意避免、缓和合群初期猪只相互之间的咬斗，合群应注意以下6点：

①"留弱不留强" 把较弱的猪留在原圈不动，把较强的猪并进去。

②"拆多不拆少" 把猪少的群留在原圈不动，把猪多的群拆散后并进去。

③"并群易位" 把两群猪并群后赶入另一圈内。

④"夜并昼不并" 并群最好放在晚上进行。

⑤"气味相投" 对并群猪喷洒一种带气味的药液，如来苏儿等，使彼此气味相似而不易区分。

⑥合群最初几天应多加看护，防止咬伤。

(2)科学选用和调制饲料 选用主要是针对商品饲料而言。一般可供选用的有：

全价饲料 颗粒料或粉料。

浓缩饲料 需自行添加适量的玉米、麸皮等。

预混料 主要提供微量成分，普通的、大量的成分用户自己加入。市售商品饲料都有比较详细的使用说明书，可参阅使用。

调制的目的主要是增加适口性，缩小体积，提高营养水平和饲料利用率。

(3)讲究饲喂方法

①选择适宜的饲喂形态。饲料的饲喂形态主要分颗粒料与粉料，湿料与干料，生料与熟料等，就饲喂的效果看，颗粒料优于粉料，湿喂优于干喂，稠喂优于稀喂，生喂优于熟喂。所以饲喂方法应是粉料拌湿，湿料生喂。颗粒饲料则以干粒状直接饲喂，另加水

槽供水。

②不限量饲喂法。也称自由采食法。跟限量饲喂法相比较，此法更适合饲养肥育猪，猪只随意采食，多少不受限制，有效地防止了强夺弱食和弱猪挨饿现象，可提高日增重。肥育前期(60 kg体重前)多采用此法。

③定时定量，少给勤添，即限量饲喂法。一般大猪日喂3～4次。仔猪、架子猪日喂5次，每次饲喂间隔时间4～6 h。要控制好喂量，不堆积剩料，避免过饥过饱，保持旺盛食欲。对于适口性较好的颗粒饲料，乳猪和小猪阶段要实行限量饲喂，以避免猪只过食，出现消化不良而导致腹泻。肥育后期(60 kg体重后)多采用此法，提高胴体瘦肉率，减少饲料消耗。

④定质定温，严防饲料中毒。饲料应清洁新鲜，相对恒定，不骤然改变，注意饲料温度，尤其是湿料，以不冰冻为度。防止饲料中毒，注意有些饲料原料的毒素，如棉酚、芥子苷含量，饲料的霉变、饲料成分如盐及添加成分的过量。

⑤供给清洁饮水。可另设水槽、乳头饮水器或在采食结束后的食槽中加入清水供自由饮用。

注意：饮水必须是在干料拌湿、湿料生喂或颗粒料干喂的基础上另外进行。

(4)防寒防暑，圈舍干燥　生长猪最适宜的温度是16～23℃，气温降至5℃，日增重就会降低5%，气温降到－10℃，体重会减轻。气温升至35℃以上，生长几近停滞。大小猪都怕潮湿。高温高湿、低温高湿都显著影响生长发育，高湿还易引发疾病，尤其是一些流行病。所以圈舍应保持干燥、清洁、通风良好。

(5)做好调教和防疫灭病工作　依据猪只生活习性，建立群居秩序，养成固定排便地点的习惯，使其吃食、睡觉、排便三角定位，保持圈舍清洁干燥。防疫灭病，重在预防，保持圈舍、环境、猪体三清洁，圈舍环境定期消毒，猪只按免疫程序进行预防接种和定期驱虫。平时细心观察，无病早防，有病早防，以提高猪只成活率。

197.肥育猪的饲养方式有哪两种，各种方式采用的条件是什么？

肥育猪的饲养方式有两种：阶段肥育法和一贯肥育法。

(1)阶段肥育法　又称吊架子肥育法。这是一种传统肥育方法，它将肥育期分为3个阶段：一是小猪阶段，从断奶至体重25 kg左右，饲养期约2个月，日粮中精料比例较大且采用不限量饲喂法，日增重可达200～250 g；二是架子猪阶段，体重从25～50 kg，饲养期为4～5个月，主要饲喂青粗饲料，搭配少量精料，日增重为150～200 g；三是催肥阶段，体重50 kg至出栏(约100 kg)，一般2个月左右，集中使用精料(且多为玉米)，促进脂肪沉积，日增重一般为500 g以上。

此法优点是能充分利用青粗饲料而获得肉和脂肪，节约精饲料，获得较高的经济效益。缺点是增重缓慢，育肥期较长。所以在青粗饲料丰富质优而精饲料不足的情况下宜采用阶段肥育法；我国地方晚熟品种或含有晚熟品种猪血液较高的杂交猪，易采用阶段肥育法，在交通不便和有条件放牧地区，为充分利用牧草资源，可采用春产仔猪，夏秋放牧，入冬催肥，春节上市。

(2)一贯肥育法　又称直线肥育法、一条龙肥育法、快速育肥法，为现代养猪的肥育方法。它从断奶到肥育末期出栏，按猪生长发育不同阶段对营养的需要，相应调整日粮中能量和蛋白质水平，总体是能量水平逐步提高，蛋白质前高后低。在小猪阶段(20～25 kg体重)蛋白质16%～18%，中期(25～60 kg体重)蛋白质14%，后期(60 kg体重以上)蛋白质12%～13%，使肥育猪得以充分生长发育，获得较高的日增重，肥育期缩短，一般6～8个月体重可达90～110 kg。

此法增重快，肥育期短，周转快，出栏率高，饲料利用率高，屠宰率高，但需精饲料较多。故我国地方早熟品种猪或含早熟品种血液较高的杂交猪宜采用该法肥育;在精料比较充足和有大量糟渣类副产品可利用时,宜采用该法;在现代工厂化养猪中,为争取在最短时间内完成肥育,提高出栏率,加快猪舍和资金周转,提高劳动生产率,降低成本宜采用该法。

198.架子猪怎样催肥?

农村散养猪,由于受传统肥育方法的影响,习惯性地采用“吊架子”方法养猪。当架子猪体重达 50～60 kg 即进入催肥期。由于架子猪阶段管理比较粗放,猪进食生饲料、拱泥土、脏物,尤其是放养条件下,更难免会感染蛔虫等寄生虫,所以催肥前首先要进行驱虫、健胃。驱虫药物可选用兽用敌百虫,按每千克体重 60～80 mg,拌入饲料中一次服完,或阿维菌素,以每千克体重 0.29 mg 一次拌料内服。在驱虫后 3～5 d,按每 10 kg 体重 2 片大黄苏打片,研成粉末,均分三餐拌入饲料,以增强猪只胃肠蠕动,促进消化。健胃后即可增加日粮营养,开始催肥。催肥前期,饲料力求多样化,逐渐减少粗饲料喂量,加喂含碳水化合物多的精料,如玉米、薯类等,并适当控制运动,以减少能量消耗,利于脂肪的沉积。催肥后期,因猪体内已沉积了较多的脂肪,胃肠容量缩小,采食量日渐减少,这时应调整日粮配方,进一步增加精料用量,降低日粮中粗饲料比例,并尽量选用适口性好,易消化的饲料,适当增加饲喂次数,少喂勤添,供给充足饮水,保持环境安静,注意冬季舍内保温,夏季通风降温,使其采食后充分休息,以利于脂肪沉积,达到催肥的目的。

199.猪快速育肥需要哪些环境条件?

猪快速育肥需要如下环境条件:

(1)温度　猪是恒温动物,正常情况下,若气温不适,猪体可通过自身调节来保持体温的基本恒定,但需要消耗体能,从而影响猪的生长速度，降低饲料利用率。生长肥育猪的适宜温度是：体重60 kg以前为16～22℃，体重60～90 kg为14～20℃，体重100 kg以上为12～16℃。

(2)湿度　温度不适时，湿度过高过低对生长肥育猪均有影响。当高温高湿时，猪体散热困难，加重猪只闷热感；当低温高湿时，猪体散热量显著增加，加剧猪只寒冷感，而且高湿环境有利于病原微生物的繁殖，猪只易患疥癣、湿疹等皮肤病。反之，空气干燥，湿度过低，容易诱发猪的呼吸道疾病。猪舍适宜的相对湿度为60%～70%。

(3)光照　一般情况下，光照对猪肥育影响不大。肥育猪舍的光线只要不影响采食和便于饲养管理操作即可。尤其要注意，不宜给肥育猪强烈的光照，以免影响肥育猪的休息和睡眠。

(4)噪声　噪声对生长育肥猪的采食、休息和增重都有不良影响。如果经常受到噪声干扰，猪的活动量大增，惊恐不安，食欲下降，日增重下降，饲料利用率降低。

(5)有害气体　由于圈舍内清扫不及时，粪尿、饲料、垫草的发酵和腐败，产生大量的氨气、硫化氢等有害气体，猪体又会排出大量的二氧化碳，若圈舍通风不良，二氧化碳浓度过高，会使猪食欲减退，体质下降，增重缓慢；氨气和硫化氢气体浓度过高，刺激和引发黏膜、结膜炎症，诱发多种疾病。

(6)圈养密度　若猪群体过大，密度过高，可导致猪只生活环境变差，猪只间冲突增加，采食减少，影响生长，且猪群发育不整齐。一般情况下，圈养密度以每头生长肥育猪占圈0.8～1 m^2为宜，猪群规模以每群10头左右为佳。

200.猪快速育肥的工作程序如何安排？

猪快速育肥的工作程序以先后顺序作如下安排：

(1)饲养观察　对即将进行肥育的小猪，先用常规饲养方法养

3～5 d，注意观察采食、起居、排泄、精神有无异常，发现异常及时诊治。

（2）驱虫清胃　观察未有异常或治愈后的小猪，用兽用精制敌百虫片，按猪体重每 10 kg 喂 2 片的剂量，研细拌入适量饲料中让猪一次吃完。于驱虫后的第三天，用小苏打 15 g 在早餐时拌入饲料内喂服，以清理胃肠。

（3）健胃促消化　驱虫后的第五天，用大黄苏打片，以每 10 kg 体重喂 2 片的剂量，研碎后分 3 顿拌入饲料内喂服，以促进胃肠蠕动，加快排泄，消除驱虫药和洗胃药可能引起的副作用。

（4）增加营养　经过驱虫、洗胃、健胃后，胃肠内寄生虫被驱出，肠壁变薄，易于吸收营养物质，此时应饲喂营养全面、各种营养物质平衡的仔猪全价配合饲料，进行肥育前的养育，一般为 30 d 左右。

（5）快速育肥　经养育后的小猪，膘肥体壮，转入正式肥育。日粮按猪不同体重阶段的营养需要来配合，饲养管理措施依据猪只的生物学特点来制定，以满足猪只生长发育增重的全面需求，达到快速增重的目的。

第一次驱虫、清胃、健胃 2 个月后，再按上述方法、顺序重复一次。依照这种方法，体重 15 kg 左右的断奶仔猪，经过先后 2 次驱虫、清胃、健胃，饲养 4 个月，一般体重可达 90 kg 以上。

201.猪快速育肥的管理要点有哪些？

猪快速育肥有如下管理要点：

（1）定时定量　喂猪要规定一定的时间、次数和数量，到点供食，使猪养成良好的生活习惯，吃得饱，睡得好，才能长得快。一般肥育前期每天饲喂 5～6 次，肥育后期每天 3～4 次，每次饲喂间隔时间大致相同。每天的最早一次要尽量提前，天亮即喂，最晚一次要安排在 21～22 时（夏天一般在 22 时，冬季一般在 21 时）。每次喂量要基本保持均衡，原则上是九成饱，以使猪保持良好的食欲。

(2)先精后青　在有青饲料资源可利用时，应先喂精饲料，后喂青饲料，并做到少喂勤添。按猪只的各阶段的采食量，适当减少精饲料供给量，让猪只先吃光槽内精料，然后再投入洗净的青饲料，任猪采食。

(3)湿料生喂　喂生料既能保证饲料营养成分不被破坏，不受损失，又能节省人工和燃料。除马铃薯、甘薯、大豆等含有有害成分需要熟喂外，其他大部分植物性饲料应生喂。精饲料喂前最好拌湿，水料比为(1～1.3)：1。用拌湿料喂猪，促使饲料软化，有利于猪胃肠对饲料的消化吸收。

(4)及时供水　水分对猪体内养分的运输、体液分泌、体温调节、废物排除都有重要作用。因此，要保证水的充足供应。有条件的圈舍要安装自动饮水器，让猪自由饮水。否则要设置水槽，或利用食槽供水，注意冬春季节要供给温水或井温水。

(5)注意防病　圈舍要坚持经常清扫和定期消毒，注意通风换气，猪只按免疫程序实施免疫接种，定期驱虫和预防性给药，确保猪只健康无病。

(6)适时出栏　猪的一生是前期长肉，后期长膘。生长育肥猪达到一定日龄后，随着体重增长，料重比逐渐增大，日增重逐渐提高，瘦肉率逐渐降低(体重 60 kg、80 kg、100 kg、120 kg、140 kg，体脂肪含量分别为 21.94％、26.62％、30.10％、33.69％、37.07％)。因此，肥育时间不宜过长，出栏体重不宜过大(如上海市某农贸超市到山东调运肉猪，要求三元杂猪体重在 90 kg 以下)。反之，若肥育期太短，出栏体重太小，虽然能降低料重比，提高瘦肉率，但每头猪的产肉量减少，经济效益降低。从肥育猪胴体品质和养猪经济效益两方面考虑，出栏时间应安排在 6～7 月龄，体重 90～110 kg 为宜。

202.如何衡量猪的育肥效果?

猪的育肥效果,在猪的品种既定的前提下,主要取决于饲料和饲养管理,其效果的衡量指标有:

(1)日采食量　指每头每天耗料量。可用一群猪一段时间的耗料量计算,也可用一群猪当日的耗料量计算。不同阶段的猪有不同的采食量。猪饲养标准规定,瘦肉型猪 5～10 kg 体重阶段日采食量在 0.5 kg 左右,60～90 kg 体重阶段日采食量则为 2.5～3 kg。只有日采食正常,才能正常生长和增重。

(2)日增重　可用群体资料计算,也可用抽样资料估计。可计算第一阶段,也可计算整个肥育期。良好饲养条件下的瘦肉猪,5～10 kg 体重阶段日增重平均在 280 g 以上,60～90 kg 体重阶段应该在 700 g 以上。

(3)饲料报酬或料肉比　指猪耗料与增重之比,是经济效果的直接衡量指标。由于猪的品种不同,饲养管理条件不同,此指标的范围很大。如北京黑猪料肉比(3.14～3.5)∶1,山东莱芜黑猪料肉比 4.09∶1,大约克夏猪料肉比(2.8～3.0)∶1,杜洛克(2.8～3.2)∶1。

(4)出栏日龄或出栏体重　指达到标准体重的出栏日龄数或标准日龄出栏的体重数,一般出栏体重为 100～110 kg,瘦肉型猪出栏体重为 90～110 kg。出栏日龄是指达到出栏标准体重时的日龄。猪不同品种,不同饲养管理条件,达到出栏标准体重的日龄也不同。如山东沂蒙黑猪,达 90 kg 体重出栏日龄为 240 d,北京黑猪为 165～170 d,三江白猪为 182 d,大约克夏为 155～170 d,杜洛克为 170 d,长白猪 100 kg 体重出栏日龄为 180 d。

(5)死亡率或成活率及发病率　减少发病率,降低死亡率,提高成活率,使肥育猪群保持一个较高的群体健康水平,对提高猪的肥育效果,是非常有利的。

(6)上市等级　目前市场上，肥猪上市的等级一般缺少统一的评价标准，它往往被人们用活猪收购的不同价格区分开来。如2002年11月山东某地活猪收购价一般为杂交猪5.50元/kg，三元杂交猪6.80元/kg，而地方猪或肥育较差的5.10元/kg左右。

猪的肥育效果示例见表7-3和表7-4(加拿大资料)。

表7-3　猪(20～105 kg)育肥阶段的生产目标

效　果	好	较好	最好
105 kg时的日龄	165	155	145
在肥育舍的天数	110	100	90
平均日增重(g)	775	850	950
料肉比	3.3	3.0	2.7
死亡率(%)	0.5	0.3	0.2

注：加拿大多数猪场处于好与较好水平上。

表7-4　一般商品育肥猪各日龄应该达到的体重指标　　kg

周龄	体重	周龄	体重	周龄	体重
1～4	7	12	34	20	74
5	8	13	39	21	79
6	10	14	44	22	84
7	12	15	49	23	89
8	16	16	54	24	94
9	20	17	59	25	100
10	24	18	64		
11	30	19	69		

注：仅为一般指标，许多猪场超过此指标。

203.猪育肥性能高低的评定指标有哪些？

猪育肥性能的评定是在相同的营养水平、相同的环境和管理条件下进行的，只有这样测定的性能指标才有价值，才能相互比较，以衡量不同品种、不同猪只的肥育性能。其评定指标是：

(1)肥育天数、出栏日龄　前者是指猪开始肥育直至出栏的饲养天数，后者是猪出栏时(达屠宰体重时)的实际日龄。

(2)平均日增重　是指肥育期间平均每天增重数，一般以“克”表示。

$$\text{平均日增重}=\frac{\text{肥育结束体重}-\text{肥育开始体重}}{\text{育肥天数}}$$

(3)料肉比或饲料利用率　以育肥期间风干饲料消耗量与肥育期猪只总增重之比表示饲料利用率，其实为单位增重的耗料量，称饲料增重比，或称饲料消耗率。

$$\text{饲料利用率}=\frac{\text{肥育饲料消耗量}}{\text{肥育期总增重}}$$

(4)屠宰率　猪屠宰后，胴体占活重的比率，反映猪屠宰性能。培育品种和国外引入品种猪，一般比地方猪种的屠宰率高。

$$\text{屠宰率}=\frac{\text{胴体重}}{\text{宰前活重}}\times 100\%$$

(5)瘦肉率　将胴体中瘦肉、皮、脂肪、骨进行分离，瘦肉组织所占的比例为瘦肉率。它反映肥育中长肉的能力。

$$\text{瘦肉率}=\frac{\text{瘦肉重}}{\text{肉}+\text{脂}+\text{皮}+\text{骨重}}\times 100\%$$

204. 肥育猪何时出栏最适宜，为什么？

肥育猪的适期出栏，通常认可的指标是 90～100 kg 体重为宜。但从生产和经营的角度看，确定何时出栏，体重只是一个方面，另一方面是市场行情和直接有关育肥效益的其他因素。确定适期出栏，不只是一个畜牧技术问题，更是一个经营管理问题，现

较,以衡量不同品种、不同猪只的肥育性能。其评定指标是:

(1)肥育天数、出栏日龄　前者是指猪开始肥育直至出栏的饲养天数,后者是猪出栏时(达屠宰体重时)的实际日龄。

(2)平均日增重　是指肥育期间平均每天增重数,一般以“克”表示。

$$平均日增重=\frac{肥育结束体重-肥育开始体重}{育肥天数}$$

(3)料肉比或饲料利用率　以育肥期间风干饲料消耗量与肥育期猪只总增重之比表示饲料利用率,其实为单位增重的耗料量,称饲料增重比,或称饲料消耗率。

$$饲料利用率=\frac{肥育饲料消耗量}{肥育期总增重}$$

(4)屠宰率　猪屠宰后,胴体占活重的比率,反映猪屠宰性能。培育品种和国外引入品种猪,一般比地方猪种的屠宰率高。

$$屠宰率=\frac{胴体重}{宰前活重}\times 100\%$$

(5)瘦肉率　将胴体中瘦肉、皮、脂肪、骨进行分离,瘦肉组织所占的比例为瘦肉率。它反映肥育中长肉的能力。

$$瘦肉率=\frac{瘦肉重}{肉+脂+皮+骨重}\times 100\%$$

204.肥育猪何时出栏最适宜,为什么?

肥育猪的适期出栏,通常认可的指标是 90～100 kg 体重为宜。但从生产和经营的角度看,确定何时出栏,体重只是一个方面,另一方面是市场行情和直接有关育肥效益的其他因素。确定适期出栏,不只是一个畜牧技术问题,更是一个经营管理问题,现

代养猪生产中，后者所起的作用往往比前者大得多。

(1)以体重作为适期出栏标准　依据有两个方面。其一，猪体重增到一定程度，如 100～110 kg 以后，日增重就要下降；其二，猪体重越大，维持需要不断增加，饲料利用率降低；其三，猪体增重到一定程度，脂肪比例增加，瘦肉率下降，过肥的猪不受市场欢迎，同时售价也低，普通肉猪一般比瘦肉型猪价格低 20%～25%。

在养猪生产中，不同品种和经济类型出栏标准体重也有很大差异。如早熟、体型矮小的地方种及其杂交猪 70 kg 左右；中等体型的地方种及其杂交猪 75～80 kg；国外瘦肉型品种猪为父本、我国培育猪作母本的二元杂交猪 85～95 kg；两个瘦肉型品种猪作父本的三元杂交猪 105～115 kg。

(2)以经济效益作为适期出栏标准　猪育肥的最终目标是经济收入和效益。如果把养猪的经济收入和体重(或饲养期)的关系做成曲线图 7-1。可以看出，在收入曲线的顶点之后的一定区间，甚至只要不低于顶点之前一段的平均数，都是很划算的。收入水平达到顶点水平之后，应当尽量延长和利用好这一段时间，待其下

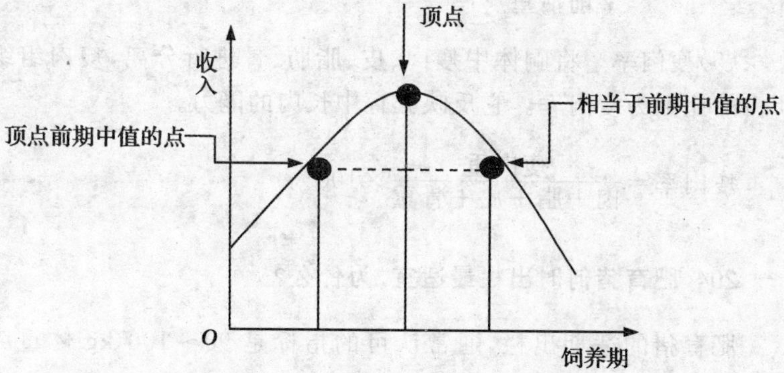

图 7-1　收入与饲养期关系图

注：当收入下降到低于前期中值点后就要出栏。

降到一定的程度，确实进入不够经济的阶段，才需要及时出栏。与此相关的，主要是肥猪的市场行情变化，当时的饲料价格，当初的仔猪成本以及当时的猪生长发育情况等。尤其是缺少固定的市场合同时，对市场行情变化更应注意。因此，一定要算总账，要有赶市场、赶季节的意识，到一定时间，销路好，价格高，就应当及时出栏；市场行情不好，也要根据实际情况，算好经济账，当养就养，当卖就卖，不必拘泥于固定的体重限制。

205.提高猪育肥效果的技术措施主要有哪些？

提高猪育肥效果的技术措施主要有如下5项：

(1)选择适宜的杂交组合　杂交对肉猪育肥效果的影响主要表现在断奶窝重大，生活力强，生长速度快和饲料报酬高，从而可使肉猪能较早地达到预期的出栏重。不同的杂交组合所表现的杂种优势是不同的。为了在生产上取得最大杂种优势，必须对杂交组合进行筛选，以期获得最适合本地生产条件的杂交组合。试验结果显示，选择适合本地条件的优良杂交组合进行育肥，在其他环境条件一致的情况下，杂交猪的日增重一般可以提高10%～20%，饲料报酬可提高5%～10%，生产成本显著降低，育肥期相应缩短。

(2)提高仔猪的初生重和断奶重　一般讲，仔猪初生重越大，生活力越强，生长速度越快。研究表明，仔猪初生重与4月龄体重及后期增重呈显著的正相关。因此，提高仔猪初生重和断奶重，可以为猪的肥育打下良好的基础，大大提高肥育猪的增重和饲料利用率。为此，必须充分重视妊娠母猪、哺乳母猪的饲养管理和仔猪的培育，使仔猪得到良好发育，进而获得良好的肥育效果。

(3)采用合理的饲喂技术　生产中要求猪只日增重快、饲料报酬高、胴体瘦肉率高。为此，在饲喂方式上，采用自由采食和限制饲喂相结合。猪体重60 kg以前，主要以骨骼和肌肉生长为主，此

时采用自由采食，使猪日增重加快，以充分发挥其生长潜力；体重达 60 kg 以后，肌肉生长速度减慢，脂肪沉积逐渐加快，此时采用限制饲喂，防止脂肪过度沉积，提高胴体品质。在饲料的生喂还是熟喂上，除红薯、马铃薯、豆类及饼类外，大多数种类的饲料生喂效果比熟喂好，原因是饲料煮熟后，其内的许多营养物质尤其是维生素均被破坏，从而降低了饲料中营养物质的利用率。而生喂有保存饲料中的维生素，有利于猪的生长发育，同时又减少饲养设备，节约人力、物力，从而降低养猪生产成本。在饲喂次数上，肉猪每天的饲喂次数不是一成不变的，应根据猪的体重和饲粮组成及时调整。在 35 kg 体重以下时，猪胃肠道容积小，消化能力差，而对饲料的需要则相对较多，每次吃量少，饿得快，因此应少食多喂，每天宜饲喂 3～4 次；35～60 kg 体重的猪，每天应喂 2～3 次；体重 60 kg 以后，每天应喂 2 次。饲喂次数过多有害无益，它会影响猪的休息，同时也增加了工作量。

(4)适宜的屠宰体重　由于猪在肥育后期的肌肉生长缓慢，日增重降低，而脂肪沉积加快，每增重 1 kg 体重所消耗的饲料增多。因此，肥育猪的饲养期不宜过长，否则胴体瘦肉率下降，脂肪比例增高，经济效益下降。确定肉猪适宜的屠宰体重应结合品种、杂交组合、日增重、饲料转化率、胴体瘦肉率以及经济效益等因素综合考虑。

有试验表明，大约克夏纯种猪 75 kg 时屠宰，瘦肉率为 65.5%，105 kg 时屠宰，瘦肉率为 64.3%；大约克与嘉兴黑猪的杂种一代 75 kg 时瘦肉率为 57.6%，105 kg 时为 54%；北京黑猪 70 kg 时瘦肉率为 55.66%，80 kg 时为 53.73%，90 kg 时为 51.48%。由此可见，大型肉用猪养到较高体重时（如 90 kg 以上）仍可保持高的瘦肉率，而杂交猪和地方改良猪种的屠宰期应适当提前。

一般来讲，猪在 6 月龄以前的日增重较快，瘦肉率也高，应重

点抓这一阶段的饲养。6 月龄时，地方改良品种可达 70～80 kg，长白大约克等外来猪种可达 90～110 kg，这时进行屠宰，可获得较好的猪肉品质和较高的经济效益。6 月龄以后，猪的生长就由肌肉、骨骼转向脂肪的沉积。因此，6 月龄以后猪饲养的时间越长，瘦肉率越低，经济也就越不合算。

（5）促生长剂的使用　主要有 4 种：其一，高剂量的铜。一般添加范围是每千克日粮 125～250 mg，常用添加量 150 mg，与之相适应锌是 100 mg，铁是 80 mg，既安全（无中毒现象出现），又有良好的促生长作用。但是，高铜的促生长作用受猪只体重和日龄的影响很大。美国有试验证明，添加高剂量的铜可使仔猪、生长猪和肥育猪的日增重分别提高 22.1%、6.5%和 3.6%，对于体重 5～10 kg 的仔猪，甚至可达 32%。由此可见，猪的日龄越小，体重越轻，添加高铜的效果越好，一般应在体重 50～60 kg 以前添加，60 kg 以后再添加意义不大。其二，喹乙醇。其作用是促进蛋白质的合成，加速细胞的生长，主要适用于 60 kg 以下的猪使用。一般每千克饲粮中添加 50 mg 喹乙醇可使猪日增重提高 10%～15%，饲料利用率提高 8%～10%。其三，抗生素。生产和试验都表明，在猪饲粮中添加治疗剂量的抗生素，肉猪的日增重提高 10%～20%，同时可节约饲料 5%～10%，还可以减少疾病的发生。抗生素的种类按农业部 2001 年 7 月 3 号农牧发［2001］20 号文发布的《饲料药物添加剂使用规范》中公布的低残留或无残留的品种，如黄霉素、杆菌肽锌、土霉素等。影响抗生素添加效果的因素主要有猪的健康状况、生长期及环境卫生状况等。一般来说，仔猪添加效果比肥育猪好；生长慢、体质弱的猪添加效果较健康猪明显；卫生状况较差的猪舍添加效果更显著。另外，抗生素的类型和剂量也影响着添加效果。抗生范围越广，促进生长作用越强，添加剂量越大，效果越明显。其四，砷制剂。其抑菌作用强，促生长作用显著，市售商品阿散酸（对氨基苯砷酸）即为其代表，市场上的商

品饲料中多含之。其添加量为每千克饲料 50～100 mg。

206.育肥猪的管理技术要点有哪些?

育肥猪的管理技术要点主要有如下 4 点:

(1)分群与调教　按来源、品种类型、强弱程度、体重大小合理分群,及时调整。并且进行适当的调教,以养成采食、睡卧、排泄三点固定的习惯。

(2)适宜的群体规模与圈养密度　一般每圈饲养 10 头左右,每只平均占圈面积为 0.8～1.0 m^2。

(3)搞好防疫与驱虫　首先按自定的免疫程序进行预防接种,市场购入仔猪不论原来免疫与否,一律在隔离观察期间再行接种。其次,建立经常性的动物卫生制度,包括清洁卫生,定期消毒,严防狗、猫、鼠、鸟等动物入舍。其三,有计划地定时驱虫。

(4)供给充足饮水　注意水质良好、水温适当。

207.何谓瘦肉型猪、商品瘦肉型猪?

所谓瘦肉型猪是以产瘦肉为主要特征的猪种,此种猪只胴体瘦肉多、脂肪少,胴体瘦肉率在 55%以上。其外形特点是体躯长,前后肢间距宽,头颈较轻,腿臀发达,肌肉丰满,一般体长大于胸围 15～20 cm。在标准饲养条件下,6 月龄体重可达 90～100 kg。如长白猪、大约克夏猪、杜洛克猪、汉普夏猪等都属于此类。

所谓商品瘦肉型猪是指以生产商品瘦肉为目的,体重 90～100 kg 宰杀,其瘦肉率在 50%以上的杂种猪。即用瘦肉型猪作父本,与地方良种母猪或一代杂种母猪或瘦肉型母猪杂交生产的后代。如山东地区长白猪与大莱母猪(大约克夏×莱芜黑猪)的三元杂交后代,杜洛克与大白母猪(大约克夏猪×长白猪)的洋三元杂交后代,均属于此。

208.我国瘦肉型猪的生产现状如何?

(1)瘦肉型猪量大面广。在我国,不仅大型集约化猪场,而且在广泛的农村千家万户,瘦肉型猪饲养得到普及。如山东2000年出栏商品肉猪中,瘦肉型猪占88%,其中三元杂交猪占28%,二元杂交猪占60%,全省商品猪平均瘦肉率达到53%。据山东在平县种猪调查统计,2002年该县养种公猪1 026头,其中大约克夏猪、长白猪、杜洛克猪、汉普夏猪、波特兰猪等外来猪种685头,瘦肉型猪与本地猪的多代杂交公猪218头,本地猪种123头(所谓本地猪指20世纪50年代引入的新金猪、内江猪与本地猪杂交后又与70年代末引入的宁乡猪、80年代引入的莱芜猪杂交改良所形成的新的本地猪,原来的本地猪已近绝迹)。

(2)瘦肉型猪因其来源不同瘦肉率差别很大。

①纯杂猪　是由2个或3个外来瘦肉型品种杂交生产的后代,瘦肉率一般在60%以上。如长白猪与大约克夏杂交生产的杂种猪,生长速度快,饲料报酬高,胴体瘦肉率高,但对饲料要求高,需全价配合饲料才能发挥其生产性能,集约化育肥场、外贸出口基地和大型专业户适宜饲养此种瘦肉猪。

②三元杂交猪　即2个外来瘦肉型品种与1个地方良种母猪杂交生产的后代,瘦肉率一般在55%左右。如山东的长大莱杂交猪瘦肉率58.5%,平均日增重653 g,料重比3.54∶1,这种猪适宜成效和饲料粮充足、饲养条件好、商品饲料有保障区域的专业大户饲养。

③二元杂交猪　即用一个外来瘦肉型品种作父本与一个地方良种母猪杂交所生产的后代,瘦肉率一般为52%～54%,如山东的杜沂(杜在洛克猪×沂蒙黑猪)杂交猪平均日增重630 g,料重比

3.54∶1(饲料中含一定量的粗饲料),胴体瘦肉率54.06%。二元杂交猪适合于我国广大农村,尤其是边远山区,是广大农户、小型专业户、重点户饲养的适宜猪种,该杂交猪可充分利用当地的青粗饲料和农副产品,提高经济效益。但也要注意以全价饲料为主。

(3)商品瘦肉型猪生产水平与世界先进水平相差无几。据联合国粮农组织公布的1996年资料,世界平均出栏率为121.91%,胴体重78 kg;美国出栏率为154.31%,胴体重为84 kg;中国出栏率为122.08%,胴体重为78 kg。2001年国内资料出栏率达150%以上。据资料显示:国外肥育猪从20～90 kg肥育阶段,平均日增重680～840 g,肉料比1∶(2.77～3),肥育期为154～180日龄。山东某商品猪场,饲养三元杂交猪,15～90 kg肥育阶段,平均日增重750 g,肉料比1∶2.80,肥育期103 d。

209.饲养瘦肉型猪有什么好处?

瘦肉型猪具有生长快、耗料少、产仔多的特点。瘦肉型猪平均每窝产仔数比脂型猪多3～4头,生产1 kg脂肪所消耗的饲料可生产32 kg瘦肉。据试验数据显示,优良杂交猪瘦肉率为55%以上,与母本猪相比较,日增重提高13%～53%,瘦肉率提高15%～20%,每头杂交猪多产瘦肉11 kg左右,节省饲料15 kg以上,养殖效益提高30%以上。

瘦肉中含有动物性蛋白22%,易被人体吸收利用,同时含有丰富的磷、铁等矿物质和B族维生素,适口性好,是营养全面,适于各种人群食用的优良食品。在国际市场上,标准瘦肉型猪比一般猪每头售价高20多美元。因此,农村养猪户若饲养瘦肉型猪,既能使自已养的猪在市场畅销,又能多赚钱,何乐而不为呢?

3.54∶1(饲料中含一定量的粗饲料),胴体瘦肉率54.06%。二元杂交猪适合于我国广大农村,尤其是边远山区,是广大农户、小型专业户、重点户饲养的适宜猪种,该杂交猪可充分利用当地的青粗饲料和农副产品,提高经济效益。但也要注意以全价饲料为主。

(3)商品瘦肉型猪生产水平与世界先进水平相差无几。据联合国粮农组织公布的1996年资料,世界平均出栏率为121.91%,胴体重78 kg;美国出栏率为154.31%,胴体重为84 kg;中国出栏率为122.08%,胴体重为78 kg。2001年国内资料出栏率达150%以上。据资料显示:国外肥育猪从20~90 kg肥育阶段,平均日增重680~840 g,肉料比1∶(2.77~3),肥育期为154~180日龄。山东某商品猪场,饲养三元杂交猪,15~90 kg肥育阶段,平均日增重750 g,肉料比1∶2.80,肥育期103 d。

209.饲养瘦肉型猪有什么好处?

瘦肉型猪具有生长快、耗料少、产仔多的特点。瘦肉型猪平均每窝产仔数比脂型猪多3~4头,生产1 kg脂肪所消耗的饲料可生产32 kg瘦肉。据试验数据显示,优良杂交猪瘦肉率为55%以上,与母本猪相比较,日增重提高13%~53%,瘦肉率提高15%~20%,每头杂交猪多产瘦肉11 kg左右,节省饲料15 kg以上,养殖效益提高30%以上。

瘦肉中含有动物性蛋白22%,易被人体吸收利用,同时含有丰富的磷、铁等矿物质和B族维生素,适口性好,是营养全面,适于各种人群食用的优良食品。在国际市场上,标准瘦肉型猪比一般猪每头售价高20多美元。因此,农村养猪户若饲养瘦肉型猪,既能使自己养的猪在市场畅销,又能多赚钱,何乐而不为呢?

210.适合瘦肉型猪的典型饲料配方有哪些?

根据瘦肉型猪的不同生长发育特点,将肥育期分为两个阶段:20～50 kg 为肥育前期,50～90 kg 为肥育后期,各期有适应猪只营养需要的饲料配方,见表 7-5 和表 7-6。

表 7-5 瘦肉型猪饲料配方(适用于 20～50 kg 体重猪)

项目	编号				
	1*	2*	3	4	5
饲料(%)					
玉米	60	70	49.2	49.6	51.7
豆粕	12.87	8.7	16.6	13.4	14.9
麸皮	17	—	25.0	25.0	25.0
菜籽饼(粕)	—	—	5.0	4.0	—
棉籽饼(粕)	—	—	—	—	4.0
葵花籽饼(粕)	—	10.41	—	—	—
花生饼(粕)	—	—	—	4.0	—
进口鱼粉	1	—	—	—	—
酵母粉	4	6	—	—	—
玉米秸粉	2	2.0	—	—	—
石粉	1	1	1.8	1.7	2.0
氢钙	0.8	0.4	1.1	1.1	1.1
食盐	0.3	0.3	0.3	0.3	0.3
赖氨酸	0.03	0.19	—	—	—
预混料	1	1	1.0	1.0	1.0
合计	100	100	100	100	100
营养水平					
消化能(MJ/kg)	12.99	12.97	12.34	12.13	12.26
粗蛋白(%)	15.9	16	16.48	15.95	15.87
每天风干饲料量(kg)			1.2～2.2		

表 7-6 瘦肉型猪饲料配方(适用于 50～90 kg 体重猪)

项目	编号				
	1*	2*	3	4	5
饲料(%)					
玉米	60	66	66	67	64
豆粕	5.4	6	7.4	2.5	8.4
麸皮	24	14	13.2	15.1	14.2
菜籽饼(粕)	—	—	6.0	5.0	—
棉籽饼(粕)	—	—	3.0	4.0	4.0
葵花籽饼(粕)	—	8	—	—	—
进口鱼粉	0.5	0.5	—	2.0	—
酵母粉	5	1	—	—	—
玉米秸粉	2.0	2	—	—	—
石粉	1	0.85	2.0	2.0	2.0
氢钙	0.8	0.2	1.1	1.1	1.1
食盐	0.3	0.3	0.3	0.3	0.3
赖氨酸	0.03	0.18	—	—	—
预混料	1	1	1.0	1.0	1.0
合计	100	100	100	100	100
营养水平					
消化能(MJ/kg)	12.76	13.04	12.59	12.72	12.64
粗蛋白(%)	13.9	13.98	13.71	13.2	14.31
每天风干饲料量(kg)	2.6～3.2				

注：* 为 1997 年 9 月配方电脑计算的最佳配方。5 年来经山东、内蒙古养猪场户使用，效果甚好。杂交猪从 15 kg 开始肥育，到 95 kg 左右出栏，肥育期 105～120 d。平均日增重为 670～760 g，料重比为(2.7～2.9)：1。

预混料中含多种维生素、微量元素、调味剂和促生长剂等。微量元素的含量在 20～50 kg 体重猪配方中为高铜、高铁、高锌，在 50～90 kg 体重猪配方中铜、铁、锌为常量。

211.使用浓缩饲料喂猪有何好处?

浓缩饲料又称蛋白质补充饲料，是蛋白质饲料（鱼粉、饼粕等）、常量矿物质饲料（骨粉、石粉、食盐等）和预混料配制而成的配合饲料半成品。浓缩饲料不能直接用来喂畜禽，必须再加入一定比例的能量饲料，才能构成满足畜禽营养需要的全价配合饲料。使用浓缩饲料养猪有如下几点好处：

（1）浓缩饲料的蛋白质含量高达30%～45%，且含有丰富的微量元素、维生素、氨基酸等营养成分，加入适量的能量饲料即成全价配合饲料。配料简便，不受文化水平和能力的限制，人人都可操作，适于广大农户使用。

（2）使用浓缩饲料，加入一定量的农户自产的玉米、糠麸等，掺和均匀即成全价饲料。这不仅能充分利用农家自有饲料资源和农民闲散时间，又能避免农户买进（全价料）卖出（玉米、糠麸）的麻烦，同时减少了运输、加工和销售费用，降低了饲料价格，相应降低了养猪成本，提高了养猪效益。

（3）用量少，即时投入低，浓缩饲料在全价饲料中添加量一般为10%～20%，用量少，与购买全价饲料养猪相比较，即时投入低，农户在资金不足的情况下，能用少量的资金养较多量的猪，用较小的成本赚取较大的利润，有利于我国广大农村贫困户的脱贫致富。

212.怎样用预混料养猪?

预混料是全价配合饲料的核心部分。内含各种氨基酸、矿物质、维生素、防病保健药品、促生长剂、调味剂等成分，又称之为添加剂预混料。在农户利用自有的玉米、稻谷、米糠、麦麸、豆饼（粕）、菜籽饼（粕）、棉籽饼（粕）、青绿饲料等，按照饲料配方要求，加入预混剂和常量矿物质（石粉、氢钙、食盐）即成全价配合饲料。

使用注意事项：

(1)预混料不能直接用于喂猪，只能与其他饲料配合成全价饲料才能用于饲喂。

(2)用预混料喂猪，不必再添加其他药物和饲料添加剂。

(3)严禁将加入预混料的饲料用 40℃以上热水拌湿或放入锅内煮沸，以免有效成分遭破坏。

213.育肥猪常用的中草药饲料添加剂有哪些?

中草药具有健脾开胃、补气血、清热解毒、抗菌驱虫、强身壮体等功效。根据生长猪不同生理阶段添加适当的中草药，既可防病治病，又能促进增重，且不存在药物残留和抗药性，是理想的助长保健添加剂。

近年来，中草药饲料添加剂的研究、应用进展很快，可直接用于猪催肥的有 500 多种，常用的中草药及其作用见表 7-7。

表 7-7　常用中草药饲料添加剂　%

名　称	饲料中添加比例	作　用	
		节省饲料	日增重提高
松针叶	2.5～5	—	30 左右
艾叶	2～3	10 左右	5～8
槐叶粉	3～7	10 以上	10～15
葵花盘粉	3	—	13 以上
芝麻叶	37	—	20 左右
薄荷叶粉	37	—	20 左右
鸡冠花	5 或茎叶粉 10	—	10
野山楂	100 g/d	—	10
芫荽(香菜)	4(小猪)	—	11～13
党参叶	一定比例(仔猪)	—	16
吞沙	适量	—	13 左右
麦芽粉	4	—	哺乳仔猪体重 2.3 断奶猪 15.13 僵猪体重 56.4

续表 7-7

名称	饲料中添加比例	作用	
		节省饲料	日增重提高
葡萄渣	10～15(后备母猪)	—	5～7
柠檬酸	3(10 日龄仔猪)	—	30
食醋	0.5～2	—	15 左右
沸石	5	—	30 以上
稀土	0.06	10 以上	30 以上
白芍	10 g/d	—	3～5
	2	—	2
糖精	0.05 g/d	4	10

注:"—"为缺数据资料。

常用的中草药育肥制剂有:追肥散、保健散、增重散、首乌合剂、肥猪灵、健胃生长剂等,已成商品上市销售。

214. 如何用小麦代替玉米饲喂育肥猪?

当前粮食市场,玉米价格上涨,小麦价格趋降,两者基本相近,甚或后者略低。为缓解玉米紧张,可用小麦作饲料,代替部分玉米。试验证明,用小麦代替玉米的 50%(即日粮中添加 30%小麦)饲养生长育肥猪日增重、料重比等生产性能上无差异,而饲养成本降低 4%以上。配方为:玉米 35%、豆粕 18%、麸皮 12%、小麦 30%、含酶制剂(注意:一定要添加,否则猪不能利用小麦中的一些营养物质)的预混料 5%。该饲料营养成分为:粗蛋白 17%,消化能 13.3 MJ/kg。

215. 为什么提倡用生饲料喂猪,饲喂时应注意什么?

用生饲料喂猪有三大优点:一是节省人力、物力;据测算,用生饲料喂猪,每头猪从小到出栏可节省燃料费约 5 元,节省工时

23～25 个;二是增重快,效益高,生饲料喂猪,营养损失少,仔猪增重可提高 15%～20%;三是饲料新鲜,适口性好,猪吃得饱,睡得香,长得快。但是,生饲料喂猪时应注意如下几点:

(1)初喂时要逐渐适应。猪开始吃生饲料不习惯,尤其是购进猪只,饲喂时应与熟饲料合理搭配,生饲料由少到多,熟饲料由多到少,逐步向生饲料过渡,经 7～10 d 后,就可养成吃生饲料的习惯。

(2)定期驱虫、健胃。哺乳仔猪在 7～10 日龄开始补料,到 40～50 日龄进行第一次驱虫、健胃;以后每 2 个月驱虫、健胃一次,坚持到出栏。

(3)干饲料必须粉碎、浸泡、软化后再与青、精饲料搭配生喂;黄豆类或豆科茎叶及块状饲料,以熟喂为好。

(4)青、精饲料饲喂先后顺序。可先喂精料,后喂青绿饲料,或将青饲料打浆拌精饲料喂,或青贮后再拌料饲喂,以保持青饲料长年不断。

(5)冬季用生料喂猪时,最好用 30℃左右的温水拌料,料水比例 4∶1,用甘薯、胡萝卜等饲料喂猪,需先煮熟打浆后拌入米糠、薯叶等生干料后再喂,以提高饲料的利用率。

216.育肥猪饲料添加哪些药物可以提高增重、降低饲料消耗?

(1)氯丙嗪　氯丙嗪是一种良好的镇静剂,对猪的中枢神经有良好的抑制作用,使用安全、可靠。每 100 kg 配合饲料中加入氯丙嗪 10 g,猪日增重可提高 10%以上,饲料消耗下降 11%左右。但应注意宰前 3～5 d 停用氯丙嗪。

(2)中药　将何首乌、枳实、贯众各等量研成细末,体重 50 kg 猪每天 18～20 g 拌入饲料中饲喂,连用 14 d,停药 2 d 后再喂,日增重可达 750 g 以上。

(3)硫酸铜、硫酸锌、硫酸亚铁　在每吨饲料中加入硫酸铜

($CuSO_4 \cdot 5H_2O$)500 g、硫酸锌($ZnSO_4 \cdot 7H_2O$)500 g 和硫酸亚铁 ($FeSO_4 \cdot 7H_2O$)450 g,可使肉猪日增重提高 8%～10%。

(4)沸石　沸石中含有磷、铁、铜、钾、镁、钙等 18 种元素,在肉猪日粮中加入 5%沸石粉,可使猪日增重提高 30%,育肥期缩短 15 d 以上。

(5)杆菌肽锌等抗生素　在每吨日粮中加入杆菌肽锌 10～100 g,金霉素 10～100 g,土霉素 90～150 g,能使生长停滞的仔猪日增重提高 100%以上,肉猪提高 10%～20%,节约饲料 5%～10%。

(6)喹乙醇　育肥前期,在 100 kg 饲料中添加喹乙醇 5 g,肉猪可提高日增重 10%～15%,降低饲料成本 8%～10%。注意:育肥后期不明显。

(7)碘化钾　体重 45～50 kg 猪,每头每天添加碘化钾 0.5 mg,可提高日增重 26%以上。

(8)氯化钴　将 1 g 氯化钴溶于 3 kg 水中,均匀地拌于饲料中,每天早餐饲喂,尤其在缺钴地区,1 个月后可使猪日增重提高 17%以上。

(9)健胃酊　给 30 日龄以上的哺乳仔猪,每头每天用健胃酊 5 mL 拌料饲喂,可使仔猪日增重提高 60%以上;断奶仔猪每头每天用健胃酊 5～10 mL,育肥猪为 10 mL,每天喂 2 次,可提高日增重 30%以上。

(10)腐殖酸钠　体重 50 kg 猪,每天添喂腐殖酸钠 5 g,分早晚两次拌料,连用 20～30 d,每头每天可多增重 120～200 g,缩短出栏期 30～50 d。

(11)有机砷制剂　商品有阿散酸(对氨基苯砷酸)、洛克沙生(3-硝基-4 羟基苯砷酸)添加量前者为 50～100 mg/kg,后者为 20～50 mg/kg。具有显著的抗菌和促生长作用。砷制剂与抗生素具有协同或拮抗作用,与青霉素、土霉素、呋喃唑酮、杆菌肽锌等有协同作用,与喹乙醇有拮抗作用。

217.不同季节养猪应注意什么?

(1)春季防腐　春季气候温暖,青饲料细嫩可口,是养猪的好季节,传统养猪一年一猪时,多是春季购仔猪填圈饲养。但春暖花开万物复苏,为自然界中各种生物的繁殖创造了条件。各种病原菌也不例外,再加早春气温不稳,忽高忽低,使猪只抵抗力降低,容易感染发病。因此,春季也是猪病多发季节,必须做好疫病预防工作。

猪病预防,包括两方面内容:一是消毒灭源。冬末春初,彻底清扫猪舍,认真消毒,注意圈舍通风透光、干燥舒适,依气温的变化,加强管理,适时通风换气,避免猪只受寒染病。二是做好免疫接种及时给猪注射猪瘟、猪丹毒、猪肺疫等各种疫(菌)苗,以有效地预防猪传染病的发生。

(2)夏季防暑　猪的生物学特性决定猪怕热,尤其是肥猪皮下脂肪较厚,体内热量散发困难,耐热能力很差。夏季天气炎热,猪只不能耐受35℃的高温,表现出焦躁不安,食量减少,生长缓慢,重者中暑而死。因此,夏季需做好防暑降温工作,遮荫通风,保证充足凉水,必要时驱蝇灭蚊。同时注意选择肥育季节,尽量使肥育后期躲过盛夏。

(3)秋季育肥　秋季气候适宜,饲料充足,品质好,是猪生长发育的好季节。因此,应充分利用这个大好时机,做好饲料储备和肥育猪催肥工作。

(4)冬季防寒　冬季寒冷,猪只为维持体温恒定,将消耗大量的能量,影响自身的生长发育和增重。如果猪舍保温好,舍温保持在15℃左右,就会减少不必要的能量消耗,有利于猪只生长发育和育肥。因此,在寒冬到来之前,要认真修缮猪舍,简易猪舍以塑料薄膜封闭,防止冷风侵入,猪栏内勤清粪便,勤换垫草,保证猪舍内干燥、温暖。

218.利用葵籽粕作为蛋白饲料的生长肥育猪饲料配方主要有哪些?

几年来,笔者研制并试用多个利用葵籽粕作为蛋白饲料肥育猪的配方,仅举其中 5 个效果较好的列于表 7-8。

表 7-8 利用葵籽粕的生长肥育猪饲料配方

项 目	配方编号				
	1	2	3	4	5
饲料(%)					
玉米粉	70	66	62	70	65
国产鱼粉	—	0.5	1.5	—	—
豆粕	1.7	6	5	8.7	13
葵花籽粕	15.6	8	21	10.06	5
麸皮	9	14	5	—	—
动物油	—	—	—	—	1
氢钙	—	0.2	—	0.75	0.8
石粉	1.1	0.85	0.1	1	0.9
玉米秸粉	—	2.1	2.5	2	7.0
盐	0.4	0.3	0.3	0.3	0.3
酵母	1	1	1.5	6	6
预混料	1	1	1	1	1
赖氨酸	0.27	0.18	0.1	0.19	0.1
合计	100	100	100	100	100
营养水平					
消化能(MJ/kg)	12.97	13.04	13.00	12.97	13.04
粗蛋白	14	14	14.0	16	16
每头每天风干饲料重(kg)	2.2～3.2			1.2～2.0	

注:配方 1～3 适用于 50～90 kg 肥育猪,配方 4～5 适用于 20～50 kg 生长猪。

219. 利用菜籽粕作为蛋白饲料的生长肥育猪饲料配方主要有哪些?

利用菜籽粕作为蛋白饲料的生长肥育猪配方见表7-9。

表7-9 利用菜籽粕的生长肥育猪饲料配方

项 目	配方编号				
	1	2	3	4	5
饲料(%)					
玉米	48	49	50	67	66
豆粕	5	4	4	2.5	7.4
菜籽粕	7	5	4	5	6.0
棉籽粕	—	—	—	4	3
麦麸	—	—	—	15.1	13.2
鱼粉	4	3	3	2	—
三七米糠	5.6	5.6	7	—	—
去壳米糠	15	19	22	—	—
吞豆粉	10	7	4	—	—
石粉	1.0	1	0.6	2	2
氢钙	—	—	—	1.1	1.1
草粉	3	4	4	—	—
预混料	1	1	1	1	1
盐	0.4	0.4	0.4	0.3	0.3
合计	100	100	100	100	100
营养水平					
消化能(MJ/kg)	13	12.99	12.93	12.72	12.59
粗蛋白(%)	16.5	14.5	13.5	13.2	13.71

注:配方1适用于20～50 kg生长猪,配方2～5适用于50～90 kg肥育猪。

220. 利用棉籽粕作为蛋白饲料的生长肥育猪饲料配方主要有哪些?

几年来,笔者研制并试用了多个利用棉籽粕作为蛋白饲料的生长肥育猪饲料配方,仅将其中 5 个列于表 7-10。

表 7-10 利用棉籽粕的生长肥育猪饲料配方

项 目	配方编号				
	1	2	3	4	5
饲料(%)					
玉米	51.7	65	64	68.5	65
豆粕	14.9	11.3	8.4	15.29	10
麦麸	25	16.3	14.2	5	15.367
鱼粉	—	—	—	—	2
菜籽粕	—	—	—	—	—
棉籽粕	4	3	4.0	8.0	5
石粉	2	2	2	0.4	1.2
氢钙	1.1	1.1	1.1	1.4	0.1
赖氨酸	—	—	—	0.11	0.083
食盐	0.3	0.3	0.3	0.3	0.25
预混料	1	1	1	1	1
合计	100	100	100	100	100
营养水平					
消化能(MJ/kg)	12.26	12.72	12.64	13.84	13.00
粗蛋白(%)	15.87	13.82	14.31	16.02	16

注:配方 1、4、5 适用于 20~50 kg 生长猪,配方 2、3 适用于 50~90 kg 肥育猪。

221. 如何提高肥育猪的瘦肉率?

提高肥育猪瘦肉率的措施主要有如下 5 项:

(1)选用优良杂种猪进行肥育。我国地方品种胴体瘦肉率一般在42.7%左右，引进瘦肉型猪胴体瘦肉率60.5%左右。二元杂交猪胴体瘦肉率为51.58%，三元杂交猪为57.09%。我国培育品种胴体瘦肉率为53.7%，用引进瘦肉型种猪杂交二元杂种瘦肉率为57.78%，三元杂种瘦肉率为58.7%。所以，要提高肥育猪的瘦肉率，必须提高亲本，尤其是母本的瘦肉率，选用培育品种或品系作母本，杂交产生优良杂种猪进行肥育。

(2)进行合理的营养调控。首先是能量摄入量的调控，生长肥育猪每天摄入的能量，用于维持和增重后的多余部分，以脂肪的形式沉积在体内，且脂肪含量与胴体瘦肉率呈负相关。由于猪只不同生长阶段脂肪沉积多少各异，生长前期沉积很少，肥育后期沉积量大增，而饲料能量浓度在一定限度内直接影响到猪只增重速度和饲料利用率，所以要采取前期不控，后期适当限制能量摄入的方式来控制脂肪沉积，提高瘦肉率。其次是蛋白质水平的调控。20～50 kg生长猪饲粮蛋白质水平控制在16%～17%，50～90 kg肥育猪控制在13%～14%。其三是适宜的粗纤维水平，研究表明，在一定条件下，饲粮粗纤维水平提高，能量摄入量减少，增重速度与饲料利用率降低，脂肪沉积受限，肥度降低，瘦肉率相对提高。因此，猪饲粮中粗纤维含量不宜太高，一般幼猪不超过4%，肥育期低于8%。

(3)日粮中添加腐殖酸钠。研究表明，生长肥育猪不同体重阶段日粮中添加不同比例的腐殖酸钠，20～35 kg体重添加0.3%，35～60 kg体重添加0.6%，60～90 kg体重添加1.2%，肥育猪90 kg时屠宰，膘厚比对照猪薄0.35 cm，瘦肉率高5.62%。比对照猪相对提高瘦肉率12.2%。

(4)选择适宜的肥育方式。根据猪只的生理特点，采取肥育前期(20～50 kg)快速生长，肥育后期(50～90 kg)合理限饲的方式。前期让猪只自由采食，以充分的生长发育。肥育后期通过降低饲料营养浓度和人工控制投料量两种方法来实现合理限饲。国外专家(A. Rerat,1976)研究认为,用平衡饲粮喂猪,以自由采食为基础,限食20%~25%是最适宜的限制。这样将导致增重速度降低15%~20%(600~630 g/d),饲料利用率提高6%,背膘厚度下降8%。我国在多数肉猪生产场所配粮远未达到营养平衡地步,为使肥育达到较高的日增重和饲料利用率,限饲程度应低一些,一般限饲15%~20%。限量多少还因经济类型不同而异,对具有较大生产瘦肉组织潜力的猪(瘦肉型),不宜多限。

(5)达到适当体重就出栏。在一定的饲养管理条件下,肉猪达到一定体重时就达到了增重高峰。据猪只体躯各组织的生长发育规律,肌肉在体重60 kg以前生长强烈,后期减慢,但直至体重达90 kg以前,都是高速均匀生长。脂肪沉积前期很慢,后期很快,后期是前期的4倍。随体重增长,胴体瘦度降低。据研究,体重60~120 kg,大致活重增长10 kg,瘦肉率下降0.5%。所以出栏体重越大,胴体越肥,生产成本也越高。因此,应在增重高峰过后不久(即90 kg左右)出栏为宜。

222.饲粮中氨基酸、蛋白质水平对生长肥育猪有何影响?

(1)蛋白质水平对肥育猪生产性能的影响见表7-11。

表7-11 蛋白质水平与20~90 kg体重肉猪生产表现

项 目	粗蛋白(%)					
	15.5	17.4	20.2	22.3	25.3	27.3
日增重(g)	651	721	723	733	699	689
饲料/增重(kg/g)	2.48	2.26	2.24	2.19	2.26	2.35
瘦肉率(%)	44.7	46.6	46.8	47.7	49	50
平均膘厚(mm)	21.6	20.5	19.7	18.1	17.2	15

注:引自许振英《养猪》,1991。

由表7-11知,增重速度和饲粮利用率并不随蛋白质水平的提高而一直上升，而是呈一抛物线形，当粗蛋白含量达 17.4%时，两者都达到高峰；当提高到 22.3%时，并无显著差异，再提高反而下降，但对降低背膘厚度和提高瘦肉率则一直有利。

所以，建议生长肥育猪在体重 20～50 kg 阶段，饲粮蛋白质水平，瘦肉型应控制在 16%～17%，肉脂型猪控制在 16%；体重 50～90 kg 阶段，则分别控制在 14%和 12%(许振英，1991)。

(2)添加氨基酸，实现饲粮低蛋白化。在饲粮中添加第一限制性氨基酸(赖氨酸)，可使饲粮蛋白质水平降低 1～2 个百分点而不影响生产成绩；再添加色氨酸、蛋氨酸，可降低 2～4 个百分点。根据氨基酸平衡理论，Fasfer 对 20～90 kg 体重的猪进行了降低蛋白质水平的试验，饲粮仅添加了少量赖氨酸，蛋白质就降低了 2 个百分点。另一系列研究表明，7～20 kg 猪，饲粮中添加赖氨酸后蛋白质水平由 18%降到 16%，再添加色氨酸蛋白质水平又降至 14%；20～50 kg 猪，饲粮中添加赖氨酸后蛋白质水平由 16%降至 14%，再添加色氨酸、蛋白质水平可降至 12%；50～100 kg 猪，采用玉米豆粕饲粮，添加赖氨酸、色氨酸、蛋氨酸，蛋白质水平由 13%可降至 10%，生产成绩不变。

我国蛋白质饲料资源较少，价格相对较高，通过添加氨基酸，实现饲粮低蛋白化，对于合理利用蛋白质饲料，降低生产成本，提高经济效益，意义重大。

(3)赖氨酸与能量的关系及对生长猪的影响见表 7-12。

表 7-12 赖氨酸能量比对 20～50 kg 猪的影响

项　目	赖氨酸/消化能(g/MJ)					
	0.45	0.60	0.72	0.81	0.88	0.93
蛋白质沉积重(g/d)	90	111	128	135	136	129
生长率(g/d)	707	769	845	865	850	830

注：引自陈代文《养猪》，1996。原文消化能为兆卡，现已按焦耳换算。

由表 7-12 知，随着饲粮中赖氨酸相对含量的增加，猪只蛋白质沉积量和生长率逐渐增加，至赖氨酸能量比近 0.81 g/MJ 时达到高峰，其后随含量增加，反而降低。由于 20～50 kg 生长猪的平衡饲粮能量水平是 12.9 MJ/kg，故而赖氨酸在饲粮中的含量应为 1%左右，才能使 20～50 kg 生长猪达到最佳生产成绩。

为使猪只不同生长发育阶段达到最佳生产状态，全面了解猪只不同体重阶段最适赖氨酸/代谢能比(表 7-13)是非常必要的。

表 7-13 猪不同体重阶段最适赖氨酸/代谢能比

体重(kg)	可消化赖氨酸/代谢能(g/MJ)	总赖氨酸/代谢能(g/MJ)
5～20	0.78	0.91
20～50	0.66	0.78
50～90	0.57	0.67

注：引自陈代文《养猪》，1996。原文代谢能为兆卡，现已按焦耳换算。

223.猪饲粮中高铜、高锌、砷制剂的危害有哪几方面？

近几年，由于高铜、高锌、砷制剂具有抗菌、促生长的特殊功效，使其在猪饲料中得到广泛应用，为保证猪只健康生长和高效生产做出了重大的贡献。但是，事物都有两重性，高铜、高锌、砷制剂也给公共卫生造成了巨大危害，并日益引起人们的关注。其危害包括如下 4 方面：

(1)造成环境污染、资源浪费。微量元素在消化道吸收率较低，高剂量时更低。高铜的表观吸收率，断奶仔猪为 5%～20%，成年动物一般不高于 5%～10%；高锌由于以氧化锌形式存在，吸收率更低，断奶仔猪约为 5%～10%。有机砷制剂很少在消化道被吸收，大部分通过粪便排出，被吸收的则主要从肾脏排出体外(Mondy，1964；Overby，1965)。微量元素大部分通过粪便白白排出体外，造成资源浪费的同时也污染环境。日粮中高剂量微量元素通过粪便被进一步浓缩，加剧对环境的污染能力。饲喂高铜日粮的猪粪便中，铜的浓度达到 700～100 mg/kg。

粪便是较好的有机肥料，但由于铜、锌、砷等含量较高，利用价值降低。Jim Mc Farlam 博士认为粪便中高铜为短期应激因子之一，可抑制或杀死分解有机物的细菌，减少粪便分解速度。长期使用高铜、锌、砷的粪便施肥，将导致土壤中铜、锌、砷蓄积，从而对植物产生毒害作用，严重影响生长发育，造成减产。

土壤富集的微量元素，通过植物再次富集，直接影响人的食品安全和引起食草动物中毒。有机态砷被植物吸收后，可在体内逐步降解为无机态，无机态砷的毒性远高于有机态，进一步加剧食品的不安全性。Betey 等(1972)和 Feenstra 等(1993)报道用高铜添加剂饲喂动物的粪便给牧草施肥，所收干草可使绵羊发生中毒(粪中铜浓度为 700～3 000 mg/kg，干草为 42 mg/kg)。

高铜粪便一旦污染水源可降低水体自净能力，使水质恶化水生物死亡。铜对水生物毒性很大，在水中浓度为 0.5 mg/kg 时，能使 35%～100%的原生淡水植物死亡，鱼类对铜敏感性远远超过哺乳动物，尤其是游离铜，更是致命的。对鱼 96 h 半致死量为 0.1 mg/kg，与氰氢酸相当。水中锌过高时，可影响水的味道。水源一旦被砷污染，可被水生生物高度富集，通过食物链，最终危害人类健康。

(2)降低畜产品的可食性、安全性。高铜可造成动物肝脏铜蓄积，从而使食用价值下降，甚至对人体产生毒害作用(特别是体弱或有病之人)。钱莘莘(1998)等报道，当日粮添加 150 mg/kg 铜，肉铜明显上升，如继续添加，则无明显变化。此剂量下，肝铜达到 134.9 mg/kg，当日粮铜增加到 367.9 mg/kg 时，肝铜达到 407.7 mg/kg。明显降低肝的可食性。高铜还使猪肉的不饱和脂肪酸含量增加，从而使猪肉易氧化，不易储藏，保鲜期缩短。高锌和有机砷在动物体内残留较少，不影响畜产品的安全性(Holm

Poulsen,1994)。

(3)造成动物慢性中毒和引起营养物质缺乏。铜在体内有累积性作用,长期饲用高铜会导致蓄积性中毒。例如对小猪使用高铜可促进生长,但一直使用到大猪阶段可能引发铜中毒,甚至导致突然死亡。铜、锌、铁三者之间存在抵抗作用,高铜影响锌、铁的吸收,诱发缺锌、铁。饲料中矿物质过多,必将对维生素的稳定性产生负面影响,导致维生素缺乏。过量铜干扰半胱氨酸的利用率,高铜也增加动物对蛋氨酸和胱氨酸的需要量。

(4)对饲料生产者的危害。长期接触砷制剂可发生皮肤损害,而后产生皮肤癌,少数工人继发性发展成肺癌。吸入大量氧化锌烟尘后,可引起锌中毒,产生金属烟雾热。一般吸入 40 mg 锌即可发作,吸入 80 mg 以后明显发作。

224.如何减轻高铜、高锌、砷制剂的危害?

(1)降低使用剂量,适当增加其他营养元素添加量。高铜添加造成的危害,引起各国的高度重视,并从铜的毒理学、生态学角度进行了深入研究,欧共体已提出饲料中铜允许量的卫生标准,规定16 周内小猪 175 mg/kg,17 周以上 35 mg/kg;加拿大、美国饲料协会已将日粮中铜和锌最大限量分别规定为 125 mg/kg 和 500 mg/kg。Strdy 等(1980)研究表明,日粮添加 125 mg/kg 的铜提高增重效果最佳,而添加 250 mg/kg 提高成活率最好。有试验报道在基础日粮(铜含量为 9.9 mg/kg)中添加 150 mg/kg 和 250 mg/kg 铜都有促进仔猪生长,降低料肉比功能,但两者差异是显著。

高剂量微量元素对其他营养元素的破坏和抵抗作用,可通过适当增加其他营养元素添加量来解决。周明、李湘琼(1998)报道高铜日粮中铁、锌的适宜水平分别为 153 mg/kg、142 mg/kg。Bowland 报道,高铜(250 mg/kg)能使泛酸缺乏,但当用动物油脂时，可避免缺乏。在饲料中多添加 80 mg/kg 维生素 E 可防止高铜造成猪肉不饱和脂肪酸含量增多。

由于基础日粮中微量元素含量差异较大，在使用高剂量微量元素时，不能不考虑基础日粮中微量元素的含量，这样将可避免资源浪费或动物中毒。

(2)根据猪只生理特点，限制使用高铜、高锌、砷制剂。高铜、高锌对猪只的促生长作用，随着猪只体重的增长而逐渐减弱，美国有试验证明，添加高剂量的铜，可使仔猪、生长猪和肥育猪的日增重分别提高 22.1%、6.5%和 3.6%，对于体重 5～10 kg 的猪，甚至可达 32%。这说明体重越大，添加高铜效果越差。所以，一般应掌握在体重 50 kg 以前添加，体重 50 kg 以后按肥育猪营养需要量(5～6 mg/kg)添加。因此，高锌、有机砷应限制于幼猪阶段使用，高铜用于生长猪前期和仔猪阶段。对砷制剂，在生长后期，改用其他无毒副作用的添加剂。这样不仅减轻了对环境的污染，减少了资源浪费。同时，也提高了畜产品的安全性。

(3)寻求其他低残留无危害促生长剂，逐步取消高剂量使用微量元素。在荷兰考虑到环境污染问题，已不再允许在日粮中使用铜和锌的促生长剂量。针对高剂量微量元素的巨大危害，为了我国畜牧业持续发展，应该逐步禁止使用高铜、高锌和砷制剂。而以抗生素、酶制剂、益生素、益生元等微生态制剂、中草药保健促生长添加剂等取而代之。

八、猪的规模化饲养

225. 何谓规模化养猪，发展规模化养猪有什么意义？

规模化养猪是按照工业化生产的方式来组织养猪生产，采用流水式生产工艺，这种工艺不仅适合于新建的大型工厂化养猪场，同时也可用于传统养猪场的技术改造。它可以概括为 8 个字：集中、密集、约制、节约。就是说，各类猪群处于一个相对被控制的生活环境中，同时又处于一定强度的生产状态下，要求实现最佳的饲料转化率。

发展规模化养猪的意义有以下 4 点：

(1)规模化养猪有利于科技成果的转化，促进生产水平的提高。我国长期以来的传统养猪方式多以小规模分散饲养，无法应用高新的养猪科学技术和实施现代化管理，生产水平较低。近年来，全国各地兴建起大批规模养猪场，根据养猪生产流程的需要，采用标准化的饲养管理及环境控制技术，有效地降低了生产成本，提高了生产力水平。规模化养猪可使肉猪在 6 月龄内达到 100 kg，饲料转化率 3.2 以下，瘦肉率 60％以上，商品率 90％以上，经济效益显著。

(2)规模化猪场可以向市场提供数量稳定、品质优良的猪肉产品。规模化养猪场实行的是全进全出的流水式生产工艺，它按照一定的繁殖节律有计划地组建一定数量的母猪群，按照企业的生产计划有目的地、均衡地生产商品猪，从而保证了市场猪肉供应的平衡，有效缓解了季节性供需矛盾。另外，规模化猪场可以有计划地利用国内外的优良品种，保证了猪肉的品质，增强了市场竞争力。

(3)规模化养猪可以大大降低生产成本,提高经济效益。规模化猪场以猪肉为主要产品,是以获取经济效益为主要目的的企业,它可以充分利用经济规律,采用现代化企业管理手段,实现猪场人力、财务和物资的最优化配置,从而有效地利用劳动力资源及各种设备、设施,降低单位产品的固定成本,实现高投入、高生产、低成本、高效益的目的。

(4)规模化养猪有利于猪场副产品和废物的综合利用。规模化猪场在生产猪肉的同时,也产生大量的副产品和废物,若不对其进行合理的开发和利用,则必然导致环境的污染,也必将带来企业的经济损失。因而副产品和废物的综合利用是养猪业面临的重大课题。规模大的养猪企业,由于经济实力较强,有条件购置副产品的加工设备和猪场废物的处理设备,如对猪皮、毛、内脏加工增殖,粪、尿分流后经发酵制成复合高效有机肥,污水经净化后循环使用或灌溉农田,从而获得良好的经济效益和生态效益。

226.我国规模化养猪的现状如何?

改革开放的不断深入和市场经济的迅速发展,加快了我国从传统养猪向现代养猪转变的进程,一批农村养猪专业大户应运而生,户养规模不断扩大,从年出栏几十头到几百头、几千头乃至上万头。过去,作为农户“专利”的养猪业,在市场经济的浪潮中,早已跨出行业界线。继 20 世纪 70 年代广州、上海、北京、沈阳及沿海诸省、区、市先后建成 30 多个年出栏万头猪的大型商品猪场以来,湖北、湖南、山东、四川等养猪大省也紧随其后,于 90 年代中后期相继兴建投产一批大型工厂化养猪场和作为私营企业的养猪专业大户,采用先进的技术设备和管理措施,按流水式生产工艺,自繁自养,有计划地安排生产,做到人、财、物的优化配置,取得很好的经济和社会效益。尤其是在全国建设瘦肉型基地县以来,更促进了规模化养猪的发展，促进了养猪生产水平的提高。使我国2000年生猪出栏率平均达122%，上海、天津等地达185%，达到或超过国际平均水平。

227. 规模化养猪必须具备什么条件？

进行规模化养猪必须具备什么以下5个必须条件：

（1）经营者素质较高，能正确把握经营方向。经营者要具备一定的文化、科技和经营管理素质。素质越高，对养猪科学技术知识追求越强烈，就越重视并能积极招揽科技人才，就能大胆引进、消化、吸收更高新的科技成果，使之转化为现实生产力，创造更佳的经济效益。

经营者素质越高，越能在兴办之前，做好市场调查和投产前的预测，掌握并遵守市场经济规律；经营者素质越高，越能实现由按政府指令性计划生产向市场经济、由粗放经营向规模化经营这两个转变。只有具备高素质，才能在把握住市场经济和规模化经营这个大方向的基础上，认真调查市场和当地社会经济状况，结合实际确定发展规模与生产方式，避免短期行为，使决策立于不败之地。

（2）要有雄厚的资金来源。规模化养猪由于饲养规模大，设备先进，一次性固定资产和经营性流动资金投入较大，必须具备雄厚的财力。如果没有雄厚的经济实力，即使猪场建成，维持费用不足，也无法正常运转。

（3）要有一支强大的技术队伍。规模化猪场是科技含量较高的企业，它要求有一支熟悉动物遗传育种、饲料营养、猪病防治、环境控制、现代管理和市场营销理论与实践的专业科技队伍和文化素质较高的技术工人队伍。杂交制种体系建立、标准化饲料配方筛选、生产工艺流程的实施、免疫程序的制定与执行、疫病诊断与防治、产品及副产物的综合开发利用等生产环节，绝非简单劳动可以完成的。

(4)要有优越的市场条件。要在交通方便,经济繁荣,市场前景广阔的地区发展规模化养猪,才能在不断的市场竞争中开拓和占领市场,通过市场获取效益。

(5)要建立完善的社会化服务体系。大型规模猪场应该形成产、加、销一体的综合经济实体,但对一般规模的猪场而言,它的生存与发展,由于资金、技术、设备等条件所限,必须依赖当地完善的良种繁育、饲料加工销售、疫病防治、产品加工流通等社会化服务体系,才能不断巩固与发展。

228.当前我国规模化养猪存在哪些问题?

当前我国规模化养猪主要存在如下 4 方面的问题:

(1)投资建场缺乏科学系统的论证,决策带有一定的盲目性。当前我国已由政府指令性计划生产转变为市场经济,猪场的经营者在决定投资建场前,必须对市场情况和当地的社会经济状况做翔实的调查分析,结合实际情况以确定生产规模与生产方式。近年来我国发展起来的许多规模猪场,其短期行为较为明显,经营者缺乏对市场经济和养猪生产基本规律的认识,“有钱赚就上,没钱赚就下”,导致了经营决策的盲目性。

(2)缺乏雄厚的资金基础和技术力量。我国现有的许多规模化猪场,其固定资产的投入往往来自于国家银行,流动资金则严重不足,企业运转比较困难。不少规模猪场技术力量较为薄弱或者没有自己的技术队伍。

(3)饲养管理落后,不重视疫病防治。许多规模猪场片面追求猪只数量,其规模较大,但饲养过于密集,猪舍之间距离较短,猪舍内部布局不合理,且仍沿袭传统的养猪方式,这些必然会造成猪舍环境的恶化,促使疫病发生与传播,减慢猪只生长速度,降低饲料利用率。

(4)没有完善的种猪生产或供应体系。猪种的优劣直接影响着养猪生产的全过程以及猪肉品质的好坏,从而对规模猪场的经济效益有着直接的影响。而许多规模化猪场却始终没有形成或不够重视自身的良种繁育体系。同时,又不愿或很少投资引进优良种猪,猪苗主要来自千家万户,这免不了带来疫病的威胁,而猪只大小、质量参差不齐,这些必然会影响猪只的肥育效果和胴体品质,给猪场造成巨大的经济损失。

229.猪舍内环境包括哪些因素?

猪舍内环境即指猪舍内的小环境,也即指猪只栖身的环境。它包括温度、湿度、风速、空气安全度、圈养密度、群居环境等因素。

230.控制猪舍内环境的主要措施有哪些?

猪只不同生理阶段对环境的要求各异。为获取良好的生产效果,应从圈舍的精心设计、优选设备设施、粪污处理、通风降温、防寒保暖等方面采取相应措施,有效控制舍内环境。控制舍内环境应采取的主要措施有:

(1)根据猪只不同生理阶段对环境的要求,精心设计圈舍。配种及妊娠猪舍一般较为空旷,难于保温,至少应有利于使舍温经常保持在10℃以上,最好应保持在15℃左右。分娩舍母仔同栏,除应有足够面积外,还应设置母仔分卧的小气候区,各得其所。早期断奶仔猪保育舍,应选择隔热性好的材料,舍内空间宜小,以利保温。肥育猪圈内猪群体较大,圈顶较高,夏季能开窗通风,寒冷季节能挡风保暖,且有足够面积,粪便清除方便,有利于保持干燥。

(2)添加人工热源,调控舍内温度。添加人工热源是控制舍内温度的有效措施。可供选择的人工热源很多,目前,可移动式红外线灯、电热板、电热片等已广泛用于生产。有条件的场还采用热汽管道升温,进行自动控制。

(3)粪污合理排放与处理。舍内外排除粪污的通道应经常保持畅通,排放沟的大小、深浅、走向须合理;在舍外应设置粪污处理场,及时排放处理,以保持舍内干燥和净化舍内空气环境。

(4)良好的通风。各类猪舍均应设置适当大小的通风口,安装排气扇、抽风道等,使空气在舍内缓缓流动,避免冷风直接吹拂猪体,减少舍内空气微尘,驱除有毒、有害气体,使猪只处于一个比较安全的空气环境中。

231. 环境因素对种公猪繁殖力有何影响?

(1)温度的影响　研究表明,高温使公猪的一次射精量减少,精液品质下降,受胎率降低。即使短期的热应激(如连续 3 d),也会导致受胎率降低:曹义生等(1989)以大约克夏猪、长白猪和杜洛克猪为材料,研究了炎热月份和其他月份的射精量和精液品质(表 8-1)。郁炳贤(1994)研究了不同月份公猪采精量及精液品质的变化(表 8-2)。

表 8-1　炎热月份与其他月份公猪采精量及精液品质

月份	每头平均一次采精量(mL)	稀释精子后活力(%)	精子畸形率(%)
7～8 月	110±12.65	0.67±0.13	17.8±2.50
其他月份	182.7±16.60	0.85±0.08	6.2±1.10

注:引自曹义生《中国畜牧杂志》,1989。

表 8-2　公猪不同月份采精量与精子活力

项目	月份 1	2	3	4	5	6	7	8	9	10	11	12
平均温度(℃)	5.3	7.4	9.6	10.5	15.7	19.8	22.8	28.4	20.4	18.7	10.7	6.4
平均湿度(%)	79.7	79.7	77.9	78.3	77.0	82.7	81.0	84.7	84.7	78.0	77.0	75.0
采精量(mL)	254	260	267	248	217	209	215	211	260	288	276	232
精子活力(%)	0.8	0.8	0.8	0.8	0.8	0.73	0.75	0.78	0.77	0.8	0.8	0.8

注:引自郁炳贤《中国畜牧杂志》,1994。

由表 8-1、表 8-2 可见，炎热季节采精量减少，精子活力降低，畸形率增高。刘志斌(1995)报道，在冬、秋季节，公猪每次采精获得精子总数分别达到 484 亿个和 371 亿个，运动精子总数分别为 389 亿个和 298 亿个；夏季分别仅 331 亿个和 257 亿个。

(2)光照的影响　猪的性兴奋高峰出现在冬季，而冬季又是一年中日照时间最短的季节。因而公猪以每天光照 8～10 h 为宜。在此基础上，随光照时间增长，精子总量、密度随之下降，畸形率增高，受胎率下降。详见表 8-3。

表 8-3　光照对公猪精子生成的影响

光照时间(h)	一次射精量(mL)	精子密度(10 亿/mL)	运动精子总数(10 亿/mL)
8～10	132.9±4.2	0.352±0.02	39.8±1.90
12～14	167.7±9.0	0.302±0.02	36.4±2.80
14～16	143.3±8.4	0.287±0.02	31.2±2.50
16～17.5	129.1±5.3	0.316±0.01	33.0±2.00

注：引自刘志斌《养猪》，1995。

232. 环境因素对母猪繁殖力有何影响？

影响母猪繁殖力的环境因素主要是温度和湿度。母猪最适宜的环境温度是 15℃左右。猪对环境的热需求取决于舍内空气温度、辐射环境、气流速度及地面性质。母猪日采食量的多少决定着临界温度的高低。母猪妊娠期日采食 1.68 kg 饲粮时，临界温度为 24℃。日采食 3.5 kg 饲粮时为 18℃，怀孕后期则分别降至 18℃和 13℃。在适宜的环境条件下，母猪生理机能正常，繁殖潜力得以充分发挥。

高温潮湿环境时母猪繁殖力影响最大，它使母猪不能正常发情，受胎率明显下降。曹义生(1989)1984—1987 年的 4 年间，对大白猪、长白猪和杜洛克猪在不同环境温度下，研究了其繁殖表现，见表 8-4、表 8-5。

表 8-4 不同环境温度下母猪的繁殖表现

环境温度	配种数(头)	受胎数(头)	受脂率(%)	窝产仔数(头)
30℃以上	105	65	61.9	6.7±3.1
30℃以下	1 938	1 720	88.8	9.3±1.96

注：引自曹义生《中国畜牧杂志》，1989。

表 8-5 气温对不同年龄母猪的影响

项目	10～25℃		30℃以上	
	1～6 岁	6 岁以上	1～6 岁	6 岁以上
配种数	270	149	80	25
受胎数	250	131	50	15
受胎率(%)	92.6	87.9	62.5	60.0
窝产仔数(头)	9.6±1.66	8.6±2.05	7.0±1.78	6.4±3.13

注：引自曹义生《中国畜牧杂志》，1989。

由表 8-5 可知，1～6 岁母猪在 10～25℃温度下的受胎率和产仔数比 30℃以上温度下分别高 30.1%和 2.6 头/窝，6 岁以上的母猪分别高 27.9%和 2.2 头/窝。同温度下不同年龄相比，1～6 岁比 6 岁以上在 10～25℃下分别多 14.7%和 1 头/窝，30℃以上分别多 2.5%和 0.6 头/窝。母猪年龄越大，受影响越大。应启实(1994)研究了在不同温度范围内配种的繁殖表现，表 8-6 资料表明，随着配种时环境温度的升高，产活仔数递减，36～37℃下配种比在 1～5.9℃下配种窝产仔少 4.27 头。

表 8-6 不同配种温度对母猪繁殖力的影响

配种时环境温度(℃)	1～5.9	6～10.9	11～15.9	16～20.9	21～25.9	26～30.9	31～35.9	36～37
窝平均产活仔数(头)	10.71	10.40	9.82	9.72	9.33	9.17	8.28	6.44

注：引自应启实《养猪》，1994。

在不同环境温度条件下，母猪的行为也发生明显变化。在10～20℃下，采食、呼吸，心跳、活动正常；在25℃下，饮水量增加，嬉水；超过30℃，采食量下降；达到35℃时，呼吸、心跳加快，肛温升高，喜卧湿地。在环境温度超过35℃的情况下，往往造成妊娠期胎儿死亡或流产。试验证明，引起怀孕母猪流产的临界温度为32℃，在热应激条件下，母猪断奶后7 d内发情率仅为70.6%，而在较凉爽月份，断奶后1周内发情率为90.7%，由此可见，热应激对母猪繁殖力的严重影响，应引起高度重视。

233.环境因素对生长肥育猪有何影响？

生长肥育猪的生活环境包括猪舍内的温度、湿度和猪只密度，其对猪只的生长和肥育影响很大，这是不争的事实。那么，如何使这些因素成为积极因素，是我们研究和探讨的目标。

(1)温度的影响　研究表明，体重45 kg的生长肥育猪至90～95 kg时，环境温度从22.8℃渐减至18.3℃，增重速度最快，饲料利用率最高。在实际生产中，舍内适宜的环境温度范围较宽，也可根据舍内设备、设施情况作适当调整。有资料表明，在有垫草情况下，猪在4～10℃下的生产表现与没有垫草的15～21℃下一样；群养比单养猪舍温度可适当降低，一般在10～25℃范围内可获得良好的肥育效果。

(2)湿度的影响　在适温条件下，舍内湿度的大小对肥育效果无不良影响。应避免高温、高湿、无风或低温、高湿、风速快的环境。否则将危及猪只健康，降低肥育性能。

潮湿环境一方面减少了舍内空气中的粉尘和所附着的病原体，有利于减少呼吸道疾病；另一方面，潮湿、污秽的环境亦最适合病原微生物的滋生和生存。致微生物死亡的最经济有效的方法就是保持环境干燥。据研究，粪便中的细菌，在相对湿度为40%下死亡速度比在80%下高10倍。

(3)圈养密度的影响　圈养密度的大小可以影响肉猪的生产水平(表 8-7)。试验证明:圈养密度以每圈饲养肥育猪 10～20 头,每头平均占圈 0.8～1.0 m^2 为宜。密度主要影响圈内小环境以及猪只间交锋的频率、睡卧时间,同时适当的密度有利于创造适宜的环境,且符合猪只喜群生活的生物学特性,并能合理利用圈舍面积,降低成本,提高效益。

表 8-7　圈养密度与猪生产表现

头数/圈	m^2/头	平均日增重(g)	相对值(%)	饲料/增重	相对值(%)
15	0.5	539	100	3.42	100
15	1.0	605	112.2	3.12	91.2
15	2.0	618	114.7	3.04	88.9

注:引自汪银才《养猪》,1992。

234.规模化猪场对饲养管理有何要求?

(1)选择优良的品种和最佳杂交组合。规模化养猪所采用的品种应具有较高的繁殖力、较快的日增重、较好的胴体品质,为保证这些优良生产性状的稳定实现,必须建立稳定高产的繁育体系,不断地对亲本进行选育提高,进行配合力测定,或建立具有某一优良经济性状的专门化品系,以供生产优良商品肉猪使用。

(2)建立性状高度整齐的标准化猪群。规模化养猪采用的是"全进全出"的流水式连续生产,为保证生产工艺流程能够顺利进行,就要求猪群各方面性状具有高度的一致性。如母猪发情、配种实现同步化,母猪产仔数,仔猪初生重、断奶重及育成猪日增重均应保持一致等。为保证猪群标准化,必须严格实行种猪淘汰制,一般公猪利用年限为 2～3 年,每年更新率为 30%～50%,母猪一般只利用 5～6 胎,每年的更新率为 30%左右。

(3)选择适宜的饲养管理方式。规模化养猪的流水式生产工艺要求猪群具有高度一致性,要求饲粮必须采用全价配合饲料,且饲粮配合应根据猪群不同的生长时期和生产目的给予相应的营养水平，以充分发挥各类猪群的生产潜力。流水式生产工艺要求有机械化的自动喂料和饮水设备与之相配套，这同时也限定了料形及饲喂方法，饲料料形一般采用干粉料，饲喂方式采用自由采食和自动饮水。

(4)创造适宜的猪舍环境条件。包括适宜的温度、湿度、光照、合理的通风、较低浓度的有害气体等。

(5)建立严格的卫生防疫制度。首先，要使猪场与外界隔离，猪场四周建围墙和防疫沟、沟边植树造林。猪场设立固定出入口，门口设有消毒池，车辆及人员出入必须经过严格消毒。其次，猪舍和场区环境定期消毒，一般猪舍每周一次药物喷雾消毒，场区大环境每月一次消毒，每次转群前后，也应对猪舍进行彻底消毒。其三，按免疫程序对猪只进行猪瘟、猪丹毒、仔猪副伤寒等疫(菌)毒的预防接种，并定期驱虫、健胃。其四，病猪解剖室及焚尸炉应设在生产区的下风向。

(6)采用现代化的机械设备，提高劳动力生产效率。为有效地提高劳动生产率，规模化猪场必须使用现代化的机械设备，如饲料粉碎机、机动送料车、气动给料设备，自动采食槽以及自动饮水设备等。

(7)建立符合环境卫生要求的粪便及污物处理系统，将粪便和污物变废为宝，使这些对环境有害的物质转化为有价值的商品，提高猪场综合经济效益。

235. 规模化猪场的主要经济技术指标是什么？

一般规模化猪场的主要经济技术指标如下：

后备母猪的配种日龄	210 d
受胎率	96％
妊娠期	114 d

哺乳期	21～35 d
断奶至配种的间隔时间	6～7 d
公母猪比例	1∶(25～30)
种猪利用年限	3 年
窝产仔猪数	12 头
窝产死仔数	<1 头
仔猪初生及断奶损失率	10%左右
仔猪 35 日龄断奶体重	7～9 kg
仔猪育成天数	35 d
育成期成活率	95%
育肥猪育肥天数	98～105 d
育肥期成活率	98%
母猪年产窝数	2.2 胎
窝断奶仔猪数	10 头左右
母猪年产商品猪数	20～21 头
肉猪 18～110 kg 日增重	0.8 kg 左右
出栏日龄	170～180
出栏肥猪平均活重	105 kg
饲料报酬	2.8～3.1

236. 如何确定规模化猪场各类猪群的结构和数量，不同规模猪群结构示例。

规模化养猪所实行的均衡的流水式生产要求，将猪只按照工艺流程划分为不同的猪群，并配置在相应的猪舍栏内，这就要求必须计算出各类猪群的规模和所需的栏位数，从而达到最大限度地利用猪群、猪舍和设备。各类猪群数量的确定方法如下：

$$\text{年平均需要母猪头数}=\frac{\text{计划年出栏商品肉猪数}\times\text{母猪繁殖周期}}{\text{窝产仔数}\times\text{从出生到出栏的成活率}\times 365\ \text{d}}$$

公猪头数＝母猪总头数×公母比例

后备公猪头数＝公猪头数×年更新率

后备母猪头数＝年需母猪总头数×年更新率

$$\text{成年空怀母猪头数}=\frac{\text{总母猪头数}\times\text{年产胎数}\times\text{空怀期饲养日数}}{365\ \text{d}}$$

$$\text{妊娠母猪头数}=\frac{\text{总母猪头数}\times\text{年产胎数}\times\text{妊娠期饲养日数}}{365\ \text{d}}$$

$$\text{分娩哺乳母猪头数}=\frac{\text{总母猪头数}\times\text{年产胎数}\times\text{哺乳期饲养日数}}{365\ \text{d}}$$

不同规模猪场猪群结构见表 8-8。

表 8-8　不同规模猪场猪群结构　　头

猪群类别	生产母猪					
	100	200	300	400	500	600
空怀母猪	10	20	31	41	50	62
妊娠母猪	69	138	206	275	344	412
分娩母猪	21	42	63	84	106	126
后备母猪	25	50	75	100	125	150
公猪	4	8	12	16	20	24
后备公猪	2	3	4	5	6	8
哺乳仔猪	163	326	489	652	815	978
幼猪	196	391	588	782	980	1 176
肥育猪	489	978	1 467	1 956	2 445	2 934
合计存栏	973	1 945	2 919	3 890	4 865	5 838
全年上市商品猪	1 700	3 400	5 100	6 800	8 500	10 200

注：哺乳仔猪 35 日龄断奶，肥育猪 182 日龄出栏，幼猪为 35～77 日龄。

237. 规模化养猪的生产工艺分几种形式？

工厂化的养猪生产是将猪的配种、妊娠、分娩、哺乳、保育、生长、肥育以及销售等生产的各个环节有机地结合起来，形成一条连续的流水式生产线。各个生产阶段有明确的分工和具体的责任，整个猪场的生产按照固定的周期，有计划、有组织、有节奏地连续进行。那么每隔一个繁殖节律(一般为 7 d)，就有一批母猪配种、分娩，一批仔猪断奶，一批生长肥育猪出栏，从而均衡地为市场提供商品猪。根据猪场规模、设备以及分阶段的不同，流水式生产工艺大体可分为 3 种形式：

(1)三阶段饲养、一次转群　这种工艺流程是将哺乳仔猪饲养至 35 日龄左右断奶。断奶后留在原圈继续饲养一段时间后直接转群到肥育猪舍，整个过程见图 8-1。

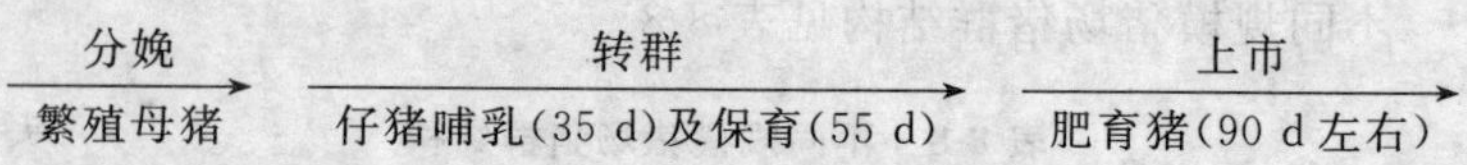

图 8-1　三阶段饲养生产工艺流程示意图

此种饲养工艺的优点是：整个饲养过程只需一次转群，可以减少转群应激，利于猪只生长发育。肉猪生长期一般为 180 d 左右，全期日增重 500～600 g。缺点是：由于转群次数少，致使各类猪群所需的相应的猪舍面积和栏位数较大，不利于猪舍的合理利用，同时，由于猪群周转周期变慢，相应的母猪的繁殖节律也增加，降低了母猪的利用率。

(2)四阶段饲养、三次转群　这种饲养工艺是将猪只生产的全过程分为空怀和妊娠、分娩和哺乳、仔猪培育以及肥育 4 个阶段，其工艺流程见图 8-2。

此饲养工艺优点是猪群的转群次数相对较少，减轻了劳动量，同时也减少了转群应激反应，有利于猪只生长发育，从仔猪出生至肥猪上市出栏，饲养期 180 d 左右，出栏体重可达 90～110 kg。另外待配母猪、妊娠母猪、公猪及后备公猪在同一猪舍内分区饲养，也减少了猪舍的种类和维修工作量。

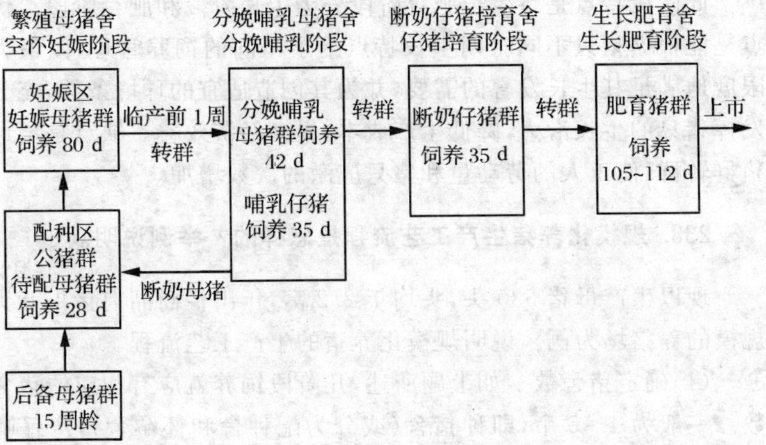

图 8-2　四阶段饲养生产工艺流程示意图

(3)五阶段饲养、四次转群　这种饲养工艺将整个工艺流程分为空怀妊娠、分娩哺乳、仔猪保育、生长、肥育 5 个阶段。待配母猪和妊娠母猪在空怀妊娠母猪舍饲养,临产前一周转入分娩哺乳舍,仔猪断奶后转入保育舍饲养一段时间,再转入育成舍饲养,最后转入肥育舍。整个过程见图 8-3。

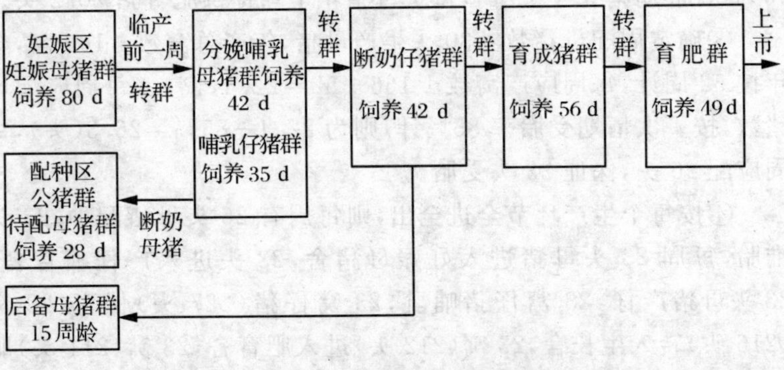

图 8-3　五阶段饲养工艺流程示意图

此阶段特点是将生长肥育阶段分为生长阶段和肥育阶段。优点是能根据猪只不同时期生长特点给予不同的饲养管理，以最大限度地满足其生长发育的需要，并为其创造适宜的环境条件，充分发挥猪只的生长潜力，降低生产成本，提高经济效益。缺点是增加猪群转群，使工人的劳动量和猪只应激的次数增加。

238. 规模化养猪生产工艺流程是怎样的？举例说明。

现以生产母猪 530 头，头均年 2.2 窝，年出栏商品肉猪 1 万头规模的养猪场为例。说明规模化养猪的生产工艺流程。

(1)确定猪舍数　如上题所述，几阶段饲养就应有相应的猪舍数。一般为 4～5 个，即种猪舍(或分为配种舍和怀孕舍)，产仔哺乳舍、断奶仔猪保育舍和生长育肥舍。

(2)确定生产节律　一般定为 7 d。且根据母猪繁殖周期和年产胎数及育成数确定周配母猪数。

①母猪繁殖周期：妊娠 114 d，哺乳 35 d，配种 7 d，合计为 156 d。

②母猪年产胎数、育成数：年产 2.2 胎/头，产活仔 11 头/窝，哺乳期育成率 90%，育成断奶仔猪 9.9 头/窝，6～10 周龄育成率 95%，育成幼猪 9.4 头/窝，每头母猪年平均提供肥育猪 20.2 头。

③确定周配母猪数：530 头生产母猪，年产总窝数 1 166 窝，全年按 52 周计，每周应产窝数 1 166÷52＝22.4(窝)。每周应配母猪数，按一次情期受胎率 85%计，则为 22.4÷85%＝26.3(头)，每周应配 26 头，保证 23 头受胎。

④按每个生产环节全进全出，则每周有 26 头母猪配种，23 头准胎，每周 23 头母猪进入妊娠母猪舍，23 头进入产仔哺育舍，23 头母猪产仔，23 窝仔猪哺乳，23 窝仔猪(227 头)保育，23 窝(216 头)转入生长舍，23 窝(212 头)进入肥育舍，23 窝(211 头)肥育猪出栏，见图 8-4。

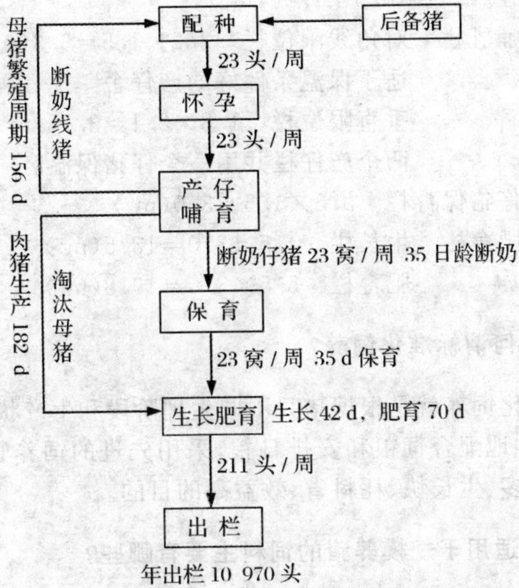

图 8-4 规模化养猪生产工艺流程示意图

(3)确定猪舍单元、栏位 原则是：

配种舍	生产公猪	1 头/栏
配种母猪		4 头/栏，7 栏/单元
怀孕舍	怀孕母猪	1 头/栏，23 栏/单元
产仔哺乳舍		1 头/栏，23 栏/单元
断奶仔猪保育舍		1 窝/栏，23 栏/单元
生长肥育舍	生长期	1 窝/栏，23 栏/单元
肥育阶段		1 窝/栏，23 栏/单元

(4)确定各猪舍栏位面积

配种舍 公猪栏 $3\times2.4=7.2(m^2)$

母猪栏 群养栏 $3\times2.4=7.2(m^2)$

限位栏 $2.1\times0.6=1.26(m^2)$

怀孕栏 2.1×0.6=1.26(m^2)

产仔哺乳栏 对角线限位栏 2.2×1.5=3.3(m^2)

适于保温条件好的产仔舍

垂直限位栏 1.8×2.1=3.78(m^2)

两个产仔栏共用一个仔猪保温区

断奶仔猪保育栏 2.6×1.5=3.0(m^2)

生长肥育栏 生长栏 4.5×3.0=13.5(m^2)

肥育栏 5.5×3.6=19.8(m^2)

239. 何谓标准化饲养?

标准化饲养就是根据猪只不同生理阶段和生产状态下的营养需要,科学地配合饲粮和安排日粮,采用先进的饲养管理技术,以达到产仔多、生长快、耗料省、效益高的目的。

240. 适用于规模养猪的饲料主要有哪些?

规模化养猪机械化、自动化程度较高,所选用的饲料应有利于机械化加工与自动化饲喂,主要有如下几类:

(1)籽实类饲料 如玉米、大麦、小麦、高粱、稻谷、大豆、豌豆、胡豆、巴山豆等。

(2)饼粕类饲料 如大豆饼、棉籽饼、菜籽饼、葵花籽饼、花生饼、芝麻饼或各种粕等。

(3)糠麸类饲料 如麦麸、米糠、稻糠、谷糠等。

(4)粗饲料 如干草粉、玉米秸粉、苜蓿粉等。

(5)动物蛋白类饲料 如鱼粉、蚕蛹、肉骨粉、血粉、乳清粉、酶母粉等。

(6)矿物质类饲料 如骨粉、石粉(碳酸钙)、磷酸氢钙、食盐等。

(7)添加剂类饲料 如微量元素、维生素、氨基酸、抗生素、抗氧化剂、调味剂等。

241. 规模化养猪的饲粮配合应注意什么问题?

在我国,大型规模化猪场一般都自办饲料加工厂,自行研制饲料配方,加工各种形态的饲粮。在饲粮配合中要注意如下3点:

(1)把好饲料原料质量关。由于各种原料及预混料的产地、加工工艺、经营者素质差异很大,很难保证原料质量的一致性。往往因来源、批次不同,质量差别很大。所以,能量饲料、蛋白饲料、维生素、氨基酸等,每批都应经过质量检测并试用后,再批量购进。进货渠道应相对稳定,以保证原材料质量。

(2)不断研制和完善饲料配方。规模化猪场应具有饲料、营养方面的专门人才,并成立相应机构,不断进行试验研究,研制新配方,并根据使用效果进行调整完善,以满足生产需要。

(3)应用电脑配制全价饲料。由于饲料营养科学的发展,饲养标准日趋完善,营养指标越来越多,一般都有30～40个营养指标,用一般运算工具配制一个各项营养指标都平衡的配方难度极大,而使用电脑则迎刃而解了。

242. 规模化猪场应采用哪些卫生保健措施?

规模化猪场应采用的卫生保健措施包括以下4方面:

(1)提高猪群的健康水平。首先实行严格淘汰制,以健康无病的猪只组成生产群;其次是通过满足营养需要,有效控制环境,严格的生产管理来提高猪群整体健康水平,以增强抗御疾病能力,从而保证生产潜力的充分发挥。

(2)消灭病原体。有两种主要措施。其一,建立严格的消毒制度,按照动物卫生要求,设置各种消毒设施,对出入猪场,尤其是生产区的一切人员、车辆等必须严格按程序消毒;对场内的生产工具,舍内外环境定期消毒,一般为每周一次,发病季节更应加强;杜绝猫、犬、雀鸟、鼠类进入猪舍。其二，坚持严格的检疫制度，应用病理学、血清学、细菌学的检测手段，定期对场内猪只，特别是种猪进行检疫，以便及时发现问题妥善处理。凡外来猪只必须经过隔离观察和严格检疫，确认健康者才可投入生产。

(3)制定科学的免疫程序并严格遵守。目前，猪瘟、猪丹毒、猪肺疫、猪大肠杆菌猪、副伤寒等传统疫病没有被消灭，而猪乙型脑炎、猪萎缩性鼻炎、猪喘气病、猪细小病毒病、猪蓝耳病等新发病又不断出现，所以，要根据本场实际制定科学的免疫程序，定期接种。为预防仔猪大肠杆菌病，规模场(户)实行妊娠母猪产前 40 d 大肠杆菌苗首免，产前 14 d 大肠杆菌苗二免，效果不错。对仔猪 3 日龄进行气喘苗首免(预防猪肺炎霉形体病)，14 日龄二免，40 日龄三免；7 日龄仔猪进行大肠杆菌苗免疫，20 日龄猪瘟弱毒疫苗首免，60 日龄二免，30 日龄仔猪进行仔猪副伤寒菌苗免疫接种等。

(4)通过加强管理，促进猪场防疫保健制度的顺利实施。通过对猪场各种报表的分析对比，疫病发生与猪场经营效果之间关系的统计分析，进而有针对性地寻找造成生产成绩低劣与发病率高的原因。在细致检查的基础上，进一步完善防疫保健方案，确定实施重点，保证猪群经常处于健康状态，为获得良好生产成绩和显著经济效益奠定基础。

243. 商品猪场管理者日常应抓哪些工作?

商品猪场为获得高的养殖效益，管理者日常应抓好下面 6 项工作：

(1)多渠道了解信息。利用电视、广播、网络等多渠道了解各种市场信息，并进行分析研究，以准确及时地掌握市场动态，指导猪场的经营工作。

(2)抓生产水平的提高。如每头生产母猪年平均提供肥育猪数争取达到 20 头，肥育猪 180 日龄出栏体重争取达到 110 kg，生产母猪年产仔争取达 2.2～2.3 窝/头，饲料转化率争取达到 3.0 以下。

(3)抓仔猪成活率。通过加强管理，使仔猪断奶前成活率达 90%以上。

(4)抓营养与饲养。根据猪只各阶段的营养需要量来确定蛋白质水平及喂料量，达到既能保证猪最大增重速度，又节省饲料的目标。

(5)抓饲料来源。根据猪饲养量及饲料的需求量，备足或及时购进质优饲料。

(6)抓防疫卫生制度落实。责成专业人员制订符合本场实际的免疫程序、驱虫计划及定期消毒制度，并督促工作人员严格遵守。同时要加强猪场管理，用制度来约束工作人员增强责任心，搞好猪舍卫生，勤观察猪群，发现异常及时隔离治疗。

244. 猪场废弃物对环境的污染主要有几方面?

猪场废弃物主要是猪粪、尿以及各种污水污物，若不妥善处理，势必会对环境造成极大污染。这种污染主要有以下 3 方面：

(1)猪舍内环境的污染。舍内粪尿等废弃物氧化分解释放氨气、硫化氢等有毒有害气体，在猪舍通风不良的情况下，引发猪的呼吸道病；舍内粪尿增加湿度，在寒冷季节加剧猪只的低温应激反应。

(2)舍外粪尿等堆积物散发出的不良气体，会对猪场周围的空气环境造成污染。

(3)猪场粪尿等废弃物通过排泄沟排出场外，很有可能造成周围土壤，水源的污染，尤其是猪饲料中过量使用的铜、锌、砷等矿物质，在猪粪尿中得以浓缩，通过土壤和水源，对人、畜造成危害。

245. 猪场废弃物的处理方法有哪几种?

猪场废弃物的处理是一个关乎养殖业能否持续发展,人类生存环境能否有效保护的大问题。目前我国常用的处理方法有如下两种:

(1)猪场粪尿的清除　方式有 3 种:

手工清粪　该方法投资少,节约电能和水资源,排到舍外的污物含水量少,便于处理,且有利用保持舍内干燥环境,但劳动强度大,效率低,不适合大规模的养猪生产。

刮粪板清粪　与漏粪地板配合使用,此方式工作效率高,可有效减少劳动量,较适合于规模化养猪生产,且粪尿一起清出,污物量相对较少,便于处理。

水冲清粪　此方式的猪舍地面一般也采用漏缝地板,地板下设置粪沟,粪沟一端设有水箱,水箱定期放水,将粪便冲出舍外,流入化粪池。此方式耗水量很大,舍内湿度较高,易造成空气质量下降,且污物中水分含量很大,若不经妥善处理任其排出场外,会引起严重的环境污染。所以要进行污水净化,其基本流程是:化粪池中流出的污水进入生物过滤池进行净化。生物过滤池内设置碎石、炉渣、焦炭或轻质塑料板等构成的滤料层,进入的污水经滤料层过滤、吸附并经滤料中微生物的分解而达到净化的目的。山东省临沂市江泉原种猪场、曲阜市大成养殖场污水处理后的水质达到农田 2 级,蔬菜 3 级灌溉水的标准。

(2)猪粪的综合利用　方式有 2 种:

堆肥　为常用的处理方式,适用于固体粪便的处理。在堆肥过程中产生大量热量,加快了废物的降解速率。研究表明:废物产生的氨气及其他臭气,有 70%是从粪浆的液体表面散发出来的。堆肥方式采用固液分离,因而减少了不良气体的散发,有效地减少对空气的污染,同时固态肥料也便于处理,是一种较为经济的污物处理方式。但此方式只能分批处理少量粪便，仅适合于规模较小的猪场应用。

发酵　此方式为现代养猪生产最为经济实用的方式，它有4大优点：一是减少不良气体排放；二是减少有机污染；三是减少病原微生物的传播；四是产生可利用的能量。经测定，1 kg猪粪发酵后可产生约450 L沼气，其中含有35％的二氧化碳和65％的甲烷。研究表明，在一定的范围内提高发酵的温度可以有效地促进粪便的分解利用，猪粪在35℃发酵15 d即可达到上述目的。因此，可在发酵坑（罐）中加装电热装置以提高发酵的温度。较为理想的粪便发酵处理系统见图8-5。

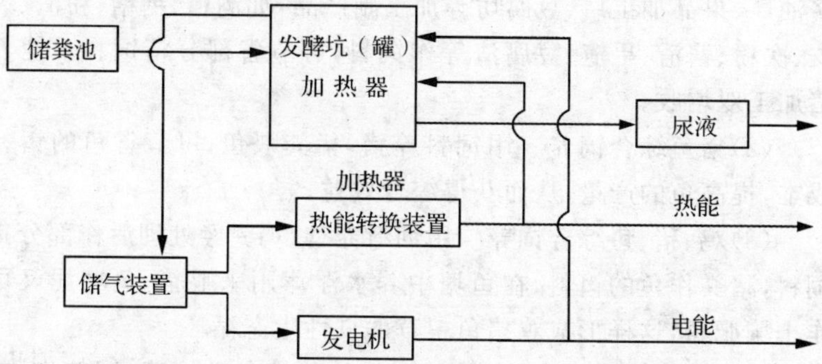

图8-5　猪场粪便发酵综合利用系统示意图

246. 家庭养猪以规模多大为宜？

家庭养猪规模，因各个家庭所处的地理位置、技术水平、经济基础和经营管理能力等的不同而有很大差别。就目前我国家庭养猪水平来看，家庭养猪规模开始不宜太大，应由小到大，由低级到高级逐步发展，可按每个劳动力每批育肥10头，一年出栏10批（除农历1月、6月外，每月出栏一批），共出栏100头为宜，这种规模和分批饲养方式，对猪舍、饲料、资金、技术等条件要求不严格，但可抵御市场风险，随着经营决策和技术水平的提高，资金的积累，再逐步扩大规模，很多的家庭养殖大户（包括养鸡、养牛户）都是这样发展起来的。

247. 家庭规模养猪的生产模式有几种？

在家庭规模养猪中，单一养猪在经营有方的情况下，也能取得较好的经济效益，但由于养猪的饲料一次性利用，损失和浪费较大。若采用综合饲养，就可使饲料一次性使用变为多层次增值利用，经济效益更好。常见的有以下几种生产模式：

（1）加工与养猪结合模式　利用酒厂、糖厂、淀粉厂、面粉厂、酱油厂、果品加工厂、豆腐坊等加工副产品，如酒糟、糖糟、粉渣、麸皮、次粉、酱渣、果渣、豆腐渣等作饲料，可节省部分精饲料。使养猪加工双增收。

（2）猪鱼综合饲养　用饲料养猪，猪粪喂鱼，可节省鱼的饵料成本，提高鱼的产量，从而获得综合效益。

（3）鸡、猪、鱼综合饲养　用饲料养鸡，鸡粪经处理后作部分猪饲料，猪粪作鱼的饵料，在鱼塘中养水浮萍用来喂猪，鱼塘泥又可作土壤肥料，这样形成鸡猪鱼粮草的良性生态循环。

（4）猪果结合模式　在果林空隙处栽植各种饲草、饲粮作物，如苜蓿、黑麦草、地瓜等。用于喂猪，用猪粪给果树施肥，既可减少肥料开支，又可降低养猪饲料成本，从而达到猪果双收。

248. 家庭规模养猪如何降低市场风险？

家庭规模养猪由于没有固定的销售市场，更非集约化养猪的依定单生产，经营者资金不足，经营管理素质、生产水平、对市场的预测能力及抵御市场风险的能力相对较差，受市场行情的波动影响较大，往往赶到一次价格低谷而赔得一塌糊涂，甚至倾家荡产，债台高筑。为降低市场风险，可采取如下措施。概括起来为：适度规模,多批出栏,自繁自养。具体地说:确定年出栏 200 头肉猪以下,每批 14～15 头,除农历 6 月外每月都有出栏猪。饲养本地优秀母猪 5 头,用瘦肉型良种公猪配种,全年产杂优猪约 11 窝,基本按每月一窝来安排生产,本地母猪产仔数高,每月一窝仔猪也能加强管理,提高仔猪成活率,每窝断奶仔猪能达 14～15 头(农村饲养的本地母猪一窝产仔 18 头左右的常见)。而后进行肥育。生长肥育猪 4 个月左右出栏,每月都有肥猪出栏,不怕市场行情忽高忽低,能有效地利用有限的资金重复生产。自繁自养:减少猪只疫病和应激反应,能有计划地安排防疫、驱虫、健胃等工作。这种规模家庭人员能承担全部工作,不用雇人,节约了费用开支,粪便直接肥田,不用花费处理费用,更能减少化肥支出,带来大的农业收益,形成良好循环。

249. 怎样用塑料棚舍养猪,应用塑料棚舍养猪需注意哪些问题?

农村散养或小规模养猪,由于圈舍简陋,冬季难以保暖,温度过低,影响猪只生长肥育,降低本就不高的经济效益。20 世纪 80 年代末 90 年代初,全国推广十大畜牧科技,塑料棚舍养猪为其中之一项,深受广大农民欢迎。

用塑料棚舍养猪有两种情况:一是在原有猪圈的开敞面或露天部分,根据屋檐或圈墙情况,直接或在钉制的木框架上覆盖塑料薄膜,封闭起来,单层、双层均可。夜晚在塑料薄膜外面或上面加一层防寒草帘。这样塑料薄膜白天可透光、防风,晚上可保暖,圈舍内温度一般可提高 5～8℃。二是建造塑料大棚式猪舍。借鉴北方地区的蔬菜大棚建设式样,略作改造。即大棚南面砌1.2 m 左右高度的砖墙。这种塑料棚舍保温性能好,舍内温度一般可达 16～18℃。

应用塑料棚舍养猪应注意以下 4 个方面:

(1)塑料棚猪舍由于猪饲养密度校大,相对湿度较高,空气中氨气浓度大,会影响猪的生长发育。因此,要设置排气孔,或适时揭盖通风换气，以降低舍内湿度，排出污浊气体。一般舍内相对湿度应保持在60%～70%为宜。

(2)为了保持棚舍内温度，冬季在夜晚于塑料棚的上面要盖一层防寒草帘，以减少棚舍内温度的散失。夏季可除去塑料膜，但必须设遮阴物，做到冬暖夏凉。

(3)塑料棚的造型要合理，采光面积要大，冬季阳光能直接射入舍内，达到北墙底部。

(4)塑料棚应建在背风，高燥向阳处，一般方位为坐北朝南，并偏西5°～10°。这样在11～12月份，使每天棚舍接受阳光照射的时间最长，获取的太阳能最多，对棚舍增温效果好。

250. 什么是种养结合塑料棚舍养猪技术？

种养结合塑料棚舍养猪是近年来推出的一项农牧结合新技术。这种棚舍既养猪又种植（蔬菜）。建筑方式同单列式塑料棚舍。一般在一列棚舍内有一部分养猪，一部分种菜，中间设隔离墙。墙上留有小洞口，不封闭，可使猪舍内污浊空气与种菜棚的新鲜空气相互交流。在给蔬菜喷药时，关闭洞口，严防猪只中毒。有的在猪栏下面修建沼气地，猪粪便入池生产沼气，供照明、煮饲料、取暖等用。该技术在华北广大农村多见(图8-6)。

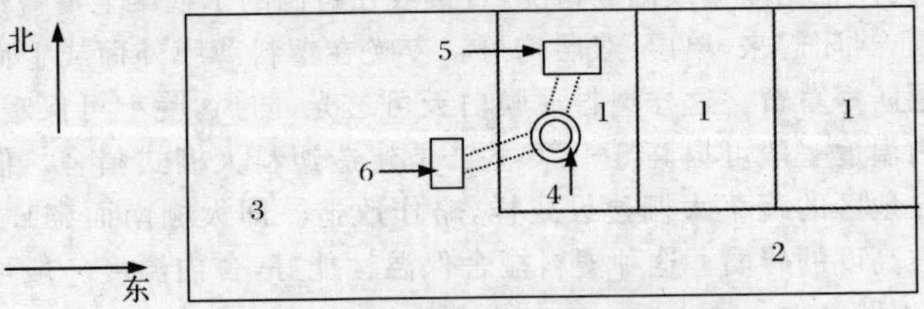

图8-6 种养结合塑料棚舍平面图

1. 猪栏 2. 走道 3. 棚菜地 4. 沼气出口 5. 沼气池入料口 6. 沼气池出料口

251. 何谓自然养猪法,其有何益处?

自然养猪法是最新在全国推广的畜牧养殖技术。猪舍的设计近似于传统的猪圈,但为全封闭猪舍,舍内区分为前后两部分,后一部分为硬化地面,作为猪的趴卧处;前一部分为排泄处——挖砌80～90 cm深的池子,池内填充用适量发酵剂发酵好的稻壳、锯末,并压实成垫料。在养猪过程中,每隔10 d轻翻一下垫料,以将表层的粪尿翻到下层。在育肥猪出栏后深翻一次,下批猪继续使用,一般可连续使用3年。

自然养猪法的益处主要有:垫料发酵产热可提高圈舍温度,最适于北方和低温季节使用;发酵产热可杀灭粪尿内的微生物,可除臭、净化空气;可使猪只提前出栏、节约饲料,提高养殖效益。

252. 规模养猪为什么要把治污环保放在首位?

据测定:一头存栏猪平均日排粪尿约6 kg,年排出量达2 t。一个年均存栏4 000头(约年产商品猪1万头)的猪场,年排粪尿即达8 000 t。如有些猪场采用水冲式清粪工艺,按每天每头用水15 kg计算,一年的粪污排放量达3万t左右。如处理不好,势必对本场、区和周边环境造成严重污染。这种污染对于本场区的内部环境来说,主要是水质、土层、空气和生物四大类,它使场内疫病频发,病毒、细菌、寄生虫等污染产品,同时也导致为控制这种污染而过量使用抗生素、驱虫剂、矿物元素以及农药等,而致使产品中药残等有害物质严重超标成为非安全产品。这种污染对于场、区外的环境来说,首要是污水排放,极易污染邻近村庄的水质,还有粪便、臭气、粉尘、噪声等的污染,特别是某些疫病病原的扩散,对周围环境内的人畜安全造成极大威胁。

近年来，世界上发达国家如英国、丹麦等的一部分集约化养猪场因环境污染问题已经关闭或者迁址。中国国家农业部于1996年颁布《畜禽场环境质量标准》、《畜禽废弃物排放标准》，国家环境保护总局于2001年11月26日批准了《畜禽养殖业污染排放标准》(GB 18596—2001)，将治污环境提到前所未有的位置。这就要求每个规模养猪场(户)按照农业部的有关规定，抓紧进行排污处理设施的安装使用，不要粪便随便堆、污水到处排、以牺牲环境质量为代价换取短时间的经济效益，把治污环保放在首位，在提高企业经济效益的同时，更要对产品的安全性负责，对人类赖以生存的环境负责。

253. 如何进行无公害猪标准化饲养？

无公害猪的标准化饲养是养猪业的发展方向，它不仅能有效地保证畜产品的安全，而且也能有效地保护环境免受污染。进行公无害猪的标准化饲养，必须做到以下5点：

(1)使用无公害饲料养猪。饲养无公害猪的饲料都应当是无毒无害的。为此，我国新颁布的《饲料卫生标准》具体规定了饲料、饲料添加剂中砷、铅、氟、汞、氰化物、亚硝酸盐、游离棉酚、六六六、滴滴涕、霉菌、黄曲霉毒素 B_1 等的指标，强调不得检出沙门氏菌，并对铜的用量做出了严格限制：每千克配合饲料中的含铜量，按猪体重30 kg以下的不得高于250 mg；30～60 kg的不得高于150 mg；60～100 kg的不得高于25 mg。养猪场户应严格按此标准和《生猪饲养使用准则》配制、饲喂猪只，努力开辟新型绿色安全饲料和饲料添加剂，如种植优质高产的鲁梅克斯、串叶松草、苜蓿、籽粒苋、密植地瓜等青绿饲料喂猪。

(2)使用国家允许使用的饲料添加剂。农业部2001年发布了《饲料药物添加剂使用规范》，规定了目前允许使用的饲料药物添加剂药物33种，农业部还批准了用于防治动物疾病，并规定疗程，仅是通过混饲给药的饲料药物添加剂(预混剂)计有24种，并明确规定，兽用原料药不得直接加入饲料中使用，必须制成预混料才可添加到饲料中使用。除上述允许添加的药物外，任何其他兽药产品一律不得添加到饲料中使用。

(3)无公害饮水和畜产品加工用水。定期取水样送有关部门进行微生物和水质检验，并坚持常年用漂白粉、高锰酸钾、百毒杀、威岛等消毒药进行处理，达到国家颁布的无公害食品《畜禽饮用水水质》标准和《畜禽产品加工用水水质》标准。

(4)使用无公害药防治疾病。按照《生猪饲养兽药使用准则》、《生猪饲养兽疫防疫准则》有关规定，正确使用药物，严禁乱用、滥用和超量用药。开发中药制剂，替代禁止使用、慎重使用或控制使用的药物。遵守"休药期"限的规定，减少无公害食品中的药物残留。

(5)据无公害猪环境保护要求，产地环境质量是发展无公害猪的关键。无公害猪场应符合和具备以下条件：产地环境符合无公害猪产地环境标准要求；地域范围明确；具备一定的规模。

国家环保总局2001年5月发布了《畜禽养殖污染防治管理办法》，也通过了《畜禽养殖业污染物排放标准》、《畜禽养殖业环境管理技术规范》和《畜禽场空气环境质量指标》等法规，对畜禽场址选择、审批、污物排放、超量依法缴纳排污费和场内的氨气、硫化氢、二氧化碳、可吸入颗粒、总悬浮颗粒物和恶臭，分别场区和舍区做出了严格指标要求，对产地环境影响最重要的是粪尿、水源、水质、空气、土壤、交通、卫生等。猪场的场址应选择在离村庄、交通要道、化工厂、屠宰厂、垃圾场较远的地方，防止污染，有利防疫。猪场应加强场内外环境卫生管理。栏圈每天清扫，粪便污物运至场外泥封发酵生物处理。尿液污水通过地下水道排放到场外污水处理池，做无害化处理后肥田。圈舍内要坚持定期消毒，杀灭病原微生物，防止传染病发生。舍内温湿度适中，通风良好，空气新鲜，有害气味不超标，夏天防暑降温，冬季防寒保暖，让猪只生活在一个卫生舒适的环境中。

九、猪舍的设计与建设

254.怎样选择猪场场址?

工厂化养猪场的场址选择要考虑以下几点:

(1)地势和位置　猪场应选在高燥、背风、向阳的地方。并且应在远离居民区(一般距离 500 m 以上)的下风方向。

(2)水资源和水质　应水源充足,水质符合生活饮用水卫生标准,确保将来也不受污染。

(3)交通运输　交通比较方便,但能避开交通主干道。

(4)能源供应　靠近电源,供电有保障。

专业户规模养猪场与工厂化养猪场基本相同,主要考虑地势高燥、防疫条件、交通方便、水源充足,供电方便等条件,规模越大,这些条件要求越严。

255.猪场总体平面布局有什么基本要求?

猪场总体平面布局的基本要求有两点:

(1)生产性建筑区内,各种猪舍安排要符合生产工艺流程顺序,并处于核心位置,各种后勤保障建筑布局应有利于各种物质供应,接近生产区;管理及生活服务设施应远离生产区。

(2)圈舍及其附属设施布局以安全生产为原则,舍与舍之间相距不少于 10 m;生产区和管理区以及生活区应安排在主风方向的上风位置;消毒卫生设施应设置在每一生产小区的出入口;病猪隔离舍,焚尸坑应远离生产区,并设在下风处。

256. 怎样规划猪场总体平面布局?

猪场的总体平面布局受制于被选场址平坦开阔程度。平原地区布局安排容易,丘陵、山区则应根据实际情况灵活安排。图 9-1 示意各种建筑物的布局顺序。

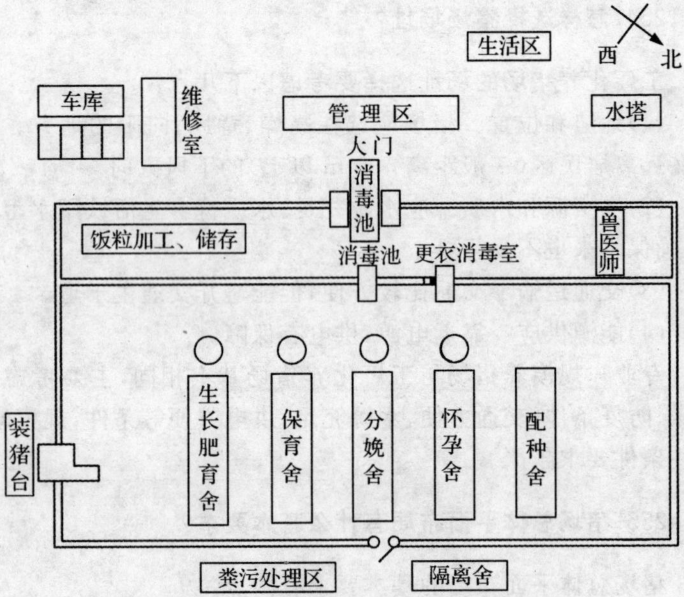

图 9-1　猪场总体平面布局图

257. 适合小规模猪场采用的生产线型系统猪舍平面布局如何规划?

生产线型系统猪舍完全按生产工艺流程顺序延伸,猪移动方便,建筑用地少,投资小,是值得推广的一种布局模式(图 9-2)。以年出栏 2 500～3 000 头商品肉猪为例安排如下:

生产母猪	150 头(年产 2.2 胎/头)
配种怀孕限位栏	116 栏
产仔栏	44 栏
保育栏	38 栏
生长栏	44 栏
肥育栏	70 栏
公猪栏	8 栏

生长栏和肥育栏数目,若一窝一栏分别为 44 栏和 70 栏,两窝一栏分别是 22 栏和 35 栏。

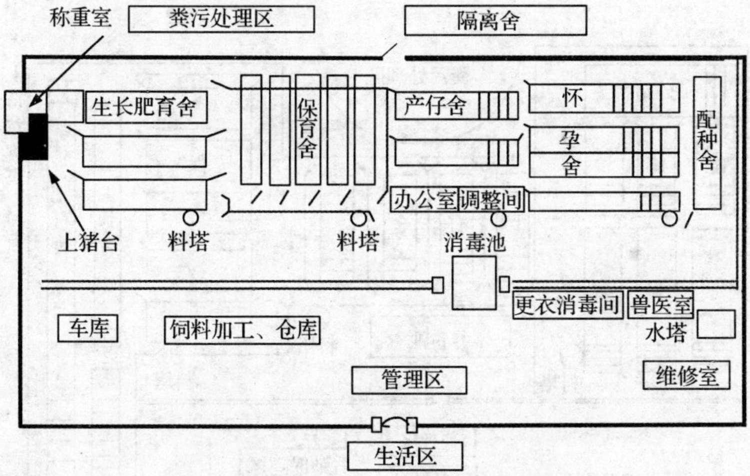

图 9-2 生产线型系统猪舍平面布局图

258. 地形受到限制或不再扩大生产规模时采用的 H 型(Z 型)系统猪舍平面布局如何规划?

H 型(Z 型)系统猪舍整个生产流程的各个环节分为配种与怀孕、产仔与保育和生长肥育 3 个车间(图 9-3)。以年出栏肉猪

3 000 头为例说明如下：

生产母猪	200 头(年产 2.2 胎/头)
配种群猪栏(4 头/栏)	13 栏(如用限位栏需 51 栏)
怀孕栏(限位)	103 栏
产仔栏	59 栏
保育栏	51 栏(1 窝/栏)或 26 栏(2 窝/栏)
生长栏	60 栏(1 窝/栏)或 30 栏(2 窝/栏)
肥育栏	93 栏(1 窝/栏)或 47 栏(2 窝/栏)
公猪栏	11～13 栏(1 头/栏,包括后备公猪栏 3 栏)

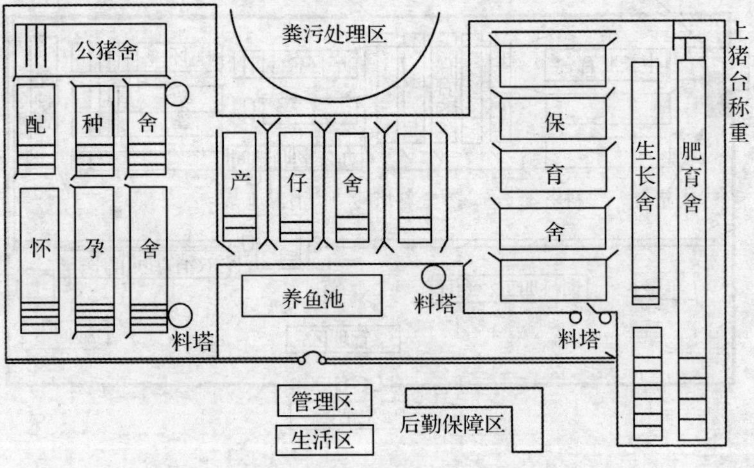

图 9-3　H 型(Z 型)系统猪舍平面布局

259. 猪舍设计的基本原则是什么?

猪舍设计的基本原则有 6 项：

(1)符合猪只不同生理阶段的要求。如配种公猪单栏饲养，圈栏面积较大；配种母猪可限位，也可群养；产仔泌乳母猪限位，给仔猪设置保温小区；保育期最好同窝一栏，舍内整体保温；生产肥育猪一窝一栏为好，利于排污。

(2)应有利于环境控制。

(3)简单实用，坚固耐久。

(4)有利于控制疫病的传播。

(5)利于防火。

(6)要有一个优美的舍外环境。

260.猪舍建筑形式有哪几种？

猪舍建筑形式较多，可分为3类：开放式猪舍、半开放式(大棚式)猪舍和封闭式猪舍。

(1)开放式猪舍　指三面设墙，一面无墙的猪舍。此种方式建筑简单，节省材料，通风采光好，舍内有害气体易排出。但舍内温度不能人为控制，并且相对占地面积较大。建筑形式见图9-4。

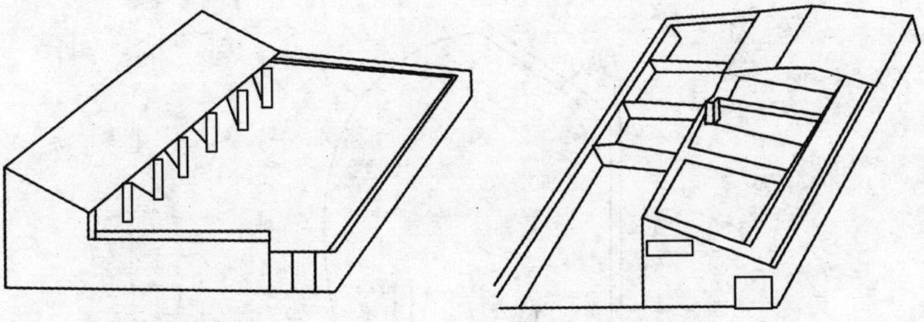

开放式猪舍　　半开放式猪舍

图9-4　开放式猪舍和半开放式猪舍

(2)半开放式(大棚式)猪舍　指三面有墙，正面上部敞开，下部仅有半截墙的畜舍(图 9-4),冬天可用塑料薄膜遮盖,形成封闭舍,利用太阳辐射增高舍内温度(图 9-5)。北方地区冬季养猪多采用此种方式。它投资少,效果好。根据猪舍排列可分为单列塑料棚舍(图 9-6)和双列塑料棚舍(图 9-7)。另外还有半地下塑料棚舍(图 9-8),种养结合塑料棚舍等。

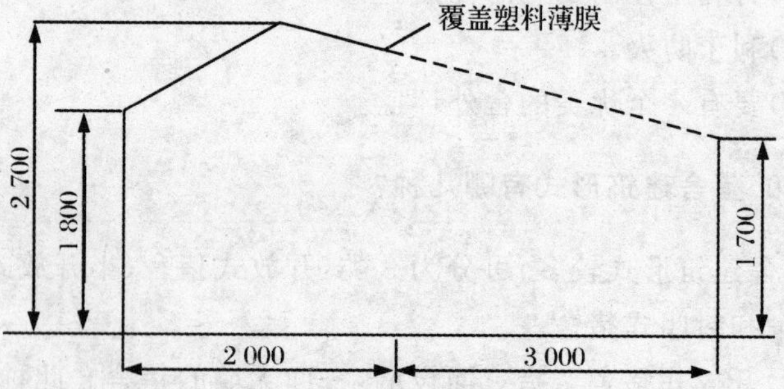

图 9-5 塑料大棚猪舍侧面图(mm)

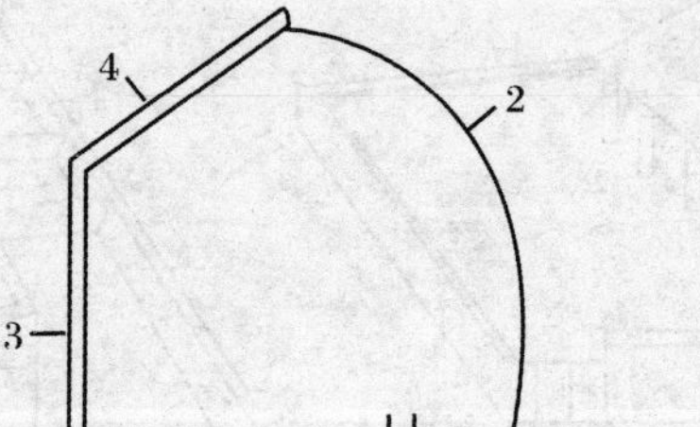

图 9-6 单列塑料棚猪舍

1. 猪栏 2. 塑膜棚 3. 后墙 4. 棚盖 5. 走道

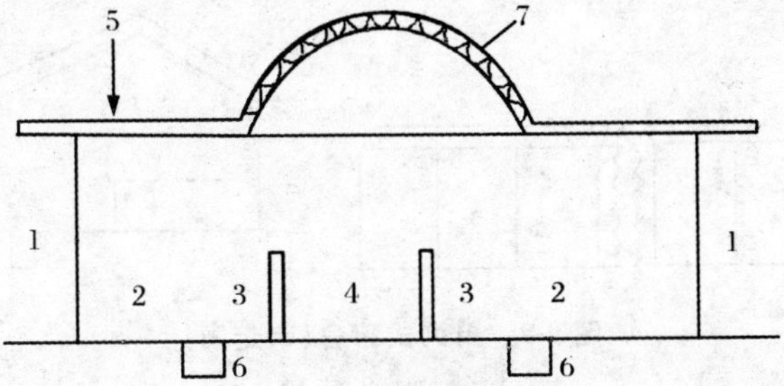

图 9-7 双列塑料棚猪舍

1.侧墙 2.猪栏 3.食槽 4.走道 5.棚底
6.粪尿沟 7.钢筋拱塑料膜

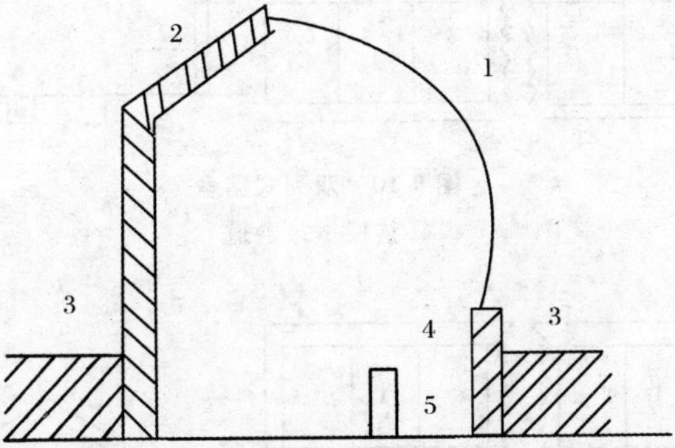

图 9-8 半地下式塑料棚猪舍

1.塑料棚 2.猪舍后盖 3.地面 4.猪栏 5.走道

(3)封闭式猪舍 指通过墙体、屋顶等围护结构形成全封闭状态的畜舍形式,具有较好的保温隔热能力,便于人工控制舍内环境,工厂化养猪多采用此方式,另有窗舍也属封闭舍。通常有单列式猪舍(图 9-9)、双列式猪舍(图 9-10)和多列式猪舍(图 9-11)。

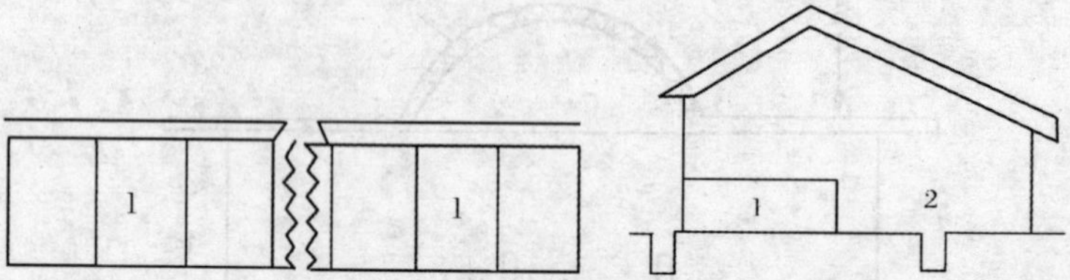

图 9-9 单列式猪舍(带走廊)

1. 猪栏 2. 走道

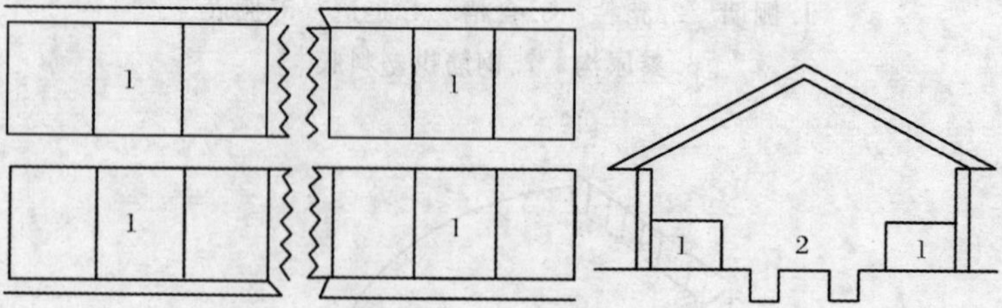

图 9-10 双列式猪舍

1. 猪栏 2. 走道

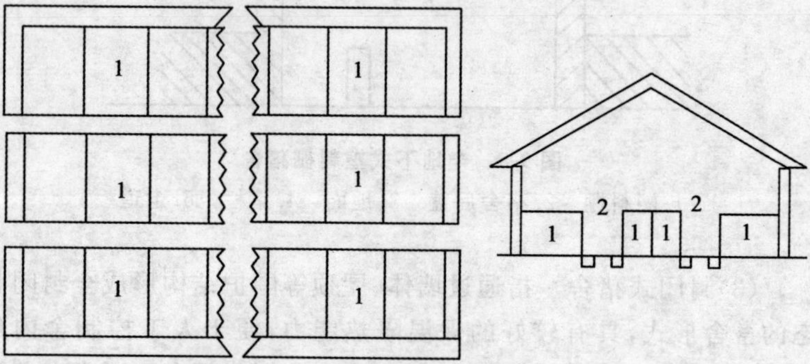

图 9-11 多列式猪舍

1. 猪舍 2. 走道

单列式封闭式猪舍：猪栏排成1列，靠北墙可设或不设走道，构造较简单，采光、通风、防潮好，适用于冬季不很冷的地区。单列式猪舍根据其屋顶的形式又可分为单坡式、双坡式、联合式、平顶式和拱式等。

双列式封闭猪舍：猪栏排成2列，中间设走道，管理方便，利用率高。保温较好，但采光、防潮不如单列式，适用于冬季寒冷的北方地区。

多列式封闭猪舍：猪栏排列成3列或4列，中间设2～3条走道，这种猪舍容纳的猪只数量多，保温好，猪舍面积的利用率高，有利于充分发挥机械的效率，因此，多为大型工业化养猪场采用。但构造复杂，造价高，通风降温较困难。

261. 猪舍建筑的基本要求有哪些？

猪舍建筑的基本要求如下：

(1)冬暖夏凉。

(2)通风透光，保持干燥卫生。

(3)便于日常操作。

(4)有严格的消毒设施。

262. 如何设计母猪舍？

母猪舍一般采用单列式，屋顶可采用单坡式、双坡式或联合式(图9-12)。猪舍面向南略偏东，南边半敞开；腰墙前面设运动场，右边靠隔墙设一通道，便于母仔猪自由进出运动场；运动场前墙下设一饮水槽(或乳头饮水器)。北墙上留一窗，夏季开窗通风，冬季封闭保温；北墙到猪栏后腰墙设一工作走廊，宽1.2 m。猪舍内部：腰墙高0.7 m，腰墙下设母猪食槽和仔猪补料间(长1.5 m，宽0.7 m，用铁栏或砖墙与猪床隔开，并留有通道让仔猪自由出入，不让母猪入内)，每间猪栏跨度为4.2 m(包括工作走廊1.2 m，母猪栏3 m)，宽2.5 m(图9-13)。水泥砂浆地面，地面向运动场方向有一定的倾斜度，以保持栏内干燥，一栋母猪舍设多少间猪栏，应根据需要而定。一般空怀母猪和妊娠前期应合群饲养，哺乳母猪和妊娠后期应单圈饲养。

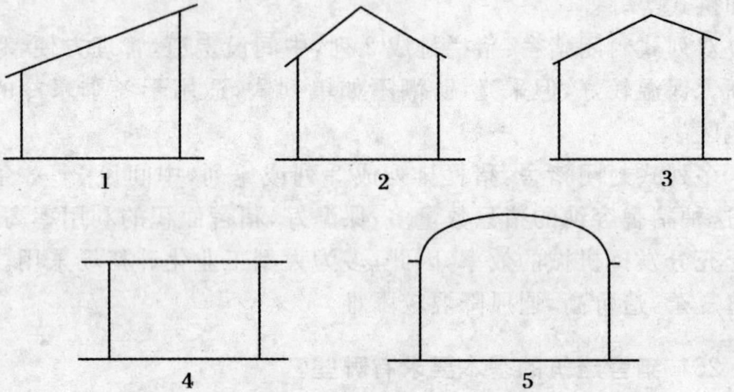

图 9-12 猪舍屋顶式样示意图

1. 单坡式 2. 双坡式 3. 联合式 4. 平顶式 5. 拱式

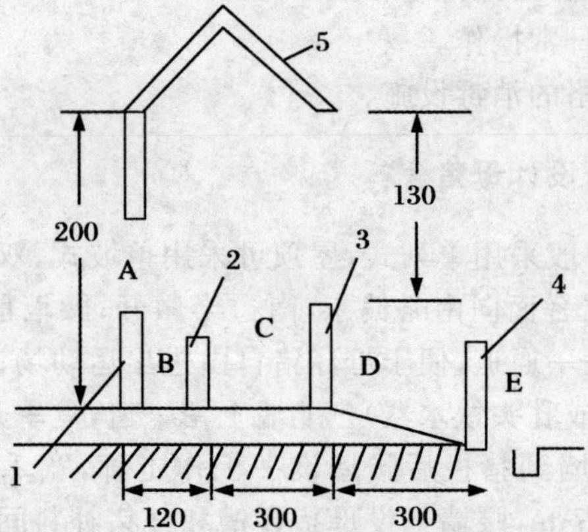

图 9-13 单列式母猪舍剖面图(cm)

A. 后窗户 B. 走廊 C. 猪床 D. 运动场 E. 粪尿沟

1. 北墙 2. 后腰墙 3. 腰墙 4. 前墙 5. 屋顶

263. 如何设计肉猪舍?

肉猪舍坐北朝南,不设运动场,单列式或双列式封闭舍、半开放舍均可,栏内设一食槽,饮水可放入食槽,最好安装乳头或鸭嘴式自动饮水器。饲养密度:体重 60 kg 以上的,每头猪夏季占有面积 1 m^2,冬季 0.8 m^2,每栏可养 10～20 头;小猪每头占有面积 0.5 m^2。

简易肉猪舍,屋顶为双联式(也叫不等坡式),水泥地面,后墙高 2.1 m,前面大半敞开,前墙高 1.3 m,冬天可用草帘或塑料薄膜封闭保温。后腰墙高 0.7 m,后墙与后腰墙间距 1.2 m 为一走道。每间肉猪栏面积为 2.5 m×4 m,猪栏之间的腰墙高 0.7 m(图 9-14)。

工厂化养猪场多采用全封闭半漏缝肥育猪舍见图 9-15、图 9-16。

图 9-14 单列式肉猪舍

1. 后墙 2. 走道 3. 后腰墙 4. 前墙 5. 猪栏

264. 猪舍地面怎样处理才符合要求?

猪舍的地面要求坚实平坦、无缝隙、保温性能好,具有一定的弹性,不透水,且有适当的坡度,易于清扫和消毒。

目前猪舍地面多采用水泥地面和水泥漏缝地板,为克服水泥

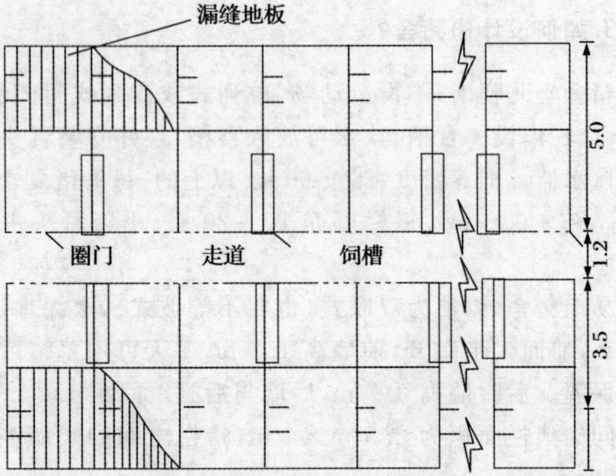

图 9-15　全封闭半漏缝肥育猪舍平面图(m)

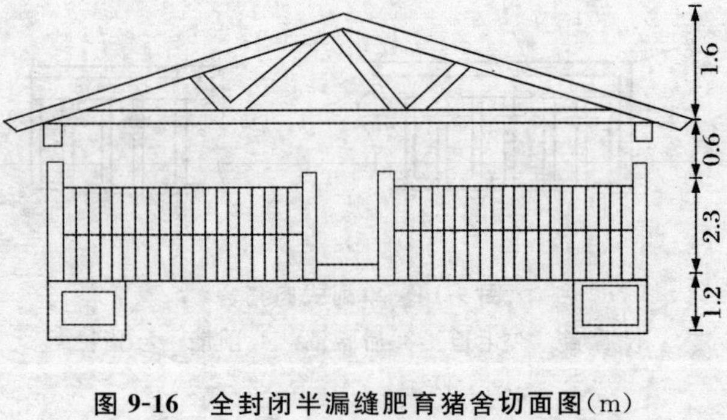

图 9-16　全封闭半漏缝肥育猪舍切面图(m)

地面传热快的缺点,可在地表下层用孔隙较大的炉灰渣、膨胀珍珠岩、空心砖等材料建造一个空气层,增加地面的保温性能。为防止潮湿,可在空气层面用油毛毡等防潮材料铺设一个防潮层,为便于排水,猪舍地面应有 3°～4°的倾斜度。

265.猪舍内必须装配哪些设备?

集约化养猪场的主要饲养设备有猪栏、漏缝地板,供水设备,饲料供给及饲喂设备,供热和通风设备,清洁消毒设备,粪便处理设备。

饲料供给及饲喂设备包括饲料运输车、贮料塔、加料车、自动饲槽。

供热通风设备包括锅炉、电热器、电热地板、电热灯、排气扇、通风机、冷风机、喷雾器等。

清洁消毒设备有地面冲洗喷雾消毒设备机和火焰消毒器。

粪便处理设备包括粪尿水固液分离机和刮板式清粪机。粪尿水固液分离机有多种,常用的有倾斜筛式固液分离机、振动式固液分离机、回转滚动式固液分离机、压榨式固液分离机。刮板式清粪机有两种形式:一种是单向闭合回转的刮板链,适用于双列对头式猪舍,粪沟为无漏缝地板的明沟,刮粪板可将粪便一直刮到舍外集粪池;另一种为步进式往复循环刮板清粪机,它既可用于地面浅沟刮粪,也可用于漏缝地板下的深沟刮粪,这种清粪机多用钢索牵引,由驱动装置,滑轮刮板及电控装置构成。

因我国目前条件限制,在配置设备时,要从实际出发,既要学习国内外先进经验,又要注意投资少、效益高、成本低;既要注意设备的标准化、系列化和成套化,又要注意设备的质量,不能盲目购置;既要利用机械设备等先进手段,提高劳动生产率,又要发挥人的作用,凡是人工可替代的工作,均应由人进行。

十、猪场的经营管理

266. 养猪场一般划分为几种类型?

根据专业化方向的不同,一般可将养猪场划分为 4 种类型:种猪场、繁育猪场、育肥猪场(又称商品猪场)和综合型猪场。

种猪场按良种繁育推广体系又分为核心场、良种繁育场;按饲养品种又分为地方良种猪场、引入良种猪场和综合良种猪场。

267. 目前可将猪群划分为几个类群?

根据猪的不同日龄、体重、性别和用途将猪划分为 5 个类群:

(1)幼猪　指从出生到 4 月龄的猪,幼猪又可分为哺乳仔猪和育成猪。哺乳仔猪指出生至断奶时的仔猪,一般也指 60 d(国外 56 d)以内的仔猪;育成猪指断奶至 4 月龄的猪。

(2)后备猪　指出生第五个月至开始配种以前留作种用的猪。据性别不同又有后备公猪和后备母猪之分。

(3)种公猪　凡参与配种的公猪。种公猪又分为检定公猪和基础公猪。检定公猪指 1 岁左右已参加配种的;基础公猪指经检定合格的种公猪,一般 1.5 岁以上。

(4)种母猪　凡参与配种产仔的母猪。种母猪又分为检定母猪和基础母猪。检定母猪指 1 岁左右,产仔 1～2 胎的种母猪;基础母猪指经检定合格的种母猪,一般在 1.5 岁以上。

(5)育肥猪　也叫肥育猪,指专门用来生产猪肉的猪。在采用“架子育肥法”的猪场,又将育肥猪分为架子猪和催肥猪两类。

268. 何谓猪群结构，如何科学合理地确定猪群结构？

除专业化的育肥场外，其他养猪场都会有不同类群的猪，这些不同类群的猪在猪场的猪群中的比例关系叫猪群的组成或猪群结构。猪群结构是由养猪场的生产方向和生产任务决定的。合理的猪群结构应达到技术和效益的统一，以较少的饲养量，完成生产任务，获取最大的经济效益。

猪群结构的科学合理确定，取决于如下几个因素：生产任务、母猪年生产力（包括年产胎数、胎产活仔数、哺乳、育成、育肥成活率）、母猪年淘汰率（确定后备母猪数）、配种方式（确定公母比例，进而确定种公猪数）和种公猪淘汰率（确定后备公猪数）。目前我国的生产水平是：基础母猪年淘汰率25%，种公猪年淘汰率33%，后备公、母猪是淘汰数的1～2倍，基础母猪年产2.2胎，胎产活仔10头，哺乳期成活率90%，保育期成活率95%，育肥成活率98%，故母猪年生产力是18头左右。

种猪场和良种繁育猪场的猪群结构：猪群一般包括种公猪、种母猪和后备猪3个群。这3个群各自在猪群中所占比例，取决于基础母猪。如年生产任务为1万头纯种仔猪的种猪场，需基础母猪500头，后备母猪125头（含检定母猪100头），种公猪20头（本交。若人工授精，种公猪仅需2～3头），后备公猪6头。母猪群年龄结构见表10-1。

综合养猪场（商品猪场）的猪群一般包括种公猪、基础母猪、检定母猪、后备母猪、育肥猪几个类群，各群确定：

$$\text{育肥猪群头数}=\text{本场育肥周期(育肥饲养月数)}\times\text{计划出栏数}\div 12$$

$$\text{基础母猪群头数}=\frac{\text{育肥猪群头数}}{\text{母猪平均分娩胎数}\times\text{平均窝产活仔成活数}}$$

种公猪、后备猪、检定母猪的比例计划同种猪场和繁育猪场。

表 10-1 母猪群不同年龄结构表

类别	年龄	占基础母猪的比例(%)	备注
检定母猪	1～1.5 岁	40～60	不包括在基础母猪内，一胎后不合格作一产母猪育肥，合格后转基础群
基础母猪	1.5～2 岁	35	
	2～3 岁	30	
	3～4 岁	20	
	4～5 岁	10	
	5 岁以上	5	

269. 养猪为什么要进行市场预测？

目前，无论规模化养猪还是农村分散养猪，其最终目的都是将生产产品肉猪推向市场，进而获得利润的。进入市场的肉猪及猪副产品的价格受市场供求关系变化的影响，市场上供不应求时就出现商品紧缺，价格上升。相反，市场上供大于求或售价过高，消费者承受不起时，就会出现过剩，价格就会回落。市场价格的高低直接决定了养猪效益的高低。因此，养猪生产者要获得预期的养猪效益，就必须进行市场预测，也就是了解一个时期商品肉猪的发展趋势和市场趋向，只有掌握了肉猪及其产品市场动向，才能有计划地组织生产，产品有销路，生产有效益，不至于造成盲目生产，销售困难，入不敷出，经营亏损的局面。

270. 怎样进行市场预测？

随着养猪业商品化的发展，商品猪市场不仅限于本地区，还与全国市场有密切关系。尤其是中国加入 WTO 后，商品猪市场逐渐扩展到国际市场范围内。所以,必须综合研究、分析、把握一定时期内养猪业市场动向,也就是进行市场预测,它主要包括以下4个方面:

(1)掌握一个时期(1年至几年)商品肉猪的发展趋势和市场趋向,这对规模养猪场(专业户)采取的经营策略至关重要。进行市场预测要了解国外养猪生产,国际猪肉供求趋向,中国猪肉出口趋势,国内的养猪生产和消费者需要及购买力强弱,猪产品深加工能力等情况,并进行分析,做出正确判断。

(2)掌握当前国内的市场动向,对规模猪场(专业户)安排当年或近期内的生产计划非常必要。根据当前市场动向确定养猪规模,饲料供应,适时出栏,销售渠道等,安排好养猪计划。

(3)掌握当地的市场动向,掌握商品肉猪产区供求关系变化。在生产方面是养猪业内部的竞争,对消费方面是猪肉消费的变化。同时,还有猪肉深加工能力,调往外地的多少,占多大比重等都应注意到。

(4)掌握肉猪价格的周期性。当养猪总头数减少,市场肉猪价格上升,利润逐渐增加,就会增加养猪户,原有养猪户也会根据市场价格和获得的利润考虑扩大再生产。如增加母猪饲养量,减少小母猪出栏等,使市场肉猪供给量进一步减少,肉猪价格维持较高水平,这段时间大约需1年半。相当于小母猪生长发育成熟,配种后妊娠产出的仔猪育成肉猪所需的时间。1年半以后,肉猪上市量增多,肉猪价格就会出现下跌趋势。当肉猪价格低到微利或无利时,养猪户因担心价格进一步降低而提前出栏和淘汰母猪,使市场肉猪的供给量继续增加,使肉猪价格进一步下跌,大约需经过半年时间,待存栏肉猪差不多售完,才会出现肉猪总量减少,肉猪价格回升。一般上市肉猪的高峰大约出现在肉价高峰后的2年。上市肉猪数量减少大约出现在肉猪价格降低后的1～2年。

271.猪场技术管理要点有哪些?

猪场技术管理是猪场生产管理的重要组成部分,它主要包括以下4个方面:

(1)建立高产种猪群。高产种猪群的建立是提高猪场经济效益的基础。其目的是最大限度地利用种猪的生产潜力,提高种猪的产肉量和年生产能力。要在猪场建立高产种猪群,首先是精选良种选用优良品种(系)及其配套杂交组合,其次是合理选留后备公母猪,其三是建立高繁殖力核心母猪群。

(2)建立与实施各种技术操作规程。应用猪遗传繁育,饲料营养,猪病防治,环境控制理论,根据猪不同生理阶段的特点,结合本场实际,制定各项技术操作规程。规程规定各部门职工应该做什么,以及如何做。技术操作规程主要有各类猪的饲养管理操作规程,种猪繁殖配种技术操作规程、饲料加工技术操作规程、猪病防治技术操作规程等。

(3)加强组织学习和培训。

(4)完善各种记录记载表格。一般常用的表格有4种:母猪产仔哺育登记表、配种登记表、猪只死亡登记表和种猪生长发育记录表。

272.一般情况下,猪场饲养员的劳动定额是多少?

猪场制定劳动定额指标时,应考虑生产人员的工作种类、技术条件和工作量,也要考虑猪群品种、年龄、体重、用途和产品生产,以及生产情况与具体的生产条件等情况。一般条件下,猪场饲养员的劳动定额是:一名饲养员管理种公猪10～15头,母猪15～20头,断奶猪(2～4个月)150～200头,4个月以上育肥猪80～100头。

273. 猪场如何进行成本核算?

养猪成本核算的主要内容有养猪生产费用核算和猪群产品成本核算。

(1)生产费用核算　包括劳动消耗和物质消耗两个方面。劳动消耗是指直接从事养猪生产人员的工资和福利费等的支出。物质消耗的核算包括如下 10 项：

①饲料费　包括各种饲料的消耗量及购运费用。

②垫草费　包括栏内所用垫草的金额。

③燃料动力费　指养猪场生产所用的燃料和动力费用。

④医疗费　指预防、治疗猪病所耗的费用。

⑤固定资产折旧费　房舍及设备的折旧费。

⑥固定资产维修费。

⑦低值易耗品费　指能够直接记入的低值工具和劳保用品。

⑧其他直接费。

⑨管理费　场长、技术人员的工资以及其他管理费用。

⑩初期存栏猪价值　包括初期时猪场全部存栏猪的重量估计价值,以及本期内购入的种猪价值。

(2)猪群成本核算　包括猪的活重成本核算和猪的增重成本核算,前者是计算总活重中每时每刻单位重量的成本,后者是计算每增重一单位重量的成本。

①猪的活重成本核算　猪的活重是指年末存栏猪的活重和本年度内离群猪的活重的总和,而不包括生产中死亡猪的活重。猪的活重成绩核算的计算步骤和计算公式如下：

全年活重＝年终存栏猪活重＋本年内离群猪活重(不包括死亡猪)

全年活重总成本＝年初存栏猪的价值＋购入及转入猪的价值＋全年饲养费用－全年粪肥价值

每千克活重成本＝全年活重总成本÷全年活重

求出的每千克活重成本，分别乘以年存栏猪、转出猪和出售猪的活重量，就可得出年末存栏猪总成本和离群猪的总成本。

②猪的增重成本核算　主要是计算每增重一单位重量的成本。其计算步骤是先计算出猪群的总增重量，再计算其每增重一单位重量的成本。其计算公式如下：

猪群总增重量＝期内存栏猪活重＋期内离群猪活重（包括死亡猪在内）－期内购入转入和期初结转的猪的活重

猪群每千克增重成本＝[该猪群全部饲养费用（包括死亡猪在内）－副产品收入]÷猪群的总增重

③成年猪群成本核算　其计算公式如下：

生产总成本＝直接生产费＋共同生产费＋生产管理费

产品成本＝生产总成本－副产品收入

单位产品成本＝产品成本÷产品数量

直接生产费包括劳动消耗和物质消耗，共同生产费包括管理人员工资、折旧费、运输及其他应摊派费用。生产管理费包括行政勤杂人员工资、办公费及销售费等。副产品收入指猪的粪肥及对外配种费等收入。

④仔猪成本核算　仔猪成本包括基础母猪和种公猪的全部饲养费用。其计算公式如下：

仔猪单位活重成本＝（年初结存未断乳仔猪价值＋当年基础猪群费用－副产品价值）÷（当年断奶仔猪转群时的总重量＋年末结存未断奶仔猪总重量）

猪场产品成本是衡量养猪生产经营管理质量的综合性经济指

标。核算猪产品的成本，对于节约开支，降低成本，改善经营管理均有很重要的作用。因此，做好成本核算，对于提高猪场的经济效益具有重要的意义。

274.怎样降低养猪成本?

根据猪场产品成本的经济核算，我们知道，在养猪生产中，降低成本的主要途径有以下两方面：

(1)努力提高产量。如果生产费用不变，产量与成本成反比，即产量越高，单位产品的成本越低。因此，在养猪业中，应努力提高猪群质量，提高其繁殖率、日增重、饲料利用率、出栏率和胴体重。

(2)尽可能节约开支，降低成本。在保证生产的前提下，节约开支，压缩非生产费用是降低成本的主要途径。根据以上成本构成项目的分析(见 273 题)主要的成本项目为固定资产折旧，各种原材料消耗，生产人员的劳动报酬和企业管理费用，节约开支要从这四方面入手。一是充分合理地利用猪舍和各种机具及其他生产设备，尽可能减少产品所应分摊的折旧。二是节约使用各种原材料，降低消耗，其中包括饲料、垫草、燃料、医药费等。三是努力提高出勤率和劳动生产率。在实行工资制的劳动报酬下，在每天报酬不变的前提下，劳动效率和劳动生产率越高，产品生产中支付的工资越少。所以，在保证劳动者健康和收入水平不变的原则下，努力提高劳动生产率是降低成本的一条重要途径。四是尽可能精简非生产人员，精打细算，反对铺张浪费，降低企业管理费用。

总之，增加产量与节约开支是降低成本的两个方面，它们互相联系，都直接影响成本水平。节约开支必须注意保证增产；采取增产措施，又要注意经济效果。只有全面分析，才能达到降低成本、提高经营成果的目的。

275. 猪场如何进行经济效益分析?

猪场经济效益分析是根据成本核算所反映的生产情况,对猪场的产品产量、劳动生产率、产品成本、盈利进行全面系统的统计分析,及时发现问题,对猪场的经营活动做出正确评价,以保证下一阶段工作顺利完成。

(1)产品率的分析　通常是分析仔猪存活数和猪只平均日增重与料肉比是否完成计划指标。

$$仔猪成活率=\frac{断奶时存活仔猪}{出生时活仔猪数}\times100\%$$

$$日增重=\frac{末重-始重}{饲养天数}(g/d)$$

$$饲料利用率(料肉比)=\frac{饲料消耗量(kg)}{猪体增重(kg)}$$

(2)产品成本的分析　主要计算饲养费用和管理费用。一般对育肥猪进行增重成本计算,对仔猪计算活重成本。养猪生产中的成本计算中饲料费用占总成本的70%左右,是影响成本的重要因素。因此,提高猪的饲料利用率,开发本地饲料资源,是降低成本的重要途径。

(3)盈利分析　在劳动所创造的价值中,扣除支付劳动报酬,补偿物质消耗之后的余额,就是企业的盈利,又叫毛利(为税前利润)。毛利减去税金就是企业利润。利润是企业在一定时间内以货币表现的最终经营结果,通过利润核算是考核一个企业生产经营好坏的重要经济手段。

总利润(亏损)额=销售收入-生产成本-销售费用-税金±营业外收支净额

总利润只说明利润多少,不能反映利润水平的高低,因此,考核利润时，还要计算利润率。利润率包括成本利润率、产值利润率、资金利润率和投资利润率4个指标。

$$成本利润率=\frac{销售利润}{销售产品成本}\times100\%$$

$$产值利润率=\frac{总利润额}{总产值}\times100\%$$

$$资金利润率=\frac{总利润额}{占用资金总额}\times100\%$$

$$投资利润率=\frac{年利润额}{基本建设投资总额}\times100\%$$

276.猪场(专业户)如何达到经济效益最大化?

猪场(专业户)的养猪生产要达到最高的经济效益，必须采取如下措施：

(1)利用猪生物学与行为学特性最大限度地提高猪的生产力。

①提高母猪的年生产能力。由于母猪有多胎、高产、妊娠期短的特性，若采取措施，促使哺乳仔猪提早断奶(21～35日龄)，空怀母猪早发情配种(5～7 d)，则母猪可达年产2.3～2.5胎；若采用重复配种，每胎产活仔数12头，育成10.8头，则每头繁殖母猪一年可提供25～27头断奶仔猪；目前，我国一头母猪一年分娩2～2.2胎，产仔18头左右，母猪费用摊销在仔猪上，大概一头仔猪160元左右。因此，提高母猪年生产能力，必然降低仔猪成本。

②广辟饲料来源，合理利用青粗饲料。猪是杂食动物，消化道又长，故可利用多种饲料。猪场(专业户)除购用配合精料外，还应充分利用本地资源，如廉价的农副产品如糟渣类下脚料和青粗饲料、牧草等，尤其是母猪饲养上，更应注意优质青粗饲料的开发利用，以降低饲料成本。

③商品肉猪适期出栏。由于猪的生长发育有其自身的规律

性，在达到一定体重时就达到了增重高峰，持续一定时间后增重速度逐渐下降，且骨骼早期生长较快，肌肉中期生产较快，脂肪主要在后期沉积。出栏体重越小，单位增重耗料越省，饲养成本越低，但其他成本的分摊额度则越大，且售价等级也越低，显然不经济。出栏体重越大，单位产品的非饲养成本分摊额度越少，但在后期增重的成分主要是脂肪，而脂肪则是含能很高的物质。有研究表明，沉积 1 kg 脂肪所消耗的能量是生长同量瘦肉的 2.5 倍以上，饲料利用率下降，饲养成本明显增高，胴体脂肪多，售价等级低，也不经济。因此，猪场（专业户）应综合多因素，根据不同市场需要灵活确定适宜出栏时间。

④提高肉猪出栏率。出栏率是反映母猪生产水平、肉猪育肥性能、设备利用周转率及经济效益的综合指标。提高肉猪出栏率，增加肉猪出栏头数，增加销售收入，才能提高经济效益。提高肉猪出栏率的措施，主要有提高母猪生产力，进行两品种或三品种经济杂交，利用杂种优势使商品肉猪尽快出栏，同时还要供给满足肉猪生产需要的全价配合饲料。

(2)选用优良猪种及其杂种猪，谋求养猪生产的最高产量和最优价格。猪种是养猪高效益的基础。目前，国内外各大养猪企业选用的品种猪主要是大白猪、长白猪、杜洛克猪、汉普夏猪为父本进行三元或四元双杂交生产的优质瘦肉型猪，生长发育快，饲料利用率高，胴体瘦肉率高，深受大中城市消费者青睐。与饲养本地猪种相比，养同样多的公母猪，用同样的饲料和饲养方法，出栏不等量的商品肉猪，出售价格差别很大，经济效益更是差异显著。如按目前本地肉猪收购为例，体重 90 kg 左右三元杂交瘦肉猪 12.0～12.6 元/kg，而本地土种猪及其杂交一代商品肉猪 10.8～11.6 元/kg，每头猪差价 110 元左右，故饲养一头瘦肉型猪的效益相应提高 110 元左右。

(3)应用最优配方配制全价配合饲料，提高饲料转化率，降低生产费用。饲料成本占养猪成本的 70%以上，猪的饲养成本直接决定于饲料转化率，若饲料转化率由 3.3∶1 降到 3.0∶1，则一头猪可节约饲料 22 kg，节约成本 26 元。因此，根据猪不同生理阶段和不同类型的营养要求，利用当地饲料资源，使用配方电脑，计算出营养全面且价格最低的最优配方，配制全价配合饲料饲喂，才能提高饲料转化率，降低生产费用，相应提高经济效益。

(4)采用防疫卫生措施，改善猪只生活环境，提高成活率，发挥生产潜力。猪的生产力 20%～30%决定于环境，猪的生活环境要求冬暖夏凉，空气新鲜，清洁卫生，无污染无病源。若生活环境不适宜，则不仅优良品种的遗传潜力不能充分发挥，而且还能导致饲料转化率降低，猪只抵抗力和免疫力下降，发病率和死亡率升高，给生产造成巨大损失。

仔猪存活率不高，同样不能提高经济效益。在正常的饲养管理条件下，哺乳仔猪的存活率可达 90%。要达到高的存活率，必须使仔猪过好“三关”，即初生关、补料关、断奶关。猪的生长快慢，饲料转化率的高低，不仅与猪的品种、饲料、环境有关，而且与猪的健康状况有着密切的关系。若猪群患有慢性消耗性疾病，猪能吃不长，从而延期出栏，增加饲料消耗，造成饲养成本上升。同样若猪群暴发传染病，猪只大批发病和死亡，损失更惨重。因此，要贯彻“预防为主，防重于治”的方针，制定并严格按照猪群免疫程序、猪场消毒规程、猪只驱虫健胃计划进行各项工作，保证猪群健康生长，从而降低治疗费用和饲养成本，提高经济效益。

(5)准确把握市场动向，有计划地安排生产，是提高经济效益的根本保证。现代养猪业是一种商品率高，完全为出售产品而从事的生产。养猪生产与其他农业生产不同，猪经育肥到了适宜的出栏体重必须出栏，同时猪肉保鲜时间又短，这就要求猪场经营者

（专业户）一定要准确把握市场动向，做好市场预测，把消费者的需求作为经营计划的出发点，即在生产周期的开始就考虑到市场的销售，根据市场安排生产，建立生产—经营系列，做到万无一失。并且为促进产品销售，着眼市场，开展推销宣传，直到找到良好的销售渠道，以最大限度地提高养猪的经济效益和社会效益。

十一、常用猪病预防与诊疗技术

277.猪的疫病分几大类,各有何特点?

猪的疫病分三大类:传染病、寄生虫病和普通病。

(1)传染病　依据病原体类型不同又可分为病毒性传染病和细菌性传染病。其特点是:由一定的病原体引起,有传染性和流行性,有免疫原性,被感染的机体发生特异性反应,具有一定的潜伏期并表现出特征性的临床症状。

(2)寄生虫病　因感染的部位不同可分为体内寄生虫和体外寄生虫(也称体表寄生虫)。其特点是:除具有传染病的某些特点外,体温一般不高,死亡率不高,但生产力下降明显,易招致并发症和继发症,并且有些是人畜共患病。

(3)普通病　又可分为内科病、外科病及产科病。内科病又分为消化系统疾病、呼吸系统疾病、泌尿生殖系统疾病、中毒病、营养代谢病。其特点是:无传染性和流行性、无病原体,但存在致病因素,多与饲养管理密切相关,发病率高。

278.何谓传染病,传染病发生与发展的必要条件是什么?

凡是由病原微生物引起的,具有一定的潜伏期和临床表现,并具有传染性的疾病称为传染病。

传染病的发生与发展必须具备以下3个条件:

(1)具有一定数量和足够毒力的病原微生物质(传染源)。

(2)具有可促使病原微生物侵入易感动物体内的外界条件(传播途径)。

(3)具有对该病原微生物有感染性的家畜(易感动物)。

这3个条件是动物传染病发生和流行的必备条件,缺一不可。若缺少其中任何一个条件,家畜传染病均不会发生,更不会流行。

279.猪疫病的一般预防措施有哪些?

中华人民共和国《动物防疫法》明确规定,动物疫病的防治要采取综合性措施,为此,猪疫病的预防也应该是以疫苗接种为主的综合性措施,它包括如下4个方面:

(1)疫(菌)苗接种　针对某种疫病,接种特定的疫(菌)苗使猪只产生对该种疫病的特异性免疫力,以预防该种传染病的发生,也叫免疫预防,是常用防制各种传染病的主要手段,也是主要的预防措施。疫苗接种不可盲目实施,要有计划的进行,即按照科学制定的免疫程序进行。

(2)药物预防　针对某一类疫病,给易感猪群服用或注射某一类药物,以抑制或杀灭引发该类疫病的病原微生物,预防或减少该类疫病发生。药物预防的应用范围,是在尚无疫(菌)苗,或虽有疫(菌)苗,但疫苗安全性有问题或免疫效果不佳的传染病的预防上,是一项重要措施。

(3)环境消毒　使用消毒药物对猪只的生活环境定期进行严格的预防性消毒,以杀灭环境中的病原微生物,起到预防疫病的作用,养猪生产中应用广泛,并且经济实惠,效果确实。

(4)隔离饲养　猪场(舍)严禁饲养犬、猫等动物,禁止外来人员随意进出,猪舍内、饲料房隔绝鸟类和鼠类,以免带入病原微生物引发疫病。

280.对猪场的动物卫生管理包括哪几方面?

规模化猪场必须建立一整套严格的卫生管理措施,才能保证不会因大量猪只病死而带来巨大的经济损失,这些措施包括如下内容：

(1)猪场场址选择、场地规划和建筑布局要合理。场址应选择地势高燥，有充足清洁水源，无污染和远离居民区的地方。为便于隔离防疫，场地应宽阔，防止房舍设施密集。猪场应与外界隔断，场内划分管理区及生产区。生产区大门应设立门岗，严格控制生产区的通道，监督人员及车辆的进出与消毒。生产区内应设置隔离区及兽医卫生区。

(2)严格消毒。猪场、生产区门口及猪舍进出口应修建较宽的人、车消毒池。饲养员应限制外出或回家，上班时更换工作衣鞋并须紫外光及消毒池消毒。外来人员出入应严格批准手续，允许入内者须经消毒更衣，并限定行经范围。场内要定期消毒，且为提高消毒效果，几种消毒药物交替使用。

(3)杜绝疫病传入。猪场经营强调自繁自养，因此商品猪场应有自己的种猪群以保证猪源。必须引种时应到无病场购买，运入后隔离观察 2 周以上，经检疫合格及消毒后方能进入生产舍。生产区门外修建售猪台及上猪台，严禁购猪人员进入生产区。

(4)创造良好的生活环境。生产区、圈舍、用具、猪体及环境要进行经常性清洁消毒。饲养员应调教猪只定点排泄粪尿，并每天清除，及时进行处理。猪舍内应保持清洁、干燥、通风、保暖及适当饲养密度，减少各种应激刺激，给猪只创造一个适宜的生活环境。

(5)及时处理病死猪尸体。兽医卫生区应设在生产区下风、地势较低处。本区应包括诊断治疗室、消毒室、尸检室、屠宰间、尸体处理室及尸坑。病死猪运送应有密闭包装，检验后均应经蒸煮、坑埋或焚烧等严格处理。

(6)灭害防病。猪场应经常性灭鼠，灭蚊蝇并严禁狗、猫等入场。

281.猪场的动物防疫制度一般有几项?

猪场的动物防疫制度一般包括如下6项:

(1)疫情监测制度　包括本场技术人员进行的临床观察、化验室检验及动物防疫监督机构进行的疫情监测和动物检疫。

(2)消毒制度　包括定期进行的预防性消毒,发生传染病时的临时性消毒和疫区(点)解除封锁前的终末消毒。

(3)计划免疫接种制度　包括按免疫程序进行的预防接种和发生传染病时的紧急预防接种。

(4)药物预防制度　包括群体利用药物的化学预防和利用生态制剂的生态预防。

(5)定期驱虫制度。

(6)发生传染病时的紧急防治措施。

282.猪场的防疫灭病措施有哪些?

猪场的防疫灭病措施主要有如下7项:

(1)严格与外界隔离。猪场四周要有围墙,生产区和猪舍门口均要设置消毒池,消毒液要及时更换,经常保持有效浓度;严禁一切外来动物进入场内,严禁外购猪肉制品入生产区;闲杂人员和买猪者不准进入猪场,应尽量减少参观者。工作人员进出生产区均要更衣消毒。

(2)环境及用具清洁消毒。猪舍应保持通风良好,光线充足,每天一次清扫,每月一次消毒,所用饲养用具应定期清洗消毒,经常保持清洁卫生。

(3)饲喂全价安全饲料。饲料加工车间应具有防疫消毒措施,饲料应清洁质优,不霉变,无污染(病原菌)。

(4)进行计划免疫接种。根据猪场实际制定科学的免疫程序,并严格按免疫程序进行预防接种。

(5)适时药物预防。根据季节、疫病流行情况和猪群状态进行适时的预防用药。

(6)定期驱虫。每年进行1～2次猪体内、外寄生虫的驱虫工作。

(7)严格检疫、隔离。引进猪只时要经严格检疫、隔离2周以上,确无疫病再入舍混群饲养。

283. 猪场防疫工作的主要内容有哪些?

猪场防疫工作的内容,涉及面很广,根据国内外经验,主要包括如下3个方面:

(1)合理的饲养管理　是搞好猪场防疫卫生的首要环节,主要包括严格隔离饲养,坚持"自繁自养"的繁殖方针,采用"全进全出"的饲养管理方式。

(2)良好的环境卫生　建立起防治猪病的生物安全体系,是预防猪病的根本措施之一。

(3)综合性防病措施　包括检疫诊断、免疫接种、药物防治、消毒、杀虫、灭鼠,是控制、防治猪场疫病发生和流行的有效措施。

284. 猪常用疫(菌)苗分几大类,其特点各是什么?

养猪生产中常用的疫(菌)苗按其性质和制法可大致分为:两大类或三大类、4种剂型。两大类即菌苗和疫菌,三大类即弱毒活苗、灭活苗和基因工程苗,4种剂型即真空冻干菌、湿菌、氢氯化铝灭活菌、油佐剂灭活菌。各种类疫(菌)苗的特点如下:

(1)菌苗　用细菌等微生物抗原制备的疫苗。

(2)疫苗　用病毒抗原制备的疫苗。

(3)弱毒活苗　包括真空冻干苗和湿苗两种剂型。其特点是:活苗接种剂量小,免疫力产生快,通常在接种后7 d左右即可产生良好的免疫力,且免疫期长。但活苗运输和保存需低温(通常

－15～－4℃以下保存），接种后易受母源抗体等体内原有抗体影响，操作不当有散毒危险。

（4）灭活苗　包括氢氯化铝灭活苗和油佐剂灭活苗两种剂型。其特点是灭活菌加佐剂后免疫力增强，接种后不受母源抗体和体内原有抗体的影响，保存条件要求低（通常在2～15℃保存），保存时间较长，但接种剂量大，免疫力产生慢（通常需2～3周才产生免疫力），持续时间短。绝对安全、无散毒现象。

285.猪常用的疫（菌）苗有哪些，如何使用？

猪常用的疫（菌）苗有17种，其使用方法如下：

（1）猪瘟兔化弱毒冻干苗　按瓶签头份用生理盐水稀释，仔猪7～10日龄或20日龄进行首免，50～60日龄进行二免，颈部肌肉或皮下注射常规剂量，疫区二免可用4倍剂量。新生仔猪在哺乳前，接种常规剂量，谓超前免疫，接种后2 h再哺乳，50～60日龄再进行二免。种公猪春秋两次常规剂量注射。后备母猪配种前，经产母猪在产仔后发情前常规剂量注射。注射后4 d产生免疫力，保护期1年。

（2）猪丹毒氢氧化铝菌苗　成年种猪春秋两次，2月龄仔猪肌肉或皮下注射5 mL，21 d产生免疫力，免疫期6个月。

（3）猪丹毒弱毒冻干菌苗（GC42）　成年种猪春秋两次，2月龄仔猪注射1 mL或口服2 mL，注射后7 d、口服后9 d产生免疫力，免疫期6个月。提早断奶仔猪，35～40日龄注射或口服免疫一次，到断奶后2个月再免疫一次，以后每隔6个月免疫一次。

（4）猪瘟猪丹毒二联冻干苗　按瓶签头份，用生理盐水稀释，疫区20日龄哺乳仔猪肌内注射1 mL，到断奶后2个月再免疫一次。

（5）猪肺疫氢氧化铝菌苗　6个月以上后备种猪、成年猪春秋两次，仔猪断奶后一次肌肉或皮下注射5 mL，注射后2周产生免疫力,免疫期 6 个月。

(6)猪肺疫弱毒菌苗(ESO-630) 6 个月以上后备种猪、成年猪春秋两次,仔猪断奶后一次肌肉或皮下注射 1 mL,注射后 7 d 产生免疫力,免疫期 6 个月。

(7)猪丹毒、肺疫氢氧化铝二联苗 疫区 10 kg 以上哺乳仔猪和成年猪分别肌肉或皮下注射 3 mL、5 mL,仔猪隔 45 d 再注射 3 mL。

(8)猪瘟、丹毒、肺疫三联冻干疫苗 按瓶签头份用氢氧化铝生理盐水稀释,每头猪肌内注射 1 mL,注射后 14~21 d 产生免疫力,猪瘟免疫期 10 个月,猪丹毒和猪肺疫免疫期 6 个月。

(9)仔猪副伤寒弱毒冻干菌苗 按瓶签头份用氢氧化铝溶液稀释,1 月龄以上仔猪口服 1 头份,或肌内注射 1 mL。

(10)仔猪黄痢、白痢基因苗 母猪分娩前 15~25 d 口服或注射仔猪黄痢、白痢基因苗,预防仔猪黄、白痢。

(11)仔猪红痢菌苗 疫区母猪分娩前 1 个月、半个月分别注射一次仔猪红痢菌苗,预防仔猪红痢病。

(12)猪链球菌氢氧化铝菌苗 大、小猪只均肌肉或皮下注射 5 mL,注射后 21 d 产生免疫力,免疫期 6 个月。

(13)猪伪狂犬弱毒疫苗 疫区 60 日龄猪皮下注射 1 个剂量,成猪每年春秋各一次注射。

(14)猪乙型脑炎疫苗 疫区每年蚊蝇季节前 1~2 个月给母猪注射。

(15)猪 O 型口蹄疫油佐剂灭活菌 疫区 2 月龄以上猪只肌内注射 3 mL,注射后 14 d 产生免疫力,免疫期 4 个月。

(16)猪细小病毒病灭活疫苗 疫区初产母猪配种前 1 个月注射一次,间隔 2 周再注射一次。成年猪每半年注射一次。

(17)破伤风抗毒素 供受伤或手术时的紧急预防,使用剂量 1 万~2 万 U,免疫期 2~3 周。

286.使用疫(菌)苗时应注意哪些问题?

为最大限度地发挥疫(菌)苗的免疫效能,提高猪只免疫力,饲养场(户)在使用疫(菌)苗时,应注意如下6点:

(1)使用前要了解当地是否有疫情,决定是否用或用何种疫(菌)苗。新弱毒活疫苗的使用原则是有疫情发生的地区才能使用,以防疫(菌)苗散毒现象发生。

(2)使用时要认真阅读疫(菌)苗说明书,详细了解疫(菌)苗使用注意事项,对瓶签上的名称、批号、有效期等做好记录,检查瓶口、胶盖是否密封,瓶内疫(菌)苗是否正常。对于过期的,冻干苗失空皱缩的,瓶内有异物等异常变化的疫(菌)苗绝对不能使用。

(3)使用灭菌器械。稀释疫(菌)苗及接种疫(菌)苗的器械用具,使用前后必须洗净消毒。

(4)疫(菌)苗稀释后或灭活菌使用时,要充分振荡、混匀,吸药时在瓶塞上固定一支专用针头,上覆盖灭菌棉球。注意,注射接种必须一猪一针头,稀释或开瓶后的疫(菌)苗,应放在冷暗处,并在规定的时间内用完。

(5)口服菌苗接种所用的拌料,禁忌酸败发酵等偏酸性饲料,禁忌热水、热食,以免疫(菌)苗受不良理化因素影响失效。

(6)接种弱毒活苗,接种前7 d和接种后10 d,不要给猪只使用抗菌药物;有条件的猪场,在用苗前,最好进行抗体监测。据血清抗体滴度确定免疫接种时间。

287.新进仔猪如何进行防疫管理?

为有效地控制猪场疫病的发生和流行,对猪只的防疫管理应贯穿养猪生产的全过程,所以,购进仔猪前后,就要进行严格的防疫管理,其内容包括如下两方面:

(1)购猪前要先调查了解仔猪产地的生猪疫病现状,尤其是本地没有的传染病的发生及流行情况。原则是不能将本地有的传染病带入，不能在有某些烈性传染病的疫区购猪。所购仔猪要经过产地动物检疫部门的严格检疫，并出具了有效地检疫证明。

(2)新购进的仔猪要在专门圈舍隔离饲养 15 d，确认健康无疫才能放入生产圈舍混群饲养。新进场仔猪第一天不喂料，仅供给含白糖 5%～8%、食盐 0.3%、痢特灵 0.01%的饮水，让其自由饮用，以防止发生应激反应；第二至四天喂给米汤、豆浆等流食；第五天开始喂常规饲料；第八天进行猪瘟、丹毒、肺疫三联苗接种，实施免疫预防；第十一天选用高效、低毒、安全的驱虫药物，如左旋咪唑、丙硫咪唑、伊维菌素(阿维菌素)进行驱虫。方法是将药研碎，拌在少量精料中给仔猪喂服，按仔猪每千克体重口服左旋咪唑片 10 mg 或丙硫咪唑片 3～5 mg，伊维菌素 0.2～0.3 mg，每天 1 次，连服 2 d。

288. 免疫接种分为几类，其接种方法有几种，各适用于什么情况？

(1)免疫接种是给动物接种各种免疫制剂(菌苗、疫苗、类毒素等)，使动物个体和群体产生对某种传染病的特异性免疫力。它是预防和控制动物传染病的重要措施之一。根据免疫接种的时机不同，可分为预防接种和紧急接种两类：

预防接种指在经常发生某些传染病的地区，或有某些畜禽传染病潜在的地区，或受到邻近地区某些畜禽传染病经常威胁的地区，为了防患于未然，应平时有计划地给健康畜群进行免疫接种。

紧急接种指在发生动物传染病时，为迅速控制和扑灭动物疫病的流行，而对疫病区和受威胁区尚未发病的易感动物进行的应急性免疫接种。

接种方法有注射接种和非注射接种两大类共 4 种：注射接种包括皮下注射、肌内注射；非注射接种包括口服(饮水)和吸入(气雾)。注射接种适用于规模较小的猪场和养猪专业户，必须头头注射，费工费时，但效果确实；大型猪场，为节约时间和人力，减轻工作强度，可根据疫苗的使用说明，采用简单有效地饮水免疫和气雾免疫进行免疫接种。

289.影响免疫接种效果的因素有哪些？

影响免疫接种效果的因素很多，大体分为两方面：

（1）疫（菌）苗方面　主要有疫（菌）苗的种类、性质、生产、运输、保存及接种途径、免疫程序等，如前所述的活疫苗免疫力产生快，免疫期长，易受体内抗体的影响，灭活菌免疫力产生慢，免疫期短，不受体内原有抗体的影响；疫（菌）苗生产、运输、保存不当，尤其是活苗可使其中的活菌（病毒）数降低，影响免疫效果；免疫接种途径错误，或免疫程序不合理，或同时接种两种或两种以上的疫（菌）苗，或接种多价苗、联合菌时，其中一种成分的抗原性强，干扰或掩盖了其他抗原成分的免疫反应，影响整体免疫效果。

（2）猪体方面　主要有猪的年龄、体况、饲养管理条件、体内抗菌药物浓度等。给成年体质健壮或饲养管理较好的猪接种，可产生较坚强的免疫力；而给幼猪、体质弱的、有慢性疾病或饲养管理卫生条件较差的猪群接种，产生的免疫力就差，有时还可引起较严重的接种反应。接种时体内抗菌药物浓度过高，尤其是接种活疫（菌）苗，抑制或杀灭进入体内的免疫原，从而影响免疫效果。

290.何谓计划免疫、免疫程序？

计划免疫指根据当地疫病的流行情况和危害程度，对所有的猪群进行传染病的首次免疫（简称首免，即基础免疫）及随后适时地加强免疫（简称复免或二免），以确保猪只从出生到屠宰或淘汰均获得可靠的免疫，使预防接种科学化、计划化和全年化。

免疫程序指对猪场的猪，根据其常发的各种传染病的性质、流行病学、母源抗体水平，有关疫（菌）苗首次接种的要求，以及免疫期长短等,制定的猪只从出生经青年到成年或屠宰的全过程,各种疫(菌)苗的首免日龄或月龄,复免的次数和接种日期等配套的接种程序。

免疫程序是根据本地实际疫情,动物的免疫状态、结合疫(菌)苗的性能进行制定的,并且是在实践中不断得以完善的。值得注意的是,世界各地均没有统一的免疫程序。

291.猪常用的免疫程序是什么?

成年公、母猪的免疫程序:

(1)每年春秋各防一次猪瘟、丹毒、肺疫三联苗,剂量4头份/头。

(2)每年3月份至5月初防猪乙型脑炎疫苗,剂量2头份/头(仅限疫区)。

(3)每4个月防一次猪伪狂犬疫苗,剂量1～2头份/头(仅限疫区)。

(4)每半年防一次猪O型口蹄疫油佐剂灭活苗,3 mL/头(仅限疫区)。

(5)每半年防一次猪细小病毒病灭活疫苗(仅限疫区)。

(6)母猪分娩前15～25 d口服或注射一次仔猪黄痢、白痢基因工程苗;或肌内注射一次仔猪大肠杆菌双价基因工程菌苗。

(7)母猪分娩前1个月、半个月分别注射一次仔猪红痢菌苗。

(8)母猪分娩前1个月深部肌内注射猪传染性萎缩性鼻炎、猪多杀性巴氏杆菌二联灭活苗2 mL/头(仅限疫区)。

后备种猪的免疫程序:

(1)配种前注射一次猪瘟、猪丹毒、猪肺疫三联苗,剂量4头份/头。

(2)配种前45 d注射第一次猪细小病毒疫苗,配种前15 d注射第二次(仅限疫区)。

(3)配种前1周注射一次猪伪狂犬疫苗,剂量2 mL/头(仅限疫区)。

(3)在每年3～5月份初注射一次猪乙型脑炎疫苗,剂量2头份/头(仅限疫区)。

仔猪的免疫程序:

(1)20～30日龄注射一次猪瘟兔化弱毒苗,剂量2～3头份/头。

(2)45日龄注射一次猪O型口蹄疫油佐剂灭活苗,剂量1.5～2 mL/头(仅限疫区)。

(3)1月龄以上口服一次仔猪副伤寒弱毒冻干苗,剂量1头份/头。

(4)60日龄猪肌肉或皮下注射猪链球菌氢氧化铝菌苗,剂量5 mL/头(仅限疫区)。

(5)60日龄注射一次猪瘟、猪丹毒、猪肺疫三联苗,剂量3～4头份/头。

(6)乳猪第一次注射猪伪狂犬弱毒疫苗,剂量0.5 mL/头,断奶后再注射1 mL,3月龄以上的幼猪注射1 mL(仅限疫区)。

(7)在70～80日龄注射一次猪O型口蹄疫苗,剂量2 mL/头(仅限疫区)。

292.猪场在制定免疫程序时应考虑哪些因素?

猪场在制定免疫程序时应考虑如下4方面的因素:

(1)从当地、本场疫情出发,决定需要接种的疫(菌)苗和最佳接种时机,制定切合本场实际的计划免疫接种程序,严防生搬硬套其他场家的免疫程序。

(2)根据仔猪母源抗体水平和母源抗体的消长规律,以及体内原有免疫抗体水平,确定最佳首免和复免的时机以制定免疫程序。

过早接种，可能影响免疫效果，过迟接种，则错过最佳免疫时机，容易受疫病侵袭。

(3)掌握疫(菌)苗种类、特点和免疫接种途径及方法、各种疫(菌)苗接种的联合要求等，后者在疫(菌)苗的使用说明书中都有规定，应严格按此操作。

(4)制定和执行免疫程序时，应考虑猪体的健康状况和生产性能。特别注意不健康或免疫器官发育不全的猪，不宜免疫接种；对将要分娩的母猪暂缓免疫接种，以防引起流产；对哺乳早期的母猪，也应暂缓免疫接种，以防免疫反应引起泌乳减少或停乳。

293.猪传染病发生时的紧急防治措施是什么?

(1)发现疑似传染病时，应及时隔离，尽快确诊，一时不能确诊的疫病，应采病料送当地动物防疫监督机构或有关部门进行实验室检查。一旦确诊为国家规定的一类动物疫病，应按疫情报告制度及时逐级上报疫情，并按《动物防疫法》的规定调查疫源，划定并封锁疫区、疫点，采取隔离、扑杀、销毁、消毒、紧急免疫接种等强制性控制、扑灭措施，控制传染源，迅速扑灭疫病。必要时通知毗邻地区或单位，以便共同防制。对发生的一般性可治愈的传染病，应对发病猪群及临近猪群逐头测温或临床检查，发现病猪立即隔离治疗。

(2)对假定健康猪和受威胁区的猪进行紧急免疫预防接种，提高猪群的免疫保护力。紧急免疫接种应先从受威胁区开始，而后依次是假定健康猪、可疑病猪。对尚无菌苗的细菌性传染病，可普遍饲喂抗生素或化学合成的抗菌药物 5～7 d，进行药物预防。同时改善饲料营养，加强卫生管理，提高抗病能力；避免与传染源接触，减少感染机会，保护易感猪群。

(3)严格消毒、杀灭环境中的病源。对病原污染的场地、用具、猪舍、运动场等，必须随时进行彻底消毒。垫草应予烧毁，粪便进行堆积或其他无害化处理。病死猪及急宰猪，应按《动物防疫法》和国家标准 GB 16548—1996 的有关规定进行无害化处理，严禁出售和食用。在传染病发生流行期间，应每周对猪舍、用具等进行1～2 次消毒。病猪隔离舍应每天 1～2 次或随时进行消毒。最后一头病猪痊愈或扑杀处理，经多次彻底全面消毒，并经过发生疫病的最长潜伏期，若再无新的病例出现，方为扑灭了疫情，进行一次彻底的终末消毒，就可解除封锁。

294.何谓消毒，消毒分为哪几种？

消毒是指为了消灭环境中的病原体，切断疫病传播途径，以有效防止疫病的发生或蔓延而采取的措施。根据消毒的目的，可将消毒分为预防性消毒、随时消毒和终末消毒 3 种。

(1)预防性消毒　结合平时的饲养管理对猪舍、场地、用具和饮水等用药物进行定期消毒，达到预防为主，减少猪群发病的目的。

(2)随时消毒　发生疫病时，为了及时杀灭刚从猪体内排出的病原体而采取的消毒，消毒对象包括猪舍、隔离场地、被病猪污染过的一切场所、用具和物品等，发生重大疫病实行封锁时，要对疫区疫点每天进行多次消毒。

(3)终末消毒　是指在病猪解除隔离，痊愈或死亡后，或在疫区(点)解除封锁之前，为了消灭疫区(点)内可能残留的病原体，而进行的全面彻底的消毒。

295.猪场常用的消毒方法有哪几种？

猪场常用的消毒方法有以下 3 种：

(1)化学消毒法　即使用化学药物(消毒药)的作用杀死细菌和病毒，达到消毒的目的。也是最常用的消毒方法，它是预防和控制畜禽传染病发生和流行的重要方法之一。

(2)物理消毒法　即利用阳光、紫外线、干燥、高温(包括煮沸、火烧等)杀灭病原体。阳光是天然消毒剂,其光谱中含有紫外线,有较强的杀灭病菌的作用。另外,阳光的灼热可造成水分蒸发,干燥,亦有杀灭病菌的作用。一般病毒和不产生芽孢的细菌,在阳光照射下几分钟至数小时就可被杀死。焚烧多用于抵抗力较强的病原体及其引发的传染病尸体和垫草污物等;煮沸和蒸汽多用于一般病原体的消毒。

(3)生物学消毒法　即将病猪污染过或正常猪只的粪便、垫草、污物等堆积在一起进行发酵处理,利用粪便污物中微生物生命活动产生的热量,在几天或2个月内可杀死非芽孢细菌、病毒、寄生虫卵等,起到消毒作用。

296.猪场常用的消毒药物有哪些,怎样使用?

猪场常用消毒药物、作用、应用范围及使用方法见表11-1。

表11-1　常用消毒药物

药品名称	常用浓度	作用	应用范围及用法
石炭酸	3%～5%	有杀菌作用,但对芽孢和病毒无效	猪舍、墙壁、场地、用具、运输车辆、运动场。多用于喷洒
煤酚皂溶液(来苏儿)	2%～5%	有杀菌作用,但对芽孢无效	猪舍、墙壁、地面、用具、粪便。1%～2%浓度可用于手臂消毒
氢氧化钠(苛性钠、火碱、烧碱)	2%	有强大的杀菌和腐蚀作用,对病毒和芽孢、虫卵有很强杀灭作用	猪舍、墙壁、场地、器具、运输车辆、运动场、排泄物。加热效果好,对金属、织物、人体有腐蚀性

续表 11-1

药品名称	常用浓度	作 用	应用范围及用法
生石灰（氧化钙）	10%～20%	有杀菌作用，但对芽孢和结核杆菌无效	墙、地面、污水沟、粪池等。10%～20%石灰乳喷洒或涂刷，或新的石灰粉撒用，现配现用
福尔马林（40%甲醛溶液）	2%～5%	对细菌、芽孢、真菌和病毒都有杀灭作用	2%溶液用于浸泡器械；3%～5%溶液用于厩舍、地面、墙壁、用具的喷洒消毒。配合高锰酸钾可熏蒸消毒（每立方米空间用福尔马林 32 mL、高锰酸钾 16 g、水 16 mL，放瓷质器皿中混合氧化熏蒸）
漂白粉（含氯石灰）	3%～5%	有杀菌作用，对金属有腐蚀性，对皮肤有刺激性	3%～5%澄清液消毒饲槽等用具；10%～20%乳剂消毒厩舍及排泄物；20%混悬液用于芽孢消毒
过氧乙酸（过醋酸）	0.2%～0.5%	能杀死细菌、霉菌、芽孢和病毒	猪舍、地面、食槽用具等。可用0.2%～0.5%溶液喷雾消毒
次氯酸钠	0.05%～1.5%	对细菌、病毒有杀灭作用	0.3%～1.5%溶液用于厩舍、用具等喷洒消毒；0.1%溶液可在厩舍内喷雾消毒
复合酚（菌毒敌、农富）	0.3%～1%	有杀菌作用	猪舍、用具、运动场、运输车辆、排泄物喷洒
百毒杀（双链季胺盐消毒剂）	0.03%～0.1%	对细菌、霉菌和病毒有杀灭作用	0.03%～0.1%溶液用于厩舍、用具等消毒；0.005%～0.01%溶液用于饮水消毒

续表 11-1

药品名称	常用浓度	作 用	应用范围及用法
新洁尔灭	0.1%～0.2%	对细菌有杀灭作用，对芽孢和病毒无效	猪舍、用具消毒，也可用于手和皮肤的消毒。忌与肥皂、碘和碱等配合
酒精（乙醇）	7%	有杀菌作用，对芽孢无效	外用于手、注射部位、医疗器械消毒
碘酊（碘酒）	2%～5%	可抑制和杀灭细菌、毒菌和病毒，对芽孢无效	外用于手、注射部位、医疗器械消毒
紫药水（龙胆紫）	1%～2%	对细菌有抑制作用，有抗霉菌作用	外用于皮肤、擦伤、口腔溃疡
胺碘双毒克（枣花牌）	0.02%～0.06%	对细菌、病毒和霉菌有较强的杀灭作用	1 800～2 700 倍稀释用于厩舍、用具消毒；1 500～3 000 倍稀释用于喷雾、带禽、畜消毒；4 000～6 000 倍稀释用于饮水消毒
高锰酸钾	0.1%～0.2%	对细菌、病毒有杀灭作用	用于黏膜、创面或饮水消毒，与福尔马林一起，可做甲醛熏蒸消毒
草木灰	10%～30%	对病毒有杀灭作用	被病毒污染的猪舍、场地、车辆、用具、排泄物用 20%～30% 新鲜干燥草木灰溶液喷洒或洗刷消毒

297. 猪疫病的基本诊断方法有哪几种?

猪疫病的基本诊断方法有4种:临床检查、流行病学调查、病理学检查和实验室检查。

(1)临床检查 目的在于发现并搜集作为诊断根据的症状等资料。症状是病猪所表现的病理性异常现象。一种疾病可能表现出许多症状,而各个症状在诊断中的地位与意义各不相同,所以必须对每个症状给予一定的评价。作为某一疾病所特有的症状,常具有较为特异性的诊断意义;作为某一器官或局部疾病时的特定的局部症状表现,在确定疾病主要侵害的器官、部位上常起主要作用;表现明显或对病猪危害严重的症状,在提示可能性诊断及推断预后上,应该给予重视,在疾病的初期所出现的前驱或早期症状,可为疾病的早期诊断提供启示和线索。

(2)流行病学调查 是通过问诊和查阅有关资料或深入现场,对病猪和猪群、环境条件以及发病情况和发病特点等的调查。流行病学调查在探索致病原因、流行经过等方面有十分重要的意义。

(3)病理学检查 病理学诊断是一种对病死猪或濒死期致死的猪进行剖检,用肉眼和显微镜检查各器官及其组织细胞的病理变化,以达到诊断目的的重要方法。

(4)实验室检查 应用微生物学、血清学、寄生虫学、病理组织学等实验手段进行疫病检验,为猪病确论提供科学依据。

298. 猪疫病的临床检查要点有哪些?

猪疫病的临床检查要点如下:

(1)视诊 观察猪只整体状态变化,尤其是发育程度、营养状况、精神状态、运动行为、消化与排泄活动和功能等,更应详加注意。

(2)听诊 注意听取猪只的病理性声音,如喘息、咳嗽、喷嚏、呻吟等，尤其是喘息的特点及咳嗽的特征。

（3）测定体温、脉搏及呼吸数等生理指标　特别是体温的升高，常可提示某些急性传染病。

（4）细致检查猪体各部位及内脏器官　在普遍检查的基础上，对外表状态特别是鼻盘的湿润度和颜色、皮肤出血点、疹块、疱疹等更应注意；通过软腹壁对腹腔器官进行深入触诊，也不应忽视。

299. 猪疫病的流行病学调查要点有哪些？

流行病学调查需要详细了解发病现状、既往病史疫情及现场实际情况，其调查要点如下：

（1）详细询问发病现状。内容包括猪疫病发生、发展经过，病症表现，是否治疗，效果如何，同群或邻群有无类似病例，是同时发生还是相继发生，病势传播快慢，有无死亡，死亡率高低，发病猪年龄、死亡猪年龄、死亡猪是否进行剖检，剖检变化如何，是否做病理组织学检查，结果如何。猪发病同时有无其他牲畜发生类似病症。以判断该猪病是急性还是慢性，是传染病还是非传染病，是否属烈性传染病，是否属共患传染病，疗效验证，可作为诊断参考，病理解剖学、病理组织学特征是综合诊断的重要依据。

（2）了解既往病史及疫情。内容包括本场及当地猪群过去是否有类似病发生，其经过及结果如何，分析本次疫病与过去疫病的关系，有利于地区性常在疫病的判断。

（3）了解防疫情况及效果。内容包括购进猪只是否经过检疫与隔离，本场防疫制度及其贯彻执行情况，有无消毒设施，病死猪尸体处理情况怎样，预防接种实施情况怎样，是否定期消毒、定期驱虫，对地区性常在多发病的预防措施是否贯彻落实。

（4）详细了解饲养、管理、环境卫生情况。内容包括饲料组成、种类、质量、数量、贮存、调制方法及饲喂制度，猪舍、饲槽、运动场是否定期清理、消毒、粪便清除与处理是否及时合理。

总之，只有进行系统而全面的流行病学调查，才能得到充分而真实的症状、资料，并为正确的诊断提供可靠的依据。

300.猪疫病的病理学诊断技术有哪些内容?

猪疫病的病理学诊断技术包括如下内容：

(1)外观检查　对病死猪的眼、鼻、口、耳、肛门、皮肤和蹄部等做全面的外观检查。

(2)尸体解剖技术要点　将猪尸体成背卧(仰卧)位，先切断肩胛骨内侧和髋关节周围的肌肉，使四肢摊开，然后沿腹壁中线向前切至下颌骨，向后切到肛门，掀开皮肤，再剪开剑状软骨至肛门之间的腹壁，沿左右最后肋骨切开腹壁至脊柱部，使腹腔脏器全部暴露。此时检查腹腔脏器的位置是否正常，有无异物和寄生虫，腹膜有无粘连，腹水量、颜色是否正常。然后由横膈处切断食管，由骨盆腔切断直肠，按肝、脾、肾、胃、肠等的次序分别取出检查。胸腔解剖检查沿季肋部切断隔膜，先用刀或骨剪切断肋软骨和胸骨连接部，再把刀伸入胸腔，划断脊柱两侧肋骨和胸椎连接部的胸膜和肌肉，然后用刀按压两侧的胸壁肋骨，使肋骨和胸椎连接处的关节自行折裂而使胸腔敞开。首先检查胸腔液的量和性状，胸膜的色泽和光滑度，有无出血、炎症和粘连，而后摘取心、肺等进行检查。

(3)病理检查　尸体检查和病理检验一般同步进行，边解剖边检验，以便观察到新鲜的病理变化。对实质器官(肝、脾、肾、心、肺、胰脏、淋巴结等)的检查，应先观察其大小、色泽、光滑度、硬度和弹性，有无肿胀、结节、坏死、变性、出血、充血、淤血等常见病理变化，之后将其切开，观察切面的病理变化。胃肠一般放在最后检验，先观察浆膜变化，后切开进行检查。气管、膀胱、胆囊的检查方法与胃肠相同，脑和骨只有在必要时进行检验。此外，在肉眼观察的同时，必要情况下，应采取小块病变组织(2 cm×3 cm)放入盛有10%福尔马林溶液的广口瓶内(固定)以便进行病理组织学检查或采集有关病料送实验室检验。

301.猪疫病的实验室检查包括哪几方面内容?

动物疫病的实验室检查是病性确诊的重要依据,规模化的猪场均建有疫病综合诊断实验室。猪疫病的实验室检查包括以下4方面内容:

(1)常规实验室检验　主要包括病猪的血液、尿液、粪便、胃液及胃内容物、脑脊髓液、渗出液及漏出液,血液生化检验等内容,在实验室的特定设备、条件及方法下,测定其物理性状,分析其化学成分,或借助显微镜观察其有形成分等,为疾病的诊断、鉴别、治疗以及预后判断提供参考。

(2)病理组织学检查　将送检的病理组织学检查病料,经过病料修整,石蜡包埋、切片、固定、染色、封片等病理切片方法制成病理组织学切片,借助光学显微镜观察其各器官和细胞的病理学变化,其结果可作为疾病诊断,鉴别的依据。

(3)病原体检查　主要包括普通显微镜或电子显微镜检查、病原体的分离培养鉴定,实验动物或鸡胚接种实验等。病原体检查在猪病确诊上具有十分重要的意义和价值,也是猪病诊断中最为常用的方法。

(4)血清学检查　主要是测定血清中的特异性抗体或送检病料中的抗原,也是猪疫病诊断及流行病学调查最常用的实验室检查方法之一。包括沉淀反应(含琼脂扩散试验)、凝集反应(含间接血凝试验)、补体结合试验、中和试验、免疫荧光试验、放射免疫试验、酶联免疫吸附试验,以及核酸探针、多聚酶链式反应、核酸分析等现代化疫病检测技术等。

302.病料采集应注意哪些问题?

为使所采集的病料符合实验室检验的要求,采集病料要注意如下问题:

(1)怀疑某种传染病时,则采集病变常侵害的部位。

(2)提不出怀疑病种时,则采集全身各脏器组织。

(3)败血性传染病,如猪瘟、猪丹毒等,应采集心、肝、脾、肾、肺、淋巴结和胃肠等器官、组织,胃肠的断端应做结扎处理。

(4)专嗜性传染病或以侵害某种器官为主的传染病,采集该病侵害的主要器官组织。如狂犬病采取脑和脊髓,猪气喘病采取肺的病变部位,呈现流产的传染病则采取胎儿和胎衣,口蹄疫则采集口、蹄部的水疱皮和水疱液。

(5)检查血清抗体时,采集血液,待血凝固血清析出后,分离出血清送检。

(6)怀疑中毒性疾病时,应采集喂食的饲料、饮水及胃内容物。

(7)进行常规检验,需检什么项目,则采集什么。

(8)疫病检验,病料必须无菌采集。

303.病料保存方法有哪几种?

为使采集的病料保持新鲜或接近新鲜,必须采用适宜的保存方法。且检验目的不同,保存方法也不一致。

(1)细菌检验材料　将无菌采集的组织块(新鲜)等材料,保存于饱和盐水(蒸馏水 100 mL,加入氯化钠 38~39 g,充分溶解、过滤、高压灭菌后使用),或 30%甘油缓冲液(纯净甘油 30 mL,氯化钠 0.5 g,磷酸氢二钠 1 g,蒸馏水加至 100 mL,高压灭菌后使用)中,容器加塞、封固、送检。

(2)病毒检验材料　将无菌采集的病料保存于 50%的甘油缓冲液(中性甘油 500 mL,氯化钠 8.5 g,蒸馏水 500 mL,分装,高压灭菌后使用)中送检。病料为液体如口蹄疫水疱液,则应无菌采集、置灭菌小瓶中密封后,直接送检。

(3)病理组织学检查材料　将组织块放入 10%福尔马林溶液或 95%的酒精中固定(固定液的量应是标本体积的 5~6 倍以上,

用福尔马林溶液固定时，应在 24 h 后换固定液一次），密封送检。

304.病料送检注意事项有哪几点？

病料送检注意事项如下：

(1)编号　对送检的病料，应在容器上编号，做好记录，并附详细记录的病料送检单。

(2)包装　对送检的病料应包装安全稳妥，对危险材料（烈性传染病病料）、怕热或怕冻的材料应分别采取措施。一般情况下，微生物学检查材料都怕热，应冷藏包装送检，而病理学检查材料都怕冻，包装送检应严防冻结。

(3)立即送检　病料包装好后，应尽快送达检验单位，短途或危险材料应派专人送达，远途可以空运。

305.猪的保定方法有哪几种？

为了给猪采血、诊断、免疫或治疗，必须将猪适当保定。根据猪体大小和目的不同，可分别采取以下 6 种方法：

(1)猪群圈舍保定法　饲养员将猪群轰赶到圈舍的角落里不让散群，趁猪拥挤时，防疫员迅速注射疫苗，注射部位多选择耳后或臀部，且选用金属注射器为好。

(2)站立保定法　用于仔猪保定。双手将仔猪两耳抓住，并将头向上提起，再用两腿夹住猪的背腰，便可进行诊治。

(3)提举后肢保定法　用于仔猪保定。将仔猪两后腿捉住，并向上提举，使猪倒位，同时用两腿将猪夹住，便可诊治。

(4)横卧保定法　用于中猪保定。一人抓住猪的一只后腿，另一人抓住猪耳，两人同时向一侧用力，将猪放倒，并适当按住颈及后躯，加以控制，即可诊治。

(5)木棒保定法　用于大猪和性情凶狠猪的保定。用一根 1.6～1.7 m 长的木棒，末端系一根 35～40 cm 长的麻绳，再用麻绳的另一端在近木棒末端 15 cm 处做成一个固定大小的套，将套套在猪上颌骨犬齿的后方，随后将木棒向猪头背后方转动，收紧套绳，即可将猪保定。

(6)鼻绳保定法　用于保定大猪和性情凶狠的猪。用一条 2 m 长的麻绳，在一端做成直径 15～18 cm 的活结绳套，从口腔套在猪上颌骨犬齿后方，将另一端拴在柱子上或用人拉住，拉紧活套使猪头提举起来，即可灌药打针等。无论猪体大小，用此法固定的猪都极为老实，站在原地不动。

306. 猪的给药方法有哪几种？

猪的给药方法有如下 8 种：

(1)拌料或掺水内服　将药物按规定量拌入饲料或掺入饮水中，让其自由服用。注意所用药物应无特殊气味。

(2)经口灌服　当病猪无食欲或药物有特殊气味时，常采用此法。将猪适当保定，用一根细木棍卡在猪嘴内，使猪口腔张开，将药液倒入一斜口细竹筒内(或用小匙)，从猪舌侧面靠腮部徐徐倒入药液，使猪自由吞咽。如猪含药不咽时，可摇动木棍促使咽下。要特别注意有间歇、少量、慢灌的原则。防止过急或量多，药液呛入气管，引起异物性肺炎或窒息死亡。

(3)灌肠　向直肠注入大量的药液、营养液或温水，直接作用于肠黏膜，使药液、营养液被吸收或排出宿粪，以及除去肠内分解产物与炎性渗出物，达到治疗疾病的目的。

(4)皮下注射　是将药液注射到皮肤与肌肉之间的疏松组织中，靠毛细血管的吸收而作用于全身。由于皮下有脂肪层，吸收较慢，一般 5～15 min 产生药效，注射部位多为猪的耳根后部、腹下或股内侧。

(5)肌内注射　是将药液注入肌肉内。因肌肉内血管丰富、吸收快。注射部位多为猪的颈部或臀部。

(6)静脉注射　是将药液直接注入静脉血管内,使药液迅速发挥作用。注射部位多为耳静脉。

(7)腹腔注射　是将药液注射到腹腔内,这种方法一般在耳静脉不易注射时采用。注射部位大猪在腹肋部,小猪在耻骨前缘下3～5 cm中线侧方。

(8)气管注射　将药液直接注射到气管内,注射部位在气管的上1/3处。适用于肺部驱虫及治疗气管和肺部疾患。

307.给猪打针时应注意什么?

在养猪生产中,无论疫苗接种,还是用药治病,都离不开给猪打针(注射)。在注射时,要注意如下6点:

(1)注射用的针头、注射器,均要经过严格消毒(121.3℃,15～30 min高压灭菌或蒸煮20～30 min)。

(2)药液稀释后若出现浑浊、沉淀现象,弃之不用。

(3)注射前要排尽针筒中的空气。

(4)注射时,将猪保定好,选准注射部位,并用5%碘酒或75%酒精棉球消毒。注射完毕用消毒棉球压住针孔处皮肤拔出针头。

(5)注射器及针头用完后,要及时清洗、晾干,妥善保管。

(6)据药物性质选用合适的注射方法:凡刺激性较强或不容易吸收的药液常作肌内注射,如青霉素、磺胺类;在抢救危急病猪时,药液量大,刺激性强,不宜作皮下或肌内注射的药物可作静脉注射,如水含氯醛、氯化钙、20%葡萄糖。

308.哪些猪不宜打防疫针?

在对猪只进行免疫注射时,为防止猪只在免疫接种后出现不良反应或严重反应,造成严重的经济损失,不给某些猪只免疫注射。这些猪只包括:

(1)怀孕后期将要临产的母猪不宜打防疫针,此时打针易引起流产。

(2)1月龄内的哺乳仔猪，因各组织器官生长发育不全，免疫功能未完全建立，对外来的刺激抵抗力差，打预防针时副反应强烈，有时会引起死亡，而免疫反应却较弱，不能产生坚强的免疫力，所以不宜打防疫针(猪瘟免化弱毒苗除外)。

(3)病猪不宜打防疫针。病猪抵抗力弱，若再打预防针，就会引起强烈的副反应，加重病情。同时猪在病理状态下，也不能对疫苗产生正常的免疫反应，即使打预防针，也不能建立坚强的免疫力。

309. 猪传染病的治疗原则有哪几项?

猪的传染病有多种，性质、危害各不相同，为有效地控制和消灭传染病，最大限度地减少其对养猪业的危害，要认真区别对待。

(1)对国家规定的一类传染病，不能随意治疗处置，应按《动物防疫法》有关规定及时报告疫情，由政府出面采取扑灭措施，严防随意处置造成疫情扩散。

(2)对当地过去未发生过的危害较大的新病，也应报告当地动物防疫监督机构和农牧行政主管部门进行处置。

(3)对治疗需要较长时间，所需治疗费用接近或超过病猪治愈后的价值的疫病，应将病猪作淘汰处理。

(4)治疗必须及早进行，不能拖延时间，以免延误病情，造成更大的经济损失。

(5)治疗既要考虑针对病原体，消除致病原因，又要增强机体抵抗力，调整和恢复生理机能，采取综合性治疗措施。

310. 针对病原体的治疗方法有哪几种?

针对病原体的治疗方法有如下6种：

(1)特异性疗法　指应用针对某种传染病的高免血清、痊愈血清和大剂量的弱毒疫苗等特异性生物制剂进行的治疗，如破伤风抗毒素治疗破伤风，10～30 倍剂量的猪瘟兔化弱毒疫苗注射治疗猪瘟。

(2)抗生素疗法　是主要治疗细菌性传染病的方法。常用的抗生素如 β-内酰胺类、氨基糖苷类、四环素类、大环内酯类、氯霉素类等。

(3)化学合成抗菌药物疗法　用化学合成的抗菌药物治疗细菌性传染病的方法。常用的药物如磺胺类药、抗菌增效剂、硝基呋喃类及其他药物。

(4)抗病毒药物　如病毒灵、金刚烷胺、碘甘(疱疹净)、病毒唑等。

(5)抗寄生虫药物　如左旋咪唑 、丙硫咪唑、敌百虫、硫双二氯酚、硝氯酚、伊维菌素、阿维菌素、磺胺类等。

(6)微生态平衡疗法　对肠道疾病有较满意的疗效，无毒副作用，如促菌生、乳康生、调痢生等，已广泛用于仔猪黄痢、白痢、水肿病等疾病的治疗。

311. 抗生素疗法的用药原则有哪几项?

抗生素主要用于由细菌引起的猪传染病的治疗。合理地应用抗生素是发挥其疗效的重要前提，不合理的应用或滥用往往引起不良后果：一方面可能使敏感的病原微生物产生耐药性；另一方面可能使药效降低或抵消；另外可能对机体造成不良反应，甚至引起中毒。所以，使用时一定要遵守用药原则，合理使用。用药原则包括如下 4 点：

(1)掌握适应征。应根据临床诊断结果，最好通过药敏试验，选择对该病病原敏感的药物用于治疗。如青霉素对革兰氏阳性球菌和杆菌引起的疾病疗效最好，链霉素对结核杆菌和革兰氏阴性菌疗效较好，庆大霉素、卡那霉素、四环素类、氯霉素为广谱抗生素，应用范围较广。

(2)考虑药物用量、疗程、给药途径、不良反应、经济价值等问题。一般情况下，剂量开始宜大，使血液内产生较高的有效浓度，以后根据病情酌减用量。疗程应根据病的类型、病猪的具体情况决定，一般急性感染的疗程，可控制在3～5 d。用药期间应密切注意可能产生的不良反应或抗药性问题，以便及时停药或改换用药。

(3)防止滥用抗生素。对病毒性疾病，如无细菌混合感染，不要使用抗生素；一种抗生素能奏效时，就不必加用第二种。随着医药学研究的进展，抗生素的品种越来越多，抗菌谱越来越广，对细菌性疫病的控制更加容易。但是，目前滥用抗生素的现象也更加严重，这样使细菌产生耐药性的可能性更大，相继出现一些严重的合并征，如肠道菌群紊乱而引起严重的腹泻。因此，使用抗生素要严格选择，能用窄谱抗生素者就不用广谱抗生素，一定要改变抗生素越新越贵就越多用的观念。但为了克服细菌对抗生素的耐药性，也要针对性地更换使用抗生素，避免长期使用同一种抗生素。此外，为防止畜产品中的药残，在屠宰前一定时间内禁用抗生素(即限药期或休药期)。

(4)抗生素联合应用必须合理。真正协同作用的抗生素不多，如青霉素与链霉素，土霉素与氯霉素用于临床对某些细菌有协同杀灭作用，但也有合用后产生拮抗作用的如青霉素与氯霉素，土霉素与链霉素，但是抗生素与磺胺类药物联合使用，抗菌效果比单独使用好得多。

312.养猪户如何自辨猪病?

在养猪实践中，猪的各种疾病往往随时出现，养猪户需要掌握一定的知识和方法，对猪的常见病和多发病给予初步的诊断。为此，养猪户要从以下9方面入手：

一看猪的精神状态　病猪精神委顿，行走摇摆，动作呆滞，反应迟钝，或在圈内转圈，或横冲直撞，或痴立不动。

二看猪的食欲　病猪食欲不振，少食，或停食。

三看猪的双眼　眼结膜苍白，常见于贫血或内脏出血等；眼结膜充血潮红，是某些器官有炎症或热性病表现；眼结膜紫红色多为血液障碍所致，常见于疾病的后期。

四看猪的鼻盘　鼻盘干燥、龟裂，是体温高的表现；鼻腔有分泌物流出，多为呼吸道有病的象征；鼻、口、蹄部若有水疱、糜烂，可能是水疱病或口蹄疫。

五看猪的被毛皮肤　皮肤苍白，是各种贫血的症状；皮肤有出血点或出血，考虑败血症的可能；皮肤发黄则为肝胆系统或溶血性疾病；皮肤发绀，常见于严重呼吸循环障碍；皮肤粗糙、肥厚，有落屑、发痒，常为疹癣、湿疹的症状。

六看猪的腰部外形　猪的腰部显著膨大，呼吸迫促，有肠梗阻或肠扭转的可能；如腹围缩小，骨瘦如柴，体质弱差，多见于营养不良和慢性消耗性疾病。

七看猪的动态　行走蹒跚，举步艰难，尾巴下垂，卧地不起，表示病势危重，四肢僵硬，腰部不灵活，两耳竖立，牙关紧闭，肌肉痉挛，是破伤风的表现。

八看猪的小便　小便频多或减少，颜色改变，是有病的征兆。如果频频排尿，且尿液断续状排出，说明排尿疼痛，尿道有炎症；若排血尿，则有尿结石，或患有钩端螺旋体病的可能。

九看猪的粪便　粪便干燥，排粪次数减少，排粪困难，常见于便秘等；粪便稀薄如水呈稀泥状，频频排粪，则多见于食物中毒、肠道寄生虫病及某些传染病；仔猪排出灰白色、灰黄色水样粪便，并带有腥臭味，是仔猪白痢或黄痢的症状；粪便发红，且混有多量小气泡、恶臭，是出血性肠炎的症状。

313. 猪场应常备哪些治疗药物？

规模化猪场，为及时防治猪的各种疫病，常常要准备一些药物，以备急用之需。它们包括三大类：

（1）抗菌药物　种类很多，且同类药物常可互相代用，猪场每类只备 1～2 种即可。如：

①四环素类　包括四环素、金霉素与土霉素。

②氨基糖甙类　包括链霉素、双氢链霉素、新霉素、卡那霉素、庆大霉素等。

③青霉素类　包括青霉素 G 钾、青霉素 G 钠和氨卡青霉素。

④磺胺类　包括磺胺嘧啶，复方新诺明等。

⑤大环内脂类　包括红霉素、螺旋霉素、秦乐菌素等。

⑥喹喏酮类　包括诺氟沙星（氟哌酸）、环丙沙星、恩诺沙星、阿米卡星等。

（2）驱虫药物　包括 4 种：

①驱线虫、吸虫、绦虫的药物如丙硫咪唑 、左旋咪唑、敌百虫等。

②驱体外寄生虫和蚊蝇的药物如敌杀死、杀虫脒等。

③杀灭原虫的药物　如新砷凡纳明（又名九一四）、贝尼尔、黄色素等。

④广谱驱虫药物如伊维菌素、阿维菌素等。

（3）其他药物　口服补液盐、解热药（安乃近、氨基比林等）、强心药（安钠咖）与体外消炎药（碘酒、龙胆紫等）。

314. 如何正确使用磺胺类药物？

磺胺药是一类化学合成的抗菌药物，通过阻止细菌的叶酸代谢而抑制其生长繁殖，具有抗菌谱广，疗效确实，性质稳定，不易变质等优点,但也有抗菌作用较弱,不良反应较多,细菌易产生耐药性,用量偏大等缺陷。甲氧苄氨嘧啶(磺胺增效剂)的出现使磺胺药的抗菌效力增强,应用更加广泛。

磺胺药的不良反应比较常见,主要有 4 方面:

(1)损害泌尿道,导致血尿、蛋白尿、尿闭等。

(2)影响消化道,造成食欲不振、便秘、呕吐、腹泻或间歇性疝痛。

(3)危害造血系统,造成颗粒性白细胞减少,血小板减少。变性血红蛋白血症或溶血性贫血。

(4)产生过敏反应,如药物热、皮疹等。

在使用磺胺类药时,为避免或减少不良反应,应注意如下 4 点:

(1)严格掌握适应征。磺胺类药对大多数革兰氏阳性和阴性菌都有抑制作用,对放线菌、衣原体和某些原虫(球虫、弓形虫)也有抑制作用,但对结核杆菌、螺旋体、立克次氏体及病毒等完全无效,所以不可滥用。

(2)用量要适当,疗程应充足。按说明书规定剂量给药,一般首次给药剂量加倍,以迅速达到有效浓度。感染严重时可静脉注射,以争取迅速显效,然后每隔 4～6 h 给予短效磺胺一次维持量,每 12～24 h 给中效磺胺维持量,待急性感染症状消退后,继续以半量给药 2～3 d,以免复发。

(3)为预防磺胺药可能在尿中析出对肾脏造成毒害,用药期间应充分饮水,必要时要灌水,同时给予等量的碳酸氢钠,使尿保持碱性,以增加磺胺药的溶解度,促进磺胺药在尿中的排出。

(4)对磺胺药过敏者应避免应用该类药。口服用磺胺药治疗肠道病,应同时给予维生素 B。

315.常用药物的配伍禁忌主要有哪些?

(1)青霉素　与碱类、林可霉素、磺胺类药物的钠盐注射液混合,青霉素易分解失效;与无机酸、有机酸和有些药物的盐酸盐如盐酸土霉素、盐酸四环素、盐酸金霉素、盐酸氯丙嗪等混合,混合液发生浑浊,药物失效;与浓度高于1%的盐酸普鲁卡因注射液混合,发生浑浊,但生成的普鲁卡因青霉素可以肌内注射。

(2)硫酸链霉素　与碱类、磺胺类药物的钠盐注射液等混合,链霉素遭到破坏;与维生素C、维生素B混合影响药效。

(3)四环素类　与青霉素、维生素C、葡萄糖酸钙等注射液混合,发生混浊并失效。

(4)磺胺类药物　与酸性药物并用,增加泌尿系统副作用,与普鲁卡因、维生素C并用,减弱药效;磺胺类药物的钠盐注射液与复方氨基比林,5%碳酸氢钠等注射液混合产生沉淀。

(5)人工盐　与稀盐酸混合,中和失效;与胃蛋白酶混合,降低酶活性;与硫酸镁混合,溶液出现沉淀。

(6)安钠咖　与含鞣酸物质,产生白色混、浑浊或沉淀;与酸类混合,产生沉淀。

(7)氯丙嗪　与青霉素G盐、金霉素、碳酸氢钠、含巴比妥类药物制剂如复方氨基比林、安痛定、复方水杨酸钠等注射液混合,产生混浊;与有机酸类混合,产生沉淀。

(8)普鲁卡因　与磺胺类药物混合,减弱药效;与碱类混合,水解失效;与鞣酸混合失效;与氧化剂混合,发生分解。

(9)氯化钠　用于稀释促肾上腺皮质激素、红霉素发生浑浊;与溴化物混合,减弱药效。

(10)敌百虫　与碱类、碱性药物混合,易生成敌敌畏,增加毒性。

十二、常见猪病的防制

316.猪常见的细菌性传染病有哪些?

猪常见的细菌性传染病有:猪丹毒、猪肺疫、仔猪副伤寒、猪链球菌病、仔猪白痢、仔猪黄痢、仔猪红痢、仔猪水肿病、猪气喘病、猪破伤风、猪痢疾、猪坏死杆菌病、猪传染性胸膜肺炎、猪传染性萎缩性鼻炎、猪炭疽、猪李氏杆菌病等。

317.猪常发的病毒性传染病有哪些?

猪常发的病毒性传染病有:猪瘟、猪口蹄疫、猪传染性胃肠炎、猪流行性腹泻、猪伪狂犬病、猪乙型脑炎、猪细小病毒病、猪流行性感冒、猪痘、猪繁殖与呼吸综合征、断奶仔猪多发系统衰弱综合征等。

318.猪常发的寄生虫病有哪些?

猪常发的寄生虫病有:猪蛔虫病、猪姜片吸虫病、猪肺丝虫病、猪囊尾蚴病、猪弓形体病、猪肾虫病、猪旋毛虫病、猪疥癣病、猪虱病、猪绦虫病,猪附红细胞体病等。

319.普通病包括哪几类?

普通病包括内科病、外科病、产科病、中毒病及代谢病五大类。

320.怎样防制猪瘟?

猪瘟俗称烂肠瘟,是由猪瘟病毒引起的一种高度接触性传染病。

【流行特点】仅猪发病，且不同年龄、不同性别的猪都可感染发病，发病无季节性。病毒存在于病猪各器官组织内及排泄物中。病猪为主要传染源，被污染的饲料、饮水及飞沫、尘埃通过消化道、呼吸道使易感猪发病。人、动物、昆虫、衣物、工具均可能成为传播媒介。急性猪瘟以高发病率和高死亡率为特征，慢性猪瘟多呈散发型。临床少见典型猪瘟，多见慢性型或温和型。

【诊断要点】该病潜伏期 5～7 d。

(1)临床症状：可分为 4 型。

最急性型　病猪未出现典型症状即突然死亡，多见于流行初期。

急性型　最多见，病猪体温突然升高达 41～42℃，食欲明显减少或不食。精神沉郁、喜卧、寒战。站立拱背、行走摇摆。耳、鼻、唇、四肢及腹下常见出血斑点。眼结膜潮红，常有黏液、脓性分泌物。口腔黏膜不洁，易见出血与溃疡。病初粪便干燥发暗，随后拉恶臭稀粪，其中常混有脓血。有的病猪可见磨牙、昏睡、痉挛及惊厥等神经症状，病程 1～2 周，病死率 70%以上。

亚急性型　见于猪瘟常发区，症状似急性型，但较缓和，病程 3～4 周。

慢性型　表现为消瘦、贫血与衰竭。时有轻热，食欲不振，便秘与腹泻交替发生。有的皮肤有紫斑或坏死痂。病程 1 个月以上，很难康复。此外，妊娠母猪感染后可能不表现症状，但可引起流产、死胎、木乃伊胎，早产或产弱仔。

(2)剖检病变：全身器官及组织明显出血是本病的特征。皮肤、皮下、肌肉、黏浆膜及各种内脏器官均可出血。泌尿系统中肾盂、输尿管及膀胱黏膜出血具有特征性。脾不肿大，边缘可出现暗红色豆大梗死区。全身淋巴结，特别是头颈部及腹腔淋巴结出血暗红色，切面呈大理石样红白色相间。胃肠黏膜充血、出血、大肠尤甚。大肠除出血外，尚见坏死灶，病程长的此坏死灶干硬，突起呈同心轮层状溃疡,俗称“扣状肿”,为亚急性及慢性猪瘟的特征病变。

【防制措施】

(1)坚持自繁自养原则,尽量不从外地购进仔猪;确需引进猪只时,要加强检疫,严禁引入病猪。

(2)制定并实施符合本场(群)实际的免疫程序。一般仔猪在22～28日龄首次用猪瘟弱毒疫苗免疫接种,种公、母猪一年一次猪瘟弱毒疫苗免疫。但要注意,母猪应避开怀孕期和哺乳期。猪只免疫剂量若使用2～4头份,免疫效果较好。仔猪超早期免疫效果也很确实。方法是:初生仔猪立即接种猪瘟兔化弱毒苗1头份,隔2 h再喂初乳,2月龄时再加强免疫一次。

(3)猪瘟暴发后,应及时做好隔离、封锁、消毒及尸体处理工作,同时对尚未出现症状的猪只立即全部注射猪瘟疫苗,剂量为2～4头份。对呈现症状的病猪可用大剂量猪瘟疫苗(10～30头份)进行接种,具体用量是每千克体重用0.5头份为宜,病重者适当加量,必要时第三天重复注射一次,常可取得一定效果。

(4)药物治疗。对猪瘟无特效药物,高免血清病初有效,但价格昂贵。抗菌消炎药和能量合剂等仅能预防继发感染和增强体质。

321.怎样预防制猪口蹄疫?

口蹄疫俗名“口疮”、“蹄癀”,是由口蹄疫病毒引起的偶蹄兽的一种急性、热性、高度接触性传染病。

【流行特点】口蹄疫病毒感染牛、羊、猪等所有偶蹄动物。病畜是主要传染源,消化道黏膜和呼吸道是本病的主要侵入门户,病猪的水疱液和水疱皮含毒最多。在发热期,病猪粪便和呼出的气体都含有病毒。易感猪只可通过污染的饲料、饮水、工具等被感染。发病无严格的季节性,但冬春寒冷季节多发。本病多呈大流行性和流行性，若扑灭措施得力，在猪多呈地方流行性和散发性，并有一定的周期性，每隔3～5年流行一次。新流行地区发病率可达100%，老疫区也有50%。

【诊断要点】自然感染本病潜伏期为2～8 d，人工接种1～2 d出现临床症状。

(1)临床症状：病猪以蹄部水疱为主要特征，病初体温升高至40～41℃，精神不振，食欲减少或拒食，常卧地。口腔黏膜、舌、唇、咽、腭形成小水泡或糜烂。蹄冠、蹄叉、蹄踵出现局部发红、微热、敏感等症状，不久形成小水疱，并逐渐融合成白色环带状。蹄冠上水疱破溃后常有出血性溃疡面，不久结成痂皮。一般在水疱破溃后，体温下降，如无细菌感染，1周左右可康复。若继发感染，可局部化脓坏死，蹄壳脱落，此时患肢不能着地或常卧地不起或在地上跪行。哺乳母猪的乳房上也有水疱和烂斑，新生仔猪、哺乳断奶仔猪感染时常引起急性胃肠炎及心肌炎而导致死亡。仔猪致死率有时可达50%以上。

(2)剖检病变：特征性病变是蹄冠、蹄叉和鼻盘部皮肤黏膜上出现疱状斑疹，水疱内容物为浆液和坏死的上皮细胞，易破溃而形成糜烂，糜烂表面盖有黄褐色或褐色的痂。仔猪发生该病时，主见急性胃肠卡他性病变、心脏有心肌炎病变，心肌松软，切面有灰白色或淡黄色斑点或条纹，好似虎身上的斑纹，故称虎斑心。

(3)传播快，发病率高，死亡率低。

【防制措施】

(1)常规预防措施：主要是加强检疫，重点普查，定期消毒。做好猪只产地检疫、屠宰检疫、运输检疫及农贸市场的动物卫生监督，每年春、冬两次重点普查，了解和发现疫情，以便及时采取相应措施。坚持饲养场(户)的常规消毒和集贸市场的定期消毒。酸、碱(1%～2%NaOH)和甲醛(1%～2%)均能短时间杀灭病毒。在疫区或不安全区域(如城市郊区等)每年两次进行猪O型口蹄疫油佐剂灭活疫苗的免疫注射，预防效果甚好。尤其是哺乳仔猪和断奶仔猪，免疫接种时疫苗反应很剧烈，有的注射完毕倒地，十几分钟后才起来，有的注射后 2～3 d 停食，但是免疫效果很好，保护率可达 90%以上。

(2)应急措施：一旦怀疑本病发生，需立即上报畜牧兽医管理部门，组织有关专家迅速确诊(需要时要采集病料送检)，同时下令封锁疫区，防止疫情扩散蔓延，病猪及其同栏猪群应隔离急宰，并进行无害化处理后方可利用；被污染的猪舍、场所和用具应彻底消毒(垫草污物焚烧)，散养户发现病猪，应对病猪户严格隔离，所在村进行封锁，全村进行彻底消毒。受威胁区(相邻猪舍或全村及相邻村)内所有偶蹄动物(牛、羊、猪)用口蹄疫疫苗进行紧急预防接种。疫区内最后一头病猪处理后 14 d，若再无新病例出现，经过全面彻底的消毒后，才可申报解除封锁。

(3)根据《中华人民共和国动物防疫法》的有关规定，口蹄疫病猪一律急宰，不准治疗，以防康复猪带毒散毒，造成疫情扩散。

322.怎样防制猪传染性胃肠炎？

猪传染性胃肠炎是由冠状病毒引起的猪的一种急性高度接触性肠道传染病。

【流行特点】本病主要发生于猪，大小猪均能发病。新疫区 7 日龄内仔猪常具有很高的发病率，可达 100%。断奶以后猪只几乎不发生死亡。老疫区由于有母源抗体，1 周内仔猪发病不多，7～14 日龄仔猪易感性最强。本病多发生于寒冷季节，病猪、带毒猪是主要传染源。病毒经分泌物、排泄物污染环境，通过呼吸道和消化道传给健康猪。该病传播快，数日内波及全群。

【诊断要点】潜伏期小猪 12～24 h，大猪 2～4 d。

(1)临症特点：仔猪突然发病，首先呕吐，继而频繁水样腹泻、口渴、脱水，多于 2～7 d 死亡。中猪及成年猪通常有数日食欲减少，粪便水样喷射状，个别有呕吐，常于 5～8 d 后腹泻停止而康复。

(2)剖检病变：尸体明显脱水，胃底黏膜轻度充血，小肠壁变薄，肠管扩张充满水样液，放大镜下可见绒毛变短，肠系膜淋巴结肿胀。

(3)发病无季节性，各种年龄猪均发病，2 周龄以下幼猪病死率高。

【防制措施】

(1)加强饲养管理，尤其是在晚秋至早春之间的寒冷季节，引进猪只要注意隔离观察 1 周以上，防止引进病猪，坚持定期消毒，以防本病侵入，常用消毒药一般浓度即可。

(2)对怀孕母猪产前 45 d 及 15 d，肌肉、鼻内各接种 1 mL 猪传染性胃肠炎弱毒疫苗或强毒灭活苗（该疫苗正在试验阶段，不久将会面世），可预防初生仔猪发病。对新生仔猪也可用康复猪（康复 13～18 d）的抗凝全血或高免血清，每天口服 10 mL 或肌内注射 3～5 mL，连用 3 d，有一定的防治效果（但预防成本太高，不宜推广应用）。

(3)治疗措施：本病尚无特效治疗药物。猪群发病后主要是加强护理和对症治疗，可减少死亡，促进康复。病猪立即隔离，暂停喂乳、喂料，给予口服补液盐（可用市售商品，也可自配，配方为：氯化钠 3.5 g，碳酸氢钠 2.5 g，氯化钾 1.5 g，葡萄糖 20 g，加常水 1 000 mL 充分溶解，即可饮用）。同时使用收敛、止泻剂对症治疗及抗菌药物防止继发感染，如磺胺咪 0.5～4 g，小苏打 1～4 g，次硝酸铋 1～5 g，混合口服；氯霉素注射液（每千克体重 10～30 mg），维生素 C 注射液、维生素 B_6 注射液肌内注射。保持圈舍温度，彻底清除粪尿、垫草，烧碱水消毒圈舍、工具及车辆。

323.怎样防制猪流行性腹泻?

猪流行性腹泻是由类冠状病毒引起的一种急性肠道传染病，与猪传染性胃肠炎极为相似，为20世纪70年代新发现的猪传染病。

【流行特点】本病可发生于任何年龄的猪只，年龄越小，症状越重，病死率越高。常在冬春寒冷季节流行。病猪和康复猪的粪便中含有大量病毒，主要经消化道传染。本病传播迅速，数日内可波及全群。

【诊断要点】自然感染猪潜伏期4～5 d。

(1)临症特点：主要是呕吐和水样腹泻。病初体温升高，出现腹泻后，体温恢复正常。病猪食欲下降，精神沉郁。死亡常限于1周龄以内仔猪，粪便黄色或浅绿色，病程3～4 d，死亡率50%以上。哺乳后期仔猪和肥育猪发病率高达100%，但经2～3 d即能自愈。成年猪多呈亚临床感染，症状更轻微。

(2)病理变化：仅限于小肠，常充满黄色液体，肠壁扩张，小肠绒毛萎缩，肠系膜淋巴结水肿。

【防制措施】本病常与猪传染性胃肠炎混合感染，在免疫接种时应将两种疫苗同时接种，或用猪传染性胃肠炎、猪流行性腹泻二价菌(哈尔滨兽医研究所已研制成功)接种。妊娠母猪产前30 d接种疫苗，可通过乳汁使仔猪获得被动免疫。其他措施同传染性胃肠炎。

另外，曾有报道用鸡新城疫Ⅰ系苗500羽份，用注射用水500 mL稀释，每头猪每次5 mL，肌肉或交巢穴注射，每天1次，连用2 d，作为干扰素诱导剂，治疗该病有一定效果。消毒用一般碱性消毒药都可起到良好作用。

324.怎样防制猪伪狂犬病?

伪狂犬病是由病毒引起的多种家畜及野生动物的急性传染病。其特征为发热及脑脊髓炎。

【流行特点】病猪、带毒猪及鼠类为重要传染来源。病原可经消化道、皮肤伤口,配种及子宫内感染。猪对本病的易感性与年龄有关,10～20日龄内仔猪病死率较高。

【诊断要点】潜伏期3～6 d。

哺乳仔猪发病后体温升至41℃以上,厌食、流涎、呕吐、颤抖及腹泻,运动失调及抽搐,很快昏迷,常在36 h内死亡。幼龄乳猪病死率可达100%,断奶仔猪症状稍轻,病死率在50%以下。成年猪症状轻微,类似流感,有时为隐性感染。怀孕母猪感染后常见流产、死胎及木乃伊胎。

【防制措施】本病尚无有效治疗药物。发病后隔离病猪,加强消毒和灭鼠。所有小猪可试用耐过猪全血注射,经12～14 d后重复注射一次。平时应强化综合防制措施。本病流行地区、仔猪和母猪均应注射伪狂犬病弱毒疫苗。注意环境消毒,一般消毒剂效果很好。免疫接种只能防止发病,不能抵抗感染与带毒。已感染猪场可用血清学检验方法连续数次检出、隔离、淘汰阳性猪以净化本病。

325.怎样防制猪乙型脑炎?

猪乙型脑炎是由乙脑病毒引起的急性人畜共患的传染病,特征为公猪睾丸肿胀和妊娠母猪产死胎。

【流行特点】本病为人畜共患传染病,可发生于马、牛、猪、羊、禽类及人,引起脑炎症状。其传播媒介为蚊虫,发病有明显的季节性,一般夏季和初秋(7～9月份)多发,发病率20%～30%。病毒可通过胎盘侵害胎儿,引起死胎。

【诊断要点】潜伏期 3～4 d。感染猪突然发病，体温 40～41℃，持续数日至十多天。病猪沉郁、喜卧、减食或不食。少数患猪后肢轻度麻痹，步行不稳，有的后肢肿胀，疼痛及跛行。仔猪常呈脑炎症状。患病公猪常发生睾丸一侧性或双侧肿胀发热或痛感，2～3 d 消退，常萎缩而失去配种能力。孕母猪发生流产，产死胎或木乃伊胎。流产后症状减轻，逐渐康复，一般不影响下次配种。

【防制措施】采用综合性防疫卫生措施，尤其是做好猪场灭蚊工作。

(1)加强消毒，常用消毒药有很好的消毒作用。

(2)免疫预防：受本病威胁地区于流行前 1 个月进行猪乙型脑炎弱毒疫苗免疫接种。尤其是后备种猪更不能漏防。

(3)药物治疗：目前无特效治疗药物。仅能据实际情况进行补液、镇静、退热镇痛等对症治疗和抗菌药物治疗，以防止继发感染。如用 20%磺胺嘧啶钠注射液 10～20 mL，5%葡萄糖注射液 500～1 000 mL，10%维生素 C 注射液 20～30 mL 静脉滴注，每天 1 次，连用 3～5 d，有一定治疗效果。也可用中药：大青叶 30 g，黄芩、栀子、丹皮、紫草各 10 g，黄连 3 g，生石膏 100 g，芒硝 6 g，鲜生地 50 g，水煎至 100 mL，候温灌服，效果不错。

326. 怎样防制猪细小病毒病？

猪细小病毒病又称繁殖障碍病，是由细小病毒引起的母猪繁殖障碍的传染病。其特征为受感染母猪，尤其是初产母猪产出死胎、畸形胎、木乃伊胎及病弱仔猪，偶有流产，母猪本身无明显症状。

【流行特点】病毒仅感染猪，不受年龄限制，在有的猪群中可呈地方性流行，无季节性。病猪及带毒猪是传染源。病原经各种分泌、排泄物，包括精液排毒，由口、鼻及交配感染。本病可通过胎盘传给胎儿，即垂直传播，也可通过呼吸道和消化道感染。病毒抵抗力强，污染猪舍空圈 4 个半月，易感猪仍可感染。

【诊断要点】

(1)临症特点：感染的大小猪只无明显症状。初产母猪感染后经胎盘侵害胎儿。妊娠初期感染常导致胚胎死亡与吸收，母猪可再发情。妊娠中期感染，胎儿常形成大小不等的木乃伊化胎儿。怀孕 70 日龄后感染，大多数胎儿已有免疫力，常能正常存活和产出，但需长期排毒。病毒对公猪通常无明显影响。

(2)病理特点：感染母猪无肉眼病变。感染胚胎常发育不良，出血、水肿或脱水呈木乃伊。其特征病变是脑膜脑炎，多种组织细胞坏死及核内包涵体。

【防制措施】本病尚无有效治疗方法。预防措施为从无该病场引进种猪，阳性猪场引种应隔离观察 2 周，经两次血凝抑制试验，滴度在 1∶256 以下或阴性时方可混群。环境消毒特效药为 0.5%漂白粉和 2%氢氯化钠，适期免疫接种。无疫区在母猪配种前 2 个月接种细小病毒灭活菌，疫区可将小母猪配种推迟到 9 月龄以后，此时多数初配母猪已建立自动免疫。已污染场，可将小母猪与公母猪混养，通过自然感染产生主动免疫力，亦为一种防止发病的措施。

327. 怎样防制猪流行性感冒？

猪流行性感冒简称猪流感，是由流感病毒引起的一种急性、高度接触性传染病。该病往往突然发病，迅速波及全群。

【流行特点】发病有明显季节性，多见于气候骤变的晚秋、早春及寒冬。各种年龄、品种猪只均可感染发病，也可能感染人或犬、猫等动物。呼吸道是主要传播途径。本病一旦发生，往往在 2～3 d 内波及全群或一个地区，常呈地方性流行或大流行。但病程短，病死率低。本病伴发或继发猪嗜血杆菌、巴氏杆菌、沙门氏菌或肺炎双球菌感染时，可使病情加重，死亡率也大幅度增高。

【诊断要点】潜伏期很短，几小时至数天。病初体温升高至40～41℃，精神不振，食欲减退，呼吸急促，咳嗽、喷嚏、流鼻液，无并发症时多取良性经过，1周左右自行康复，病死率4%左右。如有继发感染，则常发生肺炎或肠炎死亡。怀孕母猪可能发生流产。

【防制措施】目前国内尚无防治本病的有效疫苗和特效药物，仍依靠一般的防疫卫生措施。发病后通常采用对症治疗，同时改善饲养管理，消除发病诱因，创造清洁、干燥、温暖、安静的生活环境，给予易消化饲料尤其是青绿饲料。对症治疗可选用安乃近、氨基比林、复方奎宁或柴胡等注射液，以解热镇痛；抑制病毒可试用盐酸吗啉胍片或盐酸金刚烷胺片；必要时使用抗菌药物控制继发感染。受威胁猪群每天用0.02%新洁尔灭溶液喷雾猪头部，用胺碘双毒克消毒猪舍，或用食醋熏蒸消毒。猪舍每立方米用食醋10～15 mL，放容器内，加水稀释1倍，在火炉上文火加热，每天1次，连用3 d，有预防作用。

328.怎样防制断奶仔猪多系统衰竭综合征？

断奶仔猪多系统衰竭综合征(PMWS)是由猪圆环病毒(PCV)Ⅱ型引起的一种新传染病。临症以仔猪先天性震颤，断奶猪发育不良、咳喘、消瘦和黄疸为特征。目前，世界上一些主要养猪国家都存在该病。自1999年以来，北京、河北某些猪场发现疑似病猪，经过病原进行鉴定，为PCV-Ⅱ型，以确诊我国猪场存在PMWS。

【流行特点】本病毒对猪具有较强的感染性，可经口腔、呼吸道途径感染不同年龄猪，少数怀孕母猪感染后，可经胎盘垂直感染给胎儿。病猪鼻液、粪便是本病的主要传染源。本病毒常与猪细小病毒(PPV)或猪呼吸繁殖障碍综合征病毒(PRRSV)混合感染。

【诊断要点】本病毒感染仔猪或6～14周龄青年猪后，可引起本病。其发病率为4%～25%，病死率高达90%。患猪主要表现为渐进性消瘦，生长发育受阻，体重减轻，皮肤苍白或有黄疸，有的表现呼吸困难，有时出现腹泻和神经症状。大多数淋巴结肿大2～3倍。

据报道，刚出生的仔猪感染PCV后，可能引起仔猪先天性震颤(CP)，已从表现CP的仔猪中分离出了PCV。

【防制措施】本病为一种新的传染病，目前无有效防治方法。只能采取常规防制方法，不从有PMWS的地区引进猪只，加强对引进猪的检疫，隔离观察，发现类似本病，立即上报动物防疫部门，并进行隔离、消毒、无害化处理，以杜绝本病的发生。

329.怎样防制猪痘？

猪痘是由痘病毒和痘苗病毒引起的一种急性、热性传染病。特征为皮肤、黏膜上发生特殊的丘疹和疱疹。

【流行特点】由痘病毒引起的猪痘常发生于1～2月龄的仔猪，成猪有抵抗力。但由痘苗病毒引起的猪痘，不同日龄的猪都可发病，呈地方流行性。病毒随病猪的水疱液、痂皮污染外界环境，主要通过损伤的皮肤感染，猪虱、蚊、蝇等吸血昆虫是传播的主要媒介。本病多发生于春季，猪群拥挤、环境不良、营养不足等应激因素都能促使本病的发生和流行。

【诊断要点】潜伏期4～7 d。

(1)临症特点：病初体温升高，眼鼻有分泌物。当病猪鼻镜、眼皮、下腹股内侧等处出现红斑后，体温恢复正常。不久红斑中间变成深红色的硬结节，突出于皮肤表面即成丘疹，呈半球形，表面平整。经2～3 d后，丘疹变为水疱并很快成为脓疱，病灶表面呈脐状突出于皮肤表面，中间呈黄色。发病后10 d，脓疱逐渐结痂，至20 d后多数痂皮脱落，遗留白色斑块而痊愈。病程中猪有痒感。本病多为良性经过，但若有继发感染，常使死亡增加。

(2)剖检特点:组织切片或触片染色后镜检组织细胞内常见包涵体和原生小体。

【防制措施】采用常规的动物防疫卫生措施。尤其注意圈舍与猪体的清洁卫生和消毒。一般不需治疗大都能自愈。为防止局部细菌感染,可局部涂抹紫药水、碘甘油等。

330.怎样防制猪繁殖与呼吸综合征?

猪繁殖与呼吸综合征(PRRS)是猪以繁殖障碍和呼吸系统综合征为主要特征的一种新的病毒性传染病,曾被命名为“蓝耳病”。本病1987年在美国首次报道,现已传遍北美、西欧及亚洲的部分国家和地区。1996年我国已有报道并分离到PRRS病毒。近几年临床也多见该病猪。

【流行特点】猪是唯一的易感动物,各种年龄、品种的猪均可感染,但以妊娠母猪和1月龄以内仔猪最易感,呼吸道为主要传染途径。

【诊断要点】

(1)临症特点:因猪的年龄不同而表现不一。母猪表现体温升高、精神沉郁、食欲减退或废绝,早产或流产,死胎、胎儿木乃伊化、产弱仔猪等。新生仔猪表现呼吸困难、运动失调及轻瘫,产后1周内死亡率明显增高,可达40%～80%;1月龄内仔猪表现为体温升高至40℃以上,呼吸困难,多呈腹式呼吸,食欲废绝、腹泻、肌肉震颤,共济失调,有的跛行或瘫痪,渐进性消瘦,死亡率高达83%,甚至100%。育肥猪易感性较差,仅表现为轻度症状,呈一过性厌食及轻度呼吸困难。感染本病的猪有时表现为耳部发绀,外阴、尾、鼻、腹部也发绀,其皮肤出现深青紫色斑块(血液循环障碍),故又称为蓝耳病。

(2)剖检特点:肺、脾、肝、脑、心肌等各脏器炎症。

【防制措施】目前对本病尚无特效治疗方法,必须采取以预防为主的综合性防制措施。

（1）切实做好猪场的防疫卫生工作，不从有该病发生过的猪场引猪，尤其是从境外引进更应加强检疫。

（2）试用国产的猪繁殖和呼吸综合征灭活疫苗进行免疫预防。

（3）发病猪场必须严密封锁、消毒，妥善处理好死胎及其废弃物，病猪采用对症治疗和饲喂广谱抗生素防止继发感染。

331. 怎样防治猪附红细胞体病？

附红细胞体病是猪及牛、羊、犬、猫共患的一种由附红细胞体（立克次氏体属）引起的热性、溶血性传染病。其主要特征是急性黄疸性贫血、发热以及皮肤发红。

【流行特点】不同年龄、品种的猪均有易感性，其中哺乳仔猪的发病率和病死率较高，而育肥猪较低。同圈中个体大的猪先发病，而个体小的则后发病，且多能耐过。本病多发生于夏季。附红细胞体寄生于血液内，因此，本病的传播可能与吸血昆虫，特别是与猪虱有关。另外注射针头，手术器械，交配等也可能传播本病。

【诊断要点】本病潜伏期 6～10 d。

（1）临症特点：一般拒食 3 d 后，体温上升至 41～42℃，持续不退。而其他疫病一般体温先升高而后才废食。该病首先是耳部整个变为紫红色，至病后期全身均为紫红色或红色而成为“红皮猪”（这是该病的特有症状）。一般经数日后死亡，自愈猪则发育不良成僵猪。

（2）剖检特点：皮肤、黏膜苍白，血液稀薄，全身黄疸，肝、脾肿大，胸腹腔及心包积液。

（3）化验室检查：耳部采血制成血膜片，用瑞氏染色后，镜检可见红细胞内寄生的附红细胞体，呈球形，少数短杆状，胞膜较厚，大小 0.8～1.2 μm。

【防制措施】

(1)预防措施:加强饲养管理,搞好环境卫生,定期进行消毒,减少应激因素(如闷热、拥挤)的刺激,定期驱除体内外寄生虫,一般可减少本病的发生;哺乳仔猪可用康复猪血清肌内注射来预防本病;本病常发地区可用药物来预防本病发生,常用的是按每吨饲料加 600 g 土霉素或加 200 g 金霉素的量添加,混匀后喂猪,连用 2 周。2 周后改用 250 mg/kg 阿散酸拌入饲料中,也连用 2 周。均有很好的预防作用。

(2)治疗措施:

①新砷凡纳明静脉注射,剂量为每千克体重 10～15 mg,在 12～24 h 内,病原体可消失,3 d 内症状全部消除,但副作用较大。

②对氨基苯砷酸钠(商品名阿散酸)拌料,用量为每吨饲料 180 g,连用 1 周,以后改为半量,连用 1 个月,预防用量减半。

③土霉素、四环素每天每千克体重 15 mg,分 2 次肌内注射,连续应用数天。

④贝尼尔和黄色素交替注射:贝尼尔按体重 4 mg/kg,用 10 mL 生理盐水稀释,加入 10%葡萄糖 500 mL 中,摇匀,1 次耳静脉滴入。一般 1 次即可生效,体温下降,发红部位缩小,可视黏膜黄疸消失,食欲好转。间隔 1～2 d,改用黄色素,按体重 3 mg/kg 静脉注射,可愈。

⑤贝尼尔(又名血虫净、三氮脒)和四环素结合对症治疗:每千克体重用血虫净 5 mg,用生理盐水稀释成 5%溶液肌内注射,每天 1 次,连用 2 次;同时灌服四环素片,每次每千克体重用 2 万～3 万 IU,每天 2 次,连用 7 d;对病症严重的猪采用强心、补液、补左旋糖酐铁和维生素 C、维生素 B_1,并精心护理。

332. 怎样样防制猪丹毒?

猪丹毒病俗称打火印,是由猪丹毒杆菌引起的一种猪的急性、败血性传染病。

【流行特点】

(1)猪易感染,尤以断奶后至9月龄猪易感性最强。

(2)羊、马、牛、禽、鼠等都可发生,鸽、小鼠最敏感。人亦能感染,一般称为类丹毒。

(3)流行无季节性,但夏秋发病较多。

(4)病猪、带菌猪及其他带菌动物是主要传染源。

(5)主要经消化道感染,也可通过皮肤创伤,蚊、蝇、虱等吸血昆虫机械地传播本病。

【诊断要点】潜伏期3～5 d,临床上可分3型,其特点为:

(1)急性败血型　最为常见。有的突然死亡。一般体温达42℃或更高,怕冷,不吃、呕吐,初便秘后腹泻,粪便有时带血,眼睑水肿,结膜充血,常流出大量黏稠分泌物。发病1～2 d后,皮肤上出现大小、形状不一的红色疹块,主要出现在胸、腹、腋下、股内等皮肤较薄处,颈、耳部初期淡红渐变暗紫,指压褪色。病程3～4 d,病死率80%～90%。

(2)亚急性疹块型　病程较缓和,特征是皮肤表面出现疹块,俗称"打火印"。常在发病后2～3 d,胸侧、背部、股外侧、颈部,有时甚至全身发生界限明显的方形或菱形疹块,凸出表面,呈红紫色,中部苍白,上面有浆液渗出,干涸后成痂。有时皮肤发生坏死,多见于尾和耳部,起初肿胀发热,后变为干而冷,不久脱落。发生于背部时,常有大片皮肤脱落,一般呈良性经过,病程10～12 d,死亡率1%～2%。

(3)慢性型　重点表现心肌炎和关节炎症状,受害关节肿大、疼痛,出现跛行。

剖检:可见皮肤有大小不等、形态各异的暗红色疹斑,全身淋巴结肿大,呈紫红色,切面多汁充血,脾肿大出血,呈樱桃红色,肾肿大,呈暗红色,表面如云雾状,切开皮质部有暗红色小点,心包常有积水，心内外膜有点状出血。慢性型在心脏的房室瓣常有疣状物，形如菜花状（为特征性病变），关节腔内可见到纤维素性渗出物。

【防制措施】

(1)加强饲养管理，搞好环境卫生，消除各种诱因，消灭传染来源。

(2)搞好疫苗免疫接种工作：每年春、秋两季用猪瘟、猪丹毒二联弱毒苗肌内注射 1 mL，猪丹毒免疫期为 6 个月，或用猪丹毒氢氧化铝甲醛菌苗，断奶后的猪一律皮下注射 5 mL，注射后 21 d 产生免疫力，免疫期 6 个月。免疫效果甚好。

(3)发病后立即隔离病猪，并及时注射足量青霉素有良好效果，四环素、土霉素也可用于治疗。上述药物可用于发病猪群中未发病猪的预防。紧急消毒，用 20%石灰乳涂刷圈栏、地面，尸体、粪尿及垫草要及时进行无害化处理。

(4)肌内注射青霉素。体重 20 kg 以下的猪用青霉素钾 40 万～80 万 IU，10%维生素 C 注射液 5～10 mL；体重 20～50 kg 的猪用青霉钾素 80 万～160 万 IU，10%维生素 C 注射液 10～15 mL；50 kg 以上的酌情增加，每天早、晚各肌内注射 1 次，连用 3 d。

(5)双花、连翘、地骨皮、大黄、滑石各 12 g，黄芩 19 g，蒲公英 15 g，地丁 15 g，木通 10 g，生石膏 30 g，水煎服。体重 25 kg 左右的猪一次灌服，连服数剂。

333. 怎样防制猪肺疫？

猪肺疫俗称“锁喉风”，是由多杀性巴氏杆菌引起的一种急性出血性、败血性传染病，又称出血性败血症，是猪场常见的传染病。

【流行特点】

(1)病原可感染多种家畜、家禽及野生动物。

(2)条件性致病，季节性发病。猪常于春、秋气候骤变的季节发病。健康猪带菌普遍，故当有应激因素致猪抵抗力下降时，病原菌侵入致病。

(3)多为散发也可呈地方性流行。

(4)猪只一般经过呼吸道和消化道而感染发病。

【诊断要点】本病潜伏期1～5 d。临床上常分为3型。

最急性型　发病突然，往往不见症状而突然倒毙，但常见体温升至41～42℃，呼吸困难，全身皮肤、黏膜发绀，病猪常于1～2 d内窒息死亡。

急性型　较常见，病猪体温升高至41℃，废食、喜喝水，全身衰竭、卧地不起、咽喉发热、红肿、坚硬、呼吸困难，呈犬坐式，有时发出喘鸣声，可视黏膜发绀、腹侧、耳根和四肢内侧皮肤出现红斑，先便秘，后腹泻，多窒息死亡，病程5～8 d。剖检咽喉部及其周围组织有多量胶冻状黄红色液体，全身黏膜和皮下组织有程度不同的出血点；肺前下部出现红色或灰红相间的肝变区，切面有大理石样花纹；全身淋巴结肿大，切面呈红色。

慢性型　多见于流行末期。主要表现为慢性肺炎和慢性胃炎症状，持续咳嗽及呼吸困难，鼻流黏脓性分泌物，有的关节肿胀、腹泻和极度消瘦，多经2周以上死亡。

【防制措施】防治本病应以预防为主，采取综合性防治措施。除加强饲养管理，保持猪舍清洁，定期消毒外，还应做好预防注射，发现病猪及时隔离治疗。

(1)计划性免疫接种：种公猪、种母猪每年春、秋季节各注射猪肺疫疫苗1次；育肥猪一般在60日龄左右注射猪肺疫苗1次，可产生坚强的免疫力。

(2)发病猪：青霉素80万～160万IU，硫酸链霉素0.5～1 g，维生素C注射液10～15 mL，一次肌内注射每天2次，连用3 d(50 kg体重猪剂量)。

(3)中药治疗：川贝母、杏仁、软冬花、栀子、陈皮、葶苈子、瓜蒌仁各 15 g，黄芩 20 g，银花 25 g，甘草 10 g，煎汤，候温内服，每天 1 剂，连服数剂。

334. 怎样防制仔猪副伤寒？

仔猪副伤寒是由沙门氏杆菌引起的一种常见的仔猪传染病。主要表现为败血症和坏死性肠炎。

【流行特点】

(1)2～4 月龄仔猪多见，成年猪和哺乳仔猪很少发病。

(2)一年四季均可发生，多雨潮湿季节较多见。

(3)感染途径有 3 条：

①病猪及带菌猪的粪便污染的土壤、草料、水源等，经消化道感染健康猪。

②沙门氏菌是健康猪的消化道、淋巴组织和胆囊内的常在菌，当猪抵抗力降低时，发生内源性感染。

③鼠类可以传播本病。

【诊断要点】本病潜伏期 3～30 d。

(1)临症特点：临床上可分 2 型。

急性型(败血型)　体温升高至 41～42℃，呈稽留热，四肢皮肤呈深红色，后期由于毛细血管、静脉和动脉内血栓形成而出现青紫色斑。病初食欲不振，有时呕吐，先便秘后下痢，粪便恶臭，严重时肛门失禁，有时粪中带血或水样粪便，常出现腹痛症状。病猪多在病后 2～4 d 死亡，病死率很高。

慢性型(结肠炎型)　较常见，症状与慢性猪瘟相似。体温轻度升高，精神、食欲不振、消瘦、便秘与腹泻交替发生，稀粪恶臭。有时皮肤上出现褐色痂状疹块，病程 2～3 周以上，病猪多衰竭而死。

(2)剖检特点　急性型主见全身黏膜、浆膜出血，淋巴结红肿。肝上发现粟粒状的红色坏死灶；脾肿大，呈紫蓝色橡皮样。慢性型病变主要在盲肠与结肠。初期肠壁淋巴滤泡肿胀，半球形突起；后期坏死下陷呈圆形溃疡，表面坏死痂平滑、柔软。严重者大肠黏膜弥漫性纤维素性炎症及坏死，表面覆盖糠麸物（此为该病的特征病变）。

【防制措施】

（1）加强饲养管理，搞好环境卫生，消除诱因，要定期预防注射猪副伤寒菌苗。及早治疗病猪，病死猪深埋，以防食物中毒；治疗用药，最好经药敏试验，选用敏感药物，以提高疗效。

（2）氟哌酸按每 10 kg 体重 1～2 mg，盐酸山莨菪碱（654-2）每千克体重 1～2 mg，10％维生素 C 注射液每 10 kg 体重 2～4 mL，对有呕吐症状的病猪可增加维生素 B_6 注射液，剂量为每 10 kg 体重 4～5 mL，分别肌内注射，每天 2 次，连用 3～5 d 为一个疗程。

（3）百痢泰注射液，每 10 kg 体重 1 mL 肌内注射，每天 2 次，连用 3～4 d 为一个疗程。

335. 怎样防制猪链球菌病？

猪链球菌病是由多个不同血清群的链球菌感染引起猪的多种不同临床症状传染病的总称。急性猪链球菌病常以败血症和脑炎为特征，慢性猪链球菌病以关节炎、化脓性淋巴结炎等为主要特性。

【流行特点】

（1）自然条件下，不同品种、性别、年龄的猪均有易感性，但以仔猪、架子猪和妊娠母猪发病率高。断奶后的保育猪常因发生败血症和脑炎而死亡。哺乳仔猪及母猪常发生关节炎和化脓性淋巴结炎。牛、犬和禽类不易感。猪链球菌 2 型可引起人的感染发病。

（2）一年四季均可发生，以 5～11 月份较多。在新疫区常呈地方性流行，而在老疫区多呈散发。

（3）病猪、临床康复猪及健康带菌猪是本病的主要传染源。传染途径主要是通过呼吸道、消化道受损的皮肤和黏膜感染，饲用污染的饲料及饮水也可引发该病。人类的感染，多是接触病、死猪时，经破损的皮肤、黏膜感染。

【诊断要点】本病潜伏期 1～3 d，最短 4 h。

(1)临症特点：临床上以两侧或一侧性颌下淋巴结脓肿，所谓“豆渣疱”最为常见。这种病型全身症状较轻，一般不引起死亡。而急性败血型，不见任何症状于 24 h 内死亡。也有以急性脑膜炎为特征，表现急性神经症状。又有以急性胸膜肺炎为特征，极度呼吸困难。

各型病猪常突然不食，体温升高 41℃以上，精神沉郁，眼结膜充血、流泪，鼻盘干燥，有浆液性鼻汁。呼吸增速，每分钟 40～60 次，间有咳嗽，呼吸有啰音。颈、腹和四肢下部皮肤发紫。尿液黄色，后肢不全麻痹或关节疼痛，难以站立，有的病猪出现神经症状，尤以小猪为多。病猪迅速消瘦、衰弱，或呈现昏迷，终因心力衰竭而死，病程 2～7 d。如慢性型，常表现跛行，关节炎等症状。

(2)剖检特点：主见颌下淋巴结脓肿、败血病变和浆膜炎，天然孔出血或带红色泡沫，颈、腹、四肢下部皮肤有紫斑或出血块。全身淋巴结出血，黏膜与浆膜有片状或小出血点，脑血管充血或出血。胸腔或腹腔内常有黄色液体，肺部瘀血水肿，呈暗红色，肝脾有时肿大，血液凝固不良，淋巴结瘀血水肿。

【防制措施】

(1)每年定期进行链球菌苗的预防接种工作。一般仔猪在断乳后进行一次免疫，免疫期为 6 个月。种猪隔 6 个月免疫一次。

(2)药物预防。每吨饲料加入四环素 125 g，饲喂 4～6 周，能有效预防本病。

(3)对发病猪群应及早诊断，隔离治疗。猪舍、场地、用具可用 10%石灰乳或 2%烧碱消毒，也可用枣花牌胺碘双毒克消毒液喷雾消毒。

(4)复方磺胺嘧啶钠注射液按每 10 kg 体重 1 g,地塞米松注射液每 10 kg 体重 3～4 mL,分别肌内注射,每天 2 次,连用 3～5 d 为一疗程,疗效尚可。

336.怎样防制仔猪白痢?

仔猪白痢是由致病性大肠杆菌引起的 2～3 周龄仔猪发生的消化道传染病,又叫迟发型大肠杆菌病。它是一种常见的仔猪传染病。

【流行特点】

(1)一年四季均可发生,冬、春季节多发。病原毒力较弱,仅在多种不良因素作用下,仔猪抵抗力下降、消化障碍时才发病。

(2)7 日龄以内及 30 日龄以上的猪很少发病,10～30 日龄的仔猪多发,同窝仔猪发病头数、发病先后及轻重不等。

(3)发病率可达 50%,病死率低,但可影响仔猪生长发育。

【诊断要点】

(1)临症特点:仔猪排白色、灰白色或黄白色粥样稀便,有腥臭味,有时粪便中混有气泡。初期体温不高,精神尚好,如治疗不及时,则腹泻加剧,食欲废绝,走路不稳,寒战,喜钻入垫草中。一般病症较轻,易自愈,但易反复发病。如继发或并发肺炎,经 5～8 d 死亡。

(2)剖检特点:主见脱水和消瘦外观。胃肠道呈卡他性炎症,黏膜潮红肿胀,以幽门部最明显,胃内常积有多量凝乳块。肠内容物呈黄色,稀粥状;肠壁菲薄而呈半透明状,部分黏膜脱落,肠系膜淋巴结肿大。

【防制措施】

(1)加强母猪及仔猪的饲养管理,搞好圈舍卫生。采用大肠杆菌 K88・K99・987P 三价灭活菌苗或大肠杆菌 K88・K99 双价基因工程苗在母猪产前 1 个月进行一次免疫接种(注意:前一种菌苗注射，后一种菌苗口服给药），使仔猪获得被动保护，防止发病。

(2)圈舍及用具可用3%的石炭酸、消毒威进行每周2次喷雾消毒，地面可用10%石灰乳或草木灰进行消毒。

(3)仔猪一旦发生下痢，有条件的猪场要做药敏试验，选择敏感药物进行治疗。一般情况下可选用如下药物：

①2%痢菌净粉每200 kg料中添加250 g，维生素C预混剂每200 kg料中添加100 g，拌匀饲喂，连用3～5 d为一疗程。

②庆大霉素，每头仔猪肌内注射2万IU，并配合用1 mL 654-2交巢穴（部位在尾根下，肛门上的凹陷处）注射，每天1次，连用2～3 d。

③0.5%磺胺脒，1.5～2.5 kg的仔猪，每次口服0.25～1片；维生素C片，1.5～2.5 kg的仔猪，每次口服1～2片，每天3次，连用3～5 d。

④白痢泰注射液，按每千克体重0.1 mL肌内注射，每天2次。

⑤止痢金钢注射液，每头仔猪2～3 mL肌内注射。

⑥止痢风暴注射液，一次量，每千克体重0.1 mL肌内注射。

337.怎样防制仔猪红痢？

仔猪红痢又名仔猪传染性坏死性肠炎、仔猪梭菌性肠炎，是由C型魏氏梭菌引起的新生仔猪高度致死性的肠道传染病。

【流行特点】

(1)本病以1～3日龄新生仔猪发病最多，1周龄以上仔猪很少发生。同一猪群内各窝仔猪发病率不同，病死率一般为50%～70%，最低9%，最高100%。

(2)病猪及带菌猪是主要传染源。主要感染途径是消化道。

(3)无明显季节性。一年四季均可发生，流行过程缓慢，持续时间长，常延续几个月。

(4)本菌在体外可形成芽孢，且芽孢抵抗力很强，一经污染，很难净化。如不采取措施，以后出生的仔猪会继续发生本病。

【诊断要点】

(1)临症特点：本病的病程差异很大，按病的经过可分为最急性型、急性型、亚急性型和慢性型 4 种，我国常见的是前两种。

最急性型　仔猪出生后 1 d 内发病，并在当日或次日死亡。表现突然拉血痢，少数病例不见腹泻即突然死亡。

急性型　出现临床症状后可存活 2 d，一般于第三天死亡。整个过程中病猪排出含有灰色坏死组织碎片的红褐色水样粪便，并迅速消瘦、衰弱，最后死亡。

(2)剖检特点：病变主要在空肠，可见长短不一、界限分明的出血坏死段。肠壁弥漫性出血，部分绒毛坏死，腔内充满血性液体及气体。肠系膜淋巴结出血。病程稍长者肠道出血减轻，但黏膜形成灰黄色坏死假膜，肠腔内有坏死组织碎片，肠浆膜和肠系膜中出现多数小气泡。病变有时可扩展到回肠，但十二指肠无特征性病变。大肠壁和肠系膜充血、水肿，淋巴结成囊状肿大，大肠内容物软而稀薄，并混有黏液、血液及组织碎片。大肠黏膜肿胀并覆盖着黏液和带血块的纤维素，有的黏膜层坏死，形成一层假膜，呈麸皮或豆渣样外观。

【防制措施】

(1)常规措施：搞好产房卫生、消毒工作，临产母猪奶头要彻底清洗消毒。

(2)免疫预防：第一胎或第二胎母猪产前 1 个月及半个月 2 次注射 C 型仔猪红痢干粉菌苗，剂量为每次 5～10 mL。以后每次在产仔前 15 d 注射 3～5 mL，能使母猪长寿很强的免疫力，仔猪可通过初乳获得很好的被动免疫保护。

(3)药物预防：对正发病猪场，仔猪一出生就口服抗生素，如青霉素、链霉素、土霉素、泰乐菌素、粘杆菌素、痢特灵等，连用 3 d，预防效果不错。

(4)由于本病程短促，发病后用药治疗效果不佳，病猪一般预后不良。

338. 怎样防制仔猪黄痢？

仔猪黄痢是由一定血清型的致病性大肠杆菌引起的初生仔猪的一种急性、高度致死性的传染病，又称早发性大肠杆菌病。是危害仔猪的重要传染病之一。

【流行特点】

(1)本病多发于1周龄以内仔猪，3日龄内最常见。发病无季节性，但炎夏、寒冷、潮湿多雨季节多发。集约化饲养多发。

(2)本病的传染来源主要是带菌母猪。

(3)该病发病率高，死亡率也非常高。同窝仔猪发病率90％以上，若不及时给予治疗，病死率接近100％。常发病猪场，本病主要发生于头胎仔猪，随着胎次的增加，仔猪发病率和死亡率逐渐降低。

【诊断要点】

(1)临症特点：仔猪出生后12 h左右，同窝仔猪相继发病。仔猪突然腹泻，拉黄色水样或糊状，有腥味及气泡的稀粪，严重时肛门失禁，稀粪不断流出。仔猪渴欲增加，吸乳停止，精神委顿，很快脱水，衰竭而死。

(2)剖检特点：主见胃及前段小肠黏膜发红、水肿、充血或出血，肠腔积气，肠壁菲薄，胃肠内有腥臭红黄色液体及凝乳块。后段小肠病变较轻，但积气显著；大肠病变轻微。内脏器官出血及肝、肾小坏死灶。

【防制措施】

(1)预防措施：自繁自养，不轻易从外地引进种猪；产前产圈彻底清洗消毒；尽早给仔猪吸初乳；经常用0.1％高锰酸钾溶液擦拭乳房；常发病场，用大肠杆菌菌苗（我国现已研制成大肠杆菌

K88ac-ITB 双价基因工程菌苗，大肠杆菌 K88·K99 二价基因工程菌苗和大肠杆菌 K88·K99·987P 三价灭活菌，前两种口服免疫，后一种注射免疫）在怀孕母猪产前 15～30 d 接种；或仔猪产后 12 h 内全窝用药，或临产母猪连续数日注射药物或在母猪产前 2 d 及产后 5 d 的饲料中，拌喂母仔安，均可防止发病。

(2)治疗措施：一旦发病即全窝用药。

①庆大霉素、新霉素、恩诺沙星、氟哌酸、氯霉素，增效磺胺及痢特灵等抗菌药物，对早期病例有较好效果，可降低死亡率。为防产生抗菌性，宜轮换用药或二药合用。

②促菌生及乳康生等微生态制剂亦有较好效果，但不能与抗菌药并用。

③腹泻严重时，可加 5% 葡萄糖生理盐水作腹腔补液或口服补液盐。

④初发病时，可对全群仔猪背部涂擦杀痢王药液或给仔猪口滴人用的氯霉素眼药水，3 日龄左右的仔猪，每头 5～7 滴，每天 2 次，连滴 3 d，效果很好。

⑤磺胺脒 200 mg，长效磺胺（TMP）400 g，每天 2 次，连服 3 d。

⑥白痢泰注射液，每千克体重肌内注射 0.1 mL，每天 2 次，连用3～4 d，均有一定效果。

339.怎样防制仔猪水肿病?

仔猪水肿病又名猪胃肠水肿，是由溶血性大肠杆菌毒素引起的断奶仔猪的传染病，以眼睑或其他部位水肿、运动共济失调、惊厥为主要特征。

【流行特点】

(1)一年四季均可发生，但春秋季节，特别是气候突变和阴雨后多发。多为散发，有时呈地方性流行。且发病与饲养方式、饲料质量、饲料品种有直接关系。

(2)本病多发生于断奶后 1～2 周的健壮仔猪，断奶前后及 4 月龄仔猪亦可发病，同窝仔猪体况较好的仔猪先发病。发病率 5%～30%，病死率 90%以上。

(3)环境因素，断奶、寒冷、潮湿，饲料变化、微量元素硒和维生素 E 缺乏均可诱发此病。该病为大肠杆菌在肠道内大量繁殖产生毒素而引起，其相互传染性不强。

【诊断要点】

(1)临症特点：本病多突然发生，初期表现为精神沉郁，食欲减少或不食，行走时四肢不协调。随后，患猪可出现兴奋，有的盲目走动或转圈，触之尖叫、震颤、麻痹等神经症状。或突然倒地，呈游泳状，口流泡沫、呼吸困难，叫声嘶哑。病程数小时到 1～2 d。

水肿是本病的特征，眼结膜，颌部皮下，颈部皮下、前额、唇及喉头严重水肿，严重时上下眼睑仅留一条缝隙。

(2)剖检特点：可见全身各组织器官发生不同程度的水肿。

【防制措施】

(1)预防措施：加强仔猪断奶前后的饲养管理，不要突然更换饲料，饲料营养要全价、均衡，特别应富含维生素 E、硒等营养物质。饲喂定量，不可过饱。圈栏要保持清洁、干燥。若怀孕母猪产前 7 d 和 3 d 各肌内注射猪水肿抗毒注射液 15～20 mL，可有效防治该病发生。

(2)治疗措施：无特异治疗方法，应采用综合疗法，即抑菌、轻泻、解毒、利水、镇静、抗过敏药物配合使用效果较好。经试验，卡那霉素 50 万 U，5%碳酸氢钠 30 mL，25%葡萄糖 40 mL 混合一次静脉注射，同时肌内注射维生素 C 0.1 g，每天 2 次，早期病例效果较好。或庆增安注射液，每千克体重 0.5 mL，肌内注射，每天 2 次。或 2%氧氟沙星葡萄糖注射液 100 mL，维生素 C 2 g，20%甘露醇 50～100 mL 静脉注射，每天 1 次。均有较好效果。

340.怎样防制猪气喘病?

猪气喘病又称猪霉形体肺炎、猪支原体肺炎、猪地方流行性肺炎,是一种由猪肺炎支原体(或称猪霉形体)引起的猪的一种慢性呼吸道传染病。

【流行特点】

(1)本病仅发于猪,大小猪均有易感性。但断奶仔猪及妊娠后期母猪易感性高,症状明显;成年公猪及肥育猪发病较少、症状轻。本地猪发病率高,病情重;杂种及外种猪发病较轻。

(2)一年四季均可发病,但以气候骤变和冬春发病较多。

(3)本病的主要传染源是病猪和带菌猪,病原仅存在于肺组织中,经喘气、咳嗽、喷嚏排出,被易感猪吸入而传染。

(4)本病发生率高而病死率低,但有继发感染时,病死率升高,且饲养管理条件对本病发生率和病死率影响较大。

【诊断要点】潜伏期 10～15 d。

(1)临症特点:临床上以咳嗽、气喘、呼吸困难为特征。新疫区病猪精神不振,呼吸困难,病死率较高,常发地区多表现慢性症状,患者精神、食欲、体温无大变化。咳嗽在清晨喂食及驱赶运动时明显。喘气表现为呼吸加快与腹式呼吸,随着气候与饲养管理条件不同,症状时而明显时而缓和,病程较长,症状明显的病猪消瘦,被毛粗乱及生长缓慢。有继发感染时,病情加重,体温升高,病死率增大。饲养管理好的老疫区,不少感染猪成为无明显症状的隐性型。

(2)剖检特点:主见肺的心叶、间叶、膈叶的前部、尖叶的腹面有淡红色到灰色的肉变或胰变区(为特征性病变)。气管通常有卡他性分泌物,支气管淋巴结及纵膈淋巴结通常肿大。

【防制措施】

(1)常规措施:实行“全进全出”,“自繁自养”及推行人工授精,杜绝交叉感染。为猪群提供一个理想环境,包括空气质量,通风、温度及合理饲养密度。不从有病猪场引种。引进猪只观察隔离3周,无症状及易感仔猪同圈饲养不发病,方能入场。

(2)定期预防接种:对种猪和断奶后不久的小猪进行猪支原体肺炎兔化弱毒苗及168株弱毒苗胸腔接种。使用该苗时,按瓶签注明头份,每头份加入灭菌生理盐水5 mL,摇匀从右侧胸腔倒数第六肋至肩胛骨后缘3~6 cm处(即“肺俞穴”)进针,刺透胸壁进行接种,每头注射5 mL,一定要注进胸膛,否则无效。接种该苗60 d后产生免疫力,免疫持续期为8个月。

(3)药物治疗:消灭本病较难,最彻底的办法是全群淘汰,重新引进健康猪。对病猪改善饲养管理的同时可以用药物治疗,如土霉素、恩诺沙星、枝原净、卡那霉素、林可霉素等均有抑制病原、减轻症状的效果,但均不能短期内根治。可用洁霉素每千克体重50 mg,每天注射1次,连用5 d为一疗程。或硫酸卡那霉素,每千克体重4万IU,每头肌内注射1次,5 d为一疗程。也可在饲料中添加泰牧菌素,预防量每千克饲料500 mg,治疗量加倍,连用2周。

341.怎样防制猪破伤风?

猪破伤风又称“强直症”或“锁口风”,是由破伤风梭菌引起的人畜共患病。

【流行特点】本病无季节性,但春秋两季时多发。多表现为零星散发,对多种家畜及人均有易感性,但鸟类和家禽对本病有抵抗力(可能与体温较高有关)。本菌以芽孢的形式广泛存在于周围环境中,各种家畜不分年龄、性别、品种均可感染发病,且多经伤口感染,猪多见于阉割后。

【诊断要点】本病潜伏期1~4周。

临症特点：发病时肌肉僵硬，特别是咬肌收缩，张嘴困难，严重时牙关紧闭，耳竖立、颈伸直，头向前伸，四肢伸直不能弯曲，似“木马状”。对光、声、水很敏感，会引起全身肌肉痉挛加剧。初期声音沙哑，发出“吱吱”的尖叫声，到后期鸣叫无声。呼吸困难，最后缺氧或因不能进水、食造成身体衰竭而死，病程1～2周。其病死率较高。

【防制措施】

(1)常规措施：搞好猪舍的环境卫生，发现病猪要隔离治疗。

(2)预防措施：发现猪有外伤或仔猪阉猪、母猪分娩时，要注意创口的正确处理和消毒，并及时注射破伤风抗毒素，有较好的预防作用。

(3)药物治疗：

①破伤风抗毒素1万～2万IU，肌肉或静脉注射，同时创伤周围分点大剂量注射破伤风抗毒素，效果较好。

②为缓和肌肉痉挛，可用静松灵或氯丙嗪。

③可用25%硫酸镁注射液10～20 mL，肌内注射。

④中药治疗：僵蚕60 g、红花30 g、川芎45 g、续断25 g、防风30 g、全蝎45 g、钩丁30 g，水煎，黄酒250 g为引，分4～6次灌服。

342. 怎样防制猪痢疾？

猪痢疾又称猪血痢，是由猪痢疾密螺旋体引起的猪肠道传染病。其特点是大肠黏膜发生卡他性、出血性炎症。

【流行特点】

(1)本病只发生于猪，各种品种、年龄均易感染，特别是7～12周龄幼猪发病率较高，可达75%～90%，病死率5%～25%。而哺乳猪和成年猪则较少发病。

(2)本病一年四季均可发生，无明显的季节性。多为散发，传播缓慢。

(3)病猪和带菌猪为主要传染源，康复猪带菌率很高，且带菌时间长达数月。病菌从粪便中排出，污染饲料、饮水、用具及周围环境。消化道感染为主要途径。

【诊断要点】潜伏期长短不一，一般为7～14 d。

(1)临症特点：最急性突然死亡，急性和慢性主要症状为下痢，排出黄褐色、灰色稀粪、混有黏液或血液。病情严重时，粪便呈血胨样，内有大量黏液和血块，故有血痢之称。病猪精神不振，食欲减退，喜饮水，弓背卷腹，行走摇摆，被毛粗乱，缺乏光泽，迅速消瘦。后期排粪失禁，肛门周围及尾根常被稀粪沾污，站起无力，极度衰竭而死。转为慢性时，表现时轻时重的出血性下痢，生长迟滞，发育不良。

(2)剖检特点：病变局限于大肠，小肠则无病变。回盲肠结合处为其明显分界。大肠壁和肠管膜充血、水肿、淋巴滤泡增大呈明显的白色颗粒状。大肠内容物软而稀薄，并混有黏液，血液及组织碎片。大肠黏膜肿胀并覆盖着黏液或带血块的纤维素，有的黏膜层坏死，呈麸皮豆腐渣样外观。

(3)试验室诊断：取急性病猪粪便，抹片姬姆萨或龙胆紫染色，或作暗视野镜检，可见到猪痢疾密螺旋体。确诊可作病原体分离、培养、鉴定。

【防制措施】

(1)常规措施：严禁从发病地区进猪；搞好猪舍的环境卫生，定期对猪舍、用具及环境消毒；发现病猪立即隔离、消毒，淘汰病猪；经常对存栏猪只进行检疫，淘汰阳性猪，以净化本病。但达到净化标准很难，需要相当长的时间。

(2)药物治疗：①用痢菌净每千克体重5 mg，每天2次，灌服，连用5 d，预防量减半。②磺胺脒片每千克体重1 mg，每天3次，连用5 d，预防量减半。③杆菌肽锌，治疗量为每吨饲料加300 g，连用3～5 d，预防量减半。④硫酸庆大霉素，每千克体重5 000～

8 000 U，每天 3 次，肌内注射，连用 3～5 d。

343. 怎样防制猪布氏杆菌病？

布氏杆菌病是由布氏杆菌所引起的人畜共患的一种慢性传染病。

【流行特点】

(1)易感动物种类很多，牛、羊、猪均最易感染，人亦能感染。母畜比公畜易感性大，成年家畜较幼畜易感性高。

(2)病畜和带菌畜是本病的主要传染源，主要感染途径是消化道、呼吸道、生殖道(尤其在猪)、昆虫和健康的皮肤、黏膜。

(3)一年四季均可发病，但产仔季节多发。牧区发病率明显高于农区。母畜感染后第一胎表现流产症状，

【诊断要点】

(1)临症特点：感染本病的母猪常在怀孕后 2～3 个月时，流产或产死胎。流产前表现精神沉郁，食欲减退，乳房、阴唇肿胀，阴道有黏性脓样分泌物排出，流产后常见胎衣不下，并可导致子宫内膜炎发生，从而引起母猪不孕。病猪流产后，常发生化脓性及坏死性关节炎，引起跛行。病公猪呈单侧或双侧睾丸明显肿大，硬固、热痛、病程长时睾丸萎缩，性欲减退，失去配种能力。

(2)剖检特点：主见睾丸、附睾、精囊和子宫等处化脓性病灶或坏死，子宫深层黏膜可见到灰黄色针头大小或米粒大小的结节，睾丸淋巴结和乳房淋巴结肿大，变黄而硬，流产胎儿及胎衣病变不明显，流产前或分娩前死亡较久的胎儿可成为木乃伊胎。

【防制措施】

(1)常规措施：加强饲养管理，尽量不到疫区购猪。如引进猪时，必须隔离观察 2 个月以上，确认无本病，方可合群饲养。

(2)检疫淘汰阳性猪：每年春秋两季对种猪群(公、母猪)各进行一次检疫(作凝集反应或变态反应)，阴性健康猪进行布氏杆菌

猪型2号菌苗接种，阳性猪进行隔离、屠宰及无害化处理。

(3)发病猪场：对污染的场地、猪舍、饲槽等用3%的烧碱进行严格消毒，对流产胎儿、胎衣均须深埋，粪尿堆积发酵处理。

(4)药物治疗：2.5%恩诺沙星注射液，每10 kg体重1 mL，肌内注射，每天1次，或用环丙沙星、乳酸诺氟沙星治疗。

344. 怎样防制猪坏死杆菌病？

坏死杆菌病是由坏死杆菌引起的多种家畜的一种慢性传染病。

【流行特点】

(1)易感动物：各种哺乳动物和家禽，其中以猪、绵羊、牛、马最易感，人也偶尔感染。

(2)本病常发生于多雨、潮湿、炎热季节，以5～10月份最为多见。呈散发或地方性流行。

(3)本病的传染源是患病动物或带菌动物，经粪便排出病原菌，污染土壤、水坑、畜舍、饲料及垫草，通过损伤的皮肤和黏膜感染。

【诊断要点】潜伏期一般为1～3 d，长的可达1～2周。

(1)临症特点：由于发病部位不同，常有以下几种表现。

①坏死性皮炎：以仔猪和架子猪多发。特征为颈侧、体侧和臀部的皮肤和皮下组织发生坏死和溃烂。

②坏死性口炎：俗称“白喉”，多发生于仔猪。病猪表现少食、体温升高，口腔黏膜红肿，在唇、舌、齿龈、颊及扁桃体黏膜出现溃疡，上覆有粗糙、污秽、灰褐色或灰白色伪膜或痂皮，下有淡黄色的化脓性坏死性病变。有特殊臭味，出现流涎、呼吸困难和颌下水肿。多经5～10 d死亡。也有的病程长达2～3周。

③坏死性肠炎：病猪严重腹泻，迅速消瘦。常继发于猪瘟、副伤寒等病。

④坏死性鼻炎：仔猪和架子猪多发。鼻黏膜上出现溃疡，并覆有黄白色伪膜，可蔓延至鼻甲骨、气管和肺。病猪咳嗽，脓性鼻涕，导致消瘦，甚至死亡。

(2)剖检特点：坏死性皮炎，除在外表可见组织坏死性病灶外，一般内脏可见转移性坏死灶；坏死性口炎，除口腔、唇、舌等局部溃疡外，肠管和肺也见坏死灶，严重时肺形成坏死性、化脓性胸膜肺炎；坏死性肠炎、大小肠及胃黏膜可见固膜性坏死与溃疡，严重者波及肠壁全层，甚至穿孔。

【防制措施】

(1)加强饲养管理，改善环境卫生，及时清除粪便，勤换垫草，保持畜舍清洁干燥；避免外伤，发现外伤及时处理伤口，以防感染。

(2)局部创伤处理：先清创，用1%高锰酸钾、或5%福尔马林、或10%硫酸铜溶液、或3%过氧化氢溶液冲洗，然后用以下任何一种药物涂擦或填充：

①雄黄30 g、陈石灰100 g，加桐油调成糊状，填满创洞或创洞内用硫酸铜、水杨酸粉或高锰酸钾填塞。

②用豆油或其他植物油烧开后趁热(温热)灌入创内。

③用1∶1(等量)的高锰酸钾和木炭粉末的混合物撒布创面，或创面涂布5%高锰酸钾或10%甲醛酒精或龙胆紫。

(3)全身用药：10%磺胺嘧啶钠注射液按每10 kg体重猪每次5～6 mL，维生素C注射液3～5 mL，肌内注射，每天2次，连用3～5 d。

345.怎样防制猪传染性胸膜肺炎？

猪传染性胸膜肺炎是由胸膜肺炎嗜血杆菌引起的猪呼吸道传染病，是集约化猪场呼吸道疾病的重要原因。

【流行特点】

(1)本病可发生于各种年龄猪只，尤以断奶仔猪和3～4月龄架子猪发病率最高。

(2)病猪和带菌病是本病的主要传染源,尤其是慢性带菌猪是重要的传染源。

(3)病原菌主要存在于病猪呼吸道,主要通过相互接触传播,也可经空气、飞沫由呼吸道感染,规模化养猪最易接触感染。

(4)猪只生存环境不良,或受到应激,均可促使本病发生。本病的发病率和病死率差异很大,新疫区一般较高,而老疫区趋于稳定。

【诊断要点】潜伏期一般 1～7 d。

(1)临症特点:病猪常表现为最急性型、急性型和慢性型 3 种。

最急性型　病猪体温升高达 42℃以上,呼吸急促,张口伸舌,口鼻流出淡红色,泡沫样液体。口鼻、四肢皮肤呈蓝紫色,多于 24～30 h 内窒息死亡。有的不出现症状而突然死亡。

急性型　病猪体温 40.5～41℃,食欲废绝,呼吸困难,咳嗽、心衰,多呈死亡转归,或转为慢性型。

慢性型　体温变化不大,仅表现间歇性咳嗽,食欲减少,生长缓慢,一旦有呼吸道并发或继发感染,则出现严重症状。

(2)部检特点:主要病变为肺炎和胸膜肺炎。胸膜表面多见有广泛的纤维素沉积,肺广泛性充血、出血、水肿和肝变。气管和支气管内有大量的血色液体和纤维素凝块,胸、腹腔内均有纤维素渗出液。

【防制措施】

(1)预防措施:坚持自繁自养,加强检疫,严格消毒,严防带菌猪进场。一旦发现病猪,应及时隔离治疗,猪舍、场地、工具应彻底消毒,以控制本病蔓延。

(2)治疗措施:病猪治疗可选用土霉素等四环素族的抗生素、青霉素或磺胺类药物,均有明显疗效:

①青霉素，每头每次80万～160万IU，每天2次，连用3～5 d。

②环丙沙星注射液，按每千克体重3～10 mg肌内注射，每天2次，连用3～5 d。

③能正常采食者，可用土霉素拌料，剂量为每千克饲料中加入600 mg，连用3～5 d，可以控制本病发生。

④在单独使用抗生素效果不佳时，需要配合解痉、镇咳、改变机体反应性的药物。可做以下处理：对急性型病猪耳静脉注射氨茶碱2 mL，同时用地塞米松针5 mL进行肌内注射。氨苯碱可酌情使用1～2次，地塞米松每天3次，使用3 d，逐渐减量或以后停用。然后再单独使用抗生素治疗3～5 d即可治愈。

(3)用药注意事项：

①如一种药物连用数天无效时，应更换药品，或几种药物联合使用，或注射庆增安注射液，每次每千克体重0.1 mL，每天2次，连用3 d，一般可奏效。

②对于注射用抗生素可选择青霉素、卡那霉素、磺胺嘧啶、磺胺噻唑等。

③对慢性型病猪可口服土霉素进行治疗。

346. 怎样防制猪传染性萎缩性鼻炎(AR)？

猪传染性萎缩性鼻炎是一种由支气管败血波氏杆菌引起的猪的慢性接触性传染病，以鼻炎、鼻甲骨萎缩及鼻梁变形为主要特征。

【流行特点】

(1)不同年龄的猪均有易感性，但以幼猪最易感，发病率一般随年龄增长而下降。

(2)本病多为散发。病猪和带菌病是主要传染源。病菌通过空气、飞沫传播，经呼吸道感染。

【诊断要点】

(1)临症特点:病初表现为喷嚏和吸气困难。喷嚏呈连续性或间隔性,在饲喂和运动时加剧。鼻孔流出浆性或黏脓性鼻液。以后大多数病猪有鼻甲骨萎缩变化、鼻和面部变形。

(2)剖检特点:病变限于鼻腔和邻近组织,特征变化是鼻甲骨萎缩,尤其是鼻甲骨的下卷曲最为常见。

【防制措施】

(1)预防措施:首先应慎重引种及加强引进种猪的隔离观察,同时严格执行卫生消毒制度,一旦发生本病应及时淘汰处理病猪,或将病猪肥育后宰杀,彻底消毒后再引进猪只。我国研制的猪萎缩性鼻炎油佐剂灭活菌,初产母猪产前 2 个月及 1 个月接种,或非免疫母猪所产仔猪于 1 周及 3～4 周龄各接种一次,可增强对本病的抗感染能力。

(2)治疗措施:病猪用磺胺药、青霉素、土霉素、恩诺沙星或秦乐菌素治疗,配合改善饲养管理及卫生条件有一定效果。疫场常用上述药物作为饲料添加剂,单独或配合使用,连喂 4～6 周;乳猪 2 日龄起每周 1 次肌内注射增效磺胺或长效土霉素,连用 3 次,可以控制本病。

347. 怎样防制猪蛔虫病?

猪蛔虫病为猪场最为常见的寄生虫病。是由寄生于小肠内的黄白色大型线虫(蛔虫)引起的。在饲养管理不良、卫生条件差的情况下,1～4 月龄幼猪常常大批感染,引起生长不良、消瘦,甚至死亡。本病虽然死亡率不高,却使猪只饲料报酬降低、增重慢、饲养成本提高、效益下降,经济损失严重。

【诊断要点】

(1)临症特点:成年猪感染无明显症状。1～4 月龄幼猪症状明显,主要表现为咳嗽、呼吸增快,食欲下降或缺乏、消瘦、贫血变为僵猪或有全身性黄疸。

(2)剖检特点：病变限于肝、肺及小肠。肝表面可见多数乳白色网状病灶、称为“乳斑肝”。肺部在感染移行期可见出血或炎症。在肝、肺和气管等处发现幼虫，小肠中有成虫、黏膜红肿发炎。有时虫体钻入胆道引阻塞性黄疸。

(3)病原体检查：方法有两种，一是粪便虫卵检查：直接涂片或饱和盐水浮集法镜检发现蛔虫卵可以确诊；二是幼虫检查法：病变肺组织中查出幼虫。

【防制措施】

(1)预防措施：建立定期驱虫制度，仔猪断奶后驱虫一次，以后每隔 1.5～2 个月再进行 1～2 次预防性驱虫。保持饲料、饮水、猪舍、运动场的清洁卫生，粪便的发酵等无害化处理，减少猪只感染的机会。

(2)药物治疗：可用左旋咪唑，按每千克体重 8 mg 的剂量，混入饲料或饮水给药；或用 15%左旋咪唑擦剂每 10 kg 用药 1 mL，涂擦在猪耳背及耳根后部；或用精制敌百虫每千克体重 100 mg 一次混料喂服；或用丙硫苯咪唑每千克体重 10～20 mg 一次混料喂服；或用伊维菌素或阿维菌素每千克体重 300 μg 一次颈部皮下注射或口服，均能取得良好效果。

348.怎样防制猪旋毛虫病？

旋毛虫病是由旋毛虫寄生于动物的肌肉而引起的一种重要的人畜共患寄生虫病。多种动物和人均可感染。家畜主见于犬和猪。人感染主要是食用了未煮熟的含旋毛虫包囊的猪肉。因而，旋毛虫是猪产品检疫的主要项目之一。

【病原及生活史】旋毛虫的成虫很小，寄生于小肠，称肠旋毛虫；幼虫寄生于横纹肌，称肌旋毛虫。肌旋毛虫在肌肉中呈螺蛳椎状盘绕，外被包囊。包囊棱形，大小为 0.3 mm×(0.4～0.7) mm，长轴与肌纤维平行，内含1～7条幼虫，约6个月后，包囊钙化，其内幼虫可存活数年到数十年。旋毛虫寄生于人、猪及鼠类，猪感染是吞食了含旋毛虫的老鼠或含旋毛虫的生肉所引起。肉中的包囊幼虫进入猪消化道，发育为肠旋毛虫，雌虫钻入肠腺或黏膜下淋巴结间隙中产出幼虫，并随淋巴液到心脏，经血流散布全身，但只有进入横纹肌的才能进一步发育，形成肌旋毛虫。

【症状特点】猪自然感染后，肠旋毛虫影响极小，肌旋毛虫一般无临床症状，但有肌纤维增生，肌细胞横纹消失等病变。

【诊断要点】生前诊断可剪取一小块舌肌进行压片检查，发现幼虫及包囊幼虫即可确诊；还有采用酶联免疫吸附试验等方法诊断。死后确诊采取膈肌角肉样，撕去肌膜与脂肪，先肉眼观察病灶，或直接剪取24个肉粒，压片镜检，发现虫体即可确诊。

【防制措施】本病流行地区，每千克饲料加入0.3 g丙硫苯咪唑，连喂10 d，能彻底杀死肌旋毛虫。防止感染，猪要圈养，不让猪接触到生肉，猪场要灭鼠，防止饲料被鼠类污染。

349.怎样防制猪囊尾蚴病？

猪囊尾蚴病是由寄生于人体内猪带绦虫的幼虫寄生于猪、人等体内的一种严重的人畜共患寄生虫病，而且有囊尾蚴的猪肉不能食用，本病对养猪业和屠宰加工业造成巨大的经济损失。

【病原及生活史】幼虫与成虫均为病原体。幼虫——猪囊尾蚴一般叫猪囊虫，多寄生在中间宿主(如猪)的横纹肌里，脑、眼和其他脏器也常有。成熟的猪囊尾蚴外形椭圆形，约黄豆大，为半透明的包囊，内充满液体，壁上有一圆形小米粒大的乳白色小结，其内有头节，故外形似石榴籽。头节上有4个圆形吸盘，最前端的顶突上有呈两圈排列的角质小钩。成虫寄生在终末宿主(人)的小肠里，长2～5 m。头节与幼虫相似。寄生于人体内的成虫的虫卵或孕节排出体外，污染地面或饲料，猪食入后在胃肠道中六钩蚴逸出卵壳，钻入肠壁，进入淋巴管和血管，经血流到肌肉组织等部位，发育为猪囊尾蚴。猪囊尾蚴在猪体内可生存数年，年久后即钙化死亡。

【临症及剖检特点】严重感染时，可见猪营养不良、生长受阻、贫血、水肿。囊尾蚴寄生部位不同，症状不一，寄生于呼吸系统，则出现呼吸困难；寄生于眼，则出现视觉障碍；寄生于脑，出现癫痫、脑炎等。剖检可见肌肉苍白而湿润，在肌肉、脑、眼、肝、肺等处，甚至在淋巴结与脂肪内可发现囊尾蚴或钙化虫体。

【诊断要点】生前诊断较困难。死后在横纹肌等部位发现囊尾蚴即可确诊。主要检查咬肌、腰深肌和膈肌等。

【防制措施】可用7.5％或10％吡喹酮灭菌注射液按猪每千克体重50～60 mg，隔天肌内注射一次，共3次；或按每千克体重80 mg，一次多点肌内注射；或用丙硫苯咪唑每千克体重30 mg口服，每隔48 h再服一次，共服3次，疗效确实。

350. 怎样防制猪绦虫病？

猪绦虫病为寄生于猪小肠的柯氏伪裸头绦虫所引起，分布较为广泛，有的地方感染率较高，对幼畜危害大，人也可感染。

【病原特征及生活史】虫体乳白色，扁平带状，22～25 cm，分节明显。已证实猪圈及畜禽类堆中的食粪甲虫——褐蜉金龟及粮食害虫——赤拟谷盗是其中间宿主。研究表明，虫卵感染赤拟谷盗后50 d，喂给小猪后第十天就有成虫出现，30 d后，虫体孕期节片中的卵已成熟，但节片尚未断脱。

【临症特点与诊断要点】猪一般表现为腹泻、消瘦和生长发育延缓，严重的可引起肠道阻塞。对病猪或病死猪进行剖检，在小肠发现虫体即可确诊。

【防制措施】定期驱虫，可选用吡喹酮每千克体重20～40 mg，或硫双二氯酚每千克体重80～100 mg内服。粪便及时清除,并进行堆积发酵处理。

351. 怎样防制猪肺线虫病?

猪肺线虫病是由后圆线虫寄生于支气管及肺所引起的一种常见寄生虫病。存在于我国大部分省、区。多发于温暖多雨的夏秋季节,常常侵害幼猪,引起地方性流行。并且后圆线虫可保护猪流感病毒,通过带毒幼虫感染使流感暴发。

【病原特征及生活史】虫体细丝状,乳白色,长 2～5 cm。蚯蚓为中间宿主。早卵随痰液及粪便排出体外,孵出幼虫被蚯蚓吞食,在其体内经 10～20 d 发育成感染性幼虫,被蚯蚓排出体外到土壤中,猪因吞食这些感染性幼虫或含有感染性幼虫的蚯蚓而感染。幼虫进入肠壁和淋巴结中发育后,经肠淋巴或血液进入肺脏,发育为成虫。

【临症特点与诊断要点】轻度感染症状常不明显。严重感染时患猪出现阵发性咳嗽,鼻孔流出黏稠脓性液体,呼吸迫促,消瘦及发育不良。剖检见肺隔叶后缘有界限清楚的灰白色微突起的楔形病灶。切开病灶呈灰红色,支气管内有大量虫体及黏稠液,常可确诊。

【防制措施】同猪蛔虫病。预防时应防止蚯蚓潜入猪舍及运动场,场地应注意排水畅通,保持干燥,杜绝蚯蚓孳生。

352. 怎样防制猪疥螨病?

猪疥螨病俗称疥癣、癞,是一种由很小的节肢动物寄生于皮肤而引起的外寄生虫病。本病为接触传染,分布广泛,能引起猪只剧痒及皮肤炎症。

【病原及生活史】虫体很小,呈淡黄色龟状,长 0.2～0.5 mm,宽 0.14～0.35 mm,背面隆起腹面扁平,腹面有 4 对短粗的圆锥形的肢,虫体前端有一钝圆形口器。寄生于皮肤表皮深层由虫体挖掘的隧道内。在其内发育、繁殖，完成卵、幼虫、若虫到成虫的发育过程，虫体离开畜体后，可存活 3 周左右。

【临症特点】本病主要表现剧痒及皮炎，通常由头部开始，常发生在眼圈、颊部及耳等部位，有时蔓延到腹部和四肢。猪常在圈墙，栏柱等处摩擦，使患部出血，并形成痂皮。患部被毛脱落，皮肤增厚，形成皱褶或龟裂。病猪终日摩擦患部，烦躁不安，食欲减退，营养不良，日渐消瘦，甚至死亡。

【诊断要点】依据本病幼猪多发，且多发生于秋冬季节，尤其是阴雨天气，蔓延最广，发病最烈，表现剧痒、皮炎等特点可做初步诊断。实验室检查发现虫体即可确诊。

实验室检查方法步骤：先在皮肤病变边缘刮取皮屑，直至见血，采取病料；然后进行检查。检查方法有两种：

(1)活螨检查：将采集的皮屑加 50%甘油水或煤油，置载玻片上显微镜检查可见活螨；也可将皮屑置黑纸上，灯泡加热，用放大镜可见皮屑边缘有针尖大灰白虫体移动。

(2)死螨检查：将皮屑放入 10%氧氧化钠液体中煮沸，使毛、痂皮等固体物溶解，静置 20 min，吸取沉渣，低倍镜下观察，可发现各期虫体。

【防制措施】

(1)治疗措施：发现病猪立即隔离治疗。治疗有效药物为敌百虫、溴氰菊酯或杀灭菊酯溶液等。使用方法：浓度为 1%敌百虫水溶液，洗擦患部；0.005%溴氰菊酯溶液间隔 10 d 喷淋全身 2 次。或用伊维菌素(灭虫丁)或阿维菌素 0.3 mg/kg 体重颈部皮下注射或混料一次口服，7 d 后重复用药一次，效果很好。拜耳公司的赛巴安浇泼剂含有效成分辛硫磷，用时沿猪背中线从头至尾淋下，用量 8～20 mL，对螨及虱均有良效。但注意治疗前要用热肥皂水清洗患部皮肤除去皮屑。

(2)预防措施：保持猪舍清洁卫生，通风干燥，阳光充足。圈栏、饲槽定期消毒，引进猪只必须隔离观察 15 d，确定无疥螨病方可合群。

353. 怎样防制仔猪消化不良？

仔猪尤其是刚断奶仔猪常因饲养管理不当，喂饮失时，过饥过饱，饲料中豆饼（或豆粕）含量过高，饲料品质不良等因素引起胃肠黏膜表层的炎症，表现为消化不良。本病是仔猪常见病之一。

【临症特点】病猪主要表现腹泻，腹部收缩，排粪努责，肠音增强带金属音。粪便稀薄，内杂有未消化的饲料、黏液、血丝。稀粪污染肛门，后躯和尾部。病猪精神不振，食欲减退或废绝，饮欲增加。若治疗不及时，病情加重，常能引起脱水、酸中毒而死。

【防制措施】

（1）预防措施：对仔猪尤其是断奶仔猪要加强饲养管理，少喂勤添，控制饮食，避免过饥过饱；不突然更换饲料，饲料中豆饼（或豆粕）的含量不高于 24%，（实践证明，豆粕在饲粮中超过 24%，仔猪消化不良的发病率可达到 85%以上），寒冷季节注意饮食温度不可过低。

（2）治疗措施：治疗原则为除去病因，改善饮食，清理胃肠，调理机能。常用药物有：

①硫酸钠或硫酸镁 20～50 g 加 25 倍水溶解后灌服。

②50～100 mL 石蜡油或植物油灌服。

③大黄酊、龙胆酊、陈皮酊 5～10 mL，大蒜酊 10～20 mL，灌服。

④健胃片或酵母片 3～10 片灌服，增强胃肠功能。腹泻严重时可用消炎，收敛药。

354. 怎样防制猪应激综合征？

猪应激综合征是猪遭受不良因素的刺激而引起的非特异性应

答反应。本病的发生与遗传因素密切相关，某些品种如大白猪、长白猪、金华猪、太湖猪等，对各种应激的易感性较高，易在外界应激因素影响下发病。这些应激因素包括驱赶、抓捕、过热、兴奋、交配、惊吓、陌生、混群、拥挤、斗架、外伤和保定等。有些药物如某些吸入麻醉剂和某些去极化型肌松剂（如氯酰胆碱）常能引发本病。本病对养猪业和屠宰加工业造成巨大经济损失。

【临症和剖检特点】因应激原和作用时间的不同而有不同的表现形式：

(1)桑葚心病：主要发生于3～4月龄体膘良好的小猪，常呈暴发性发生和突然死亡。大多无任何前兆或临床症状。剖检，除心力衰竭的一般变化外，最显著的变化是心外膜和心肌广泛出血，呈斑点状或条纹状，外观形状和色彩如同紫红色的桑葚。胃底黏膜弥漫性充血，小肠黏膜充血。

(2)急性心死病：主要特点是急性死亡和心肌变化，各种年龄的猪都可发生，夏季天热多发。死亡往往发生在配种时期，有的病例可见病猪疲惫无力，运动僵直，皮肤皮绀，突然死亡。剖检、眼观病变明显，心肌中有白色条纹和斑块状病灶，脊椎棘突上下的纵行肌肉和肩部连接处肌肉的病变是骨骼肌的典型病变。病变肌肉呈灰白色或白色，与正常肌肉明显不同。心包积液，肺水肿。

(3)应激性肌病：肥猪宰前受各种环境因素的刺激，在宰后出现以骨骼肌的水肿、变性和炎症为主要特征的病变。由于病变肌肉色泽苍白，所以也称“白肌肉”。它有3种形式：

①PSE肉又叫水猪肉，肌肉外观色淡、质软，有渗出液。

②以背肌坏死为主的肌肉坏死。

③腿肌坏死病，以腿部肌肉炎症坏死为主的肌病。

其中PSE肉保水性差，纹理粗糙不易做鲜肉，煮熟后耗损大，口味也不好，加工出次品，给肉类加工业造成很大经济损失。

(4)恶性高温综合征：初期患猪肌肉颤抖、尾发抖，而后出现体表充血、紫斑、发绀，体温上升到 42～44℃，呼吸急促，心跳亢进，后肢痉挛。当病情加剧时，全身肌肉僵硬，最后死亡。剖检是 PSE 变化。

此外，在猪胃溃疡、猪咬尾征、母猪无乳综合征等病的发生中，应激因素都起着重要作用。

【预防措施】

(1)从遗传育种方面着手，剔出易感猪。通过临床观察，血型鉴定，氟烷测验和 CPK 测定检出应激敏感猪种并淘汰，使应激基因频率下降。

(2)尽量减少应激因素。注意加强饲养管理，猪舍避免高温，拥挤和潮湿。在收购、运输、调拨、贮存猪的过程中，尽量减少各种不良刺激，避免惊吓。肥育猪运到屠宰场，应让其充分休息，散发体温后屠宰。屠宰过程要快，冷却也要快，以防产生劣质猪肉。在可能发生应激前，先给予镇静剂，如氯丙嗪、安定等及补充硒和维生素 E，有助于防止本病的发生。

【治疗措施】治疗原则是镇静和补充皮质激素。猪群中发现本病的早期症状，应立即将猪移出应激环境，给予充分安静休息，用凉水浇洒皮肤，症状不重者常可自愈。重症病猪则必须应用镇静剂、皮质激素、抗酸药物等。镇静剂中的首选药物是氯丙嗪，按每千克体重1～2 mg 肌内注射。皮质激素、水杨酸钠、巴比妥钠以及维生素 C 等也可选用。为缓解酸中毒，可用 5%碳酸氢钠(小苏打)溶液静脉滴注。

355. 怎样防制猪佝偻病？

佝偻病是仔猪骨源性矿物质钙、磷等代谢障碍及维生素 D 缺乏所致的一种营养性骨病。

【病因】佝偻病有先天性和后天性两种，其形成原因有所不同。先天性佝偻病，主要病因是妊娠母猪体内钙、磷或维生素 D

缺乏,致使胎儿骨骼发育不良。后天性佝偻病主要是由于饲料配合不当,钙磷比例失调,饲喂钙磷缺乏饲料或高粱、小麦、麸糠、豆饼等高磷低钙谷物;其次日粮中蛋白质或脂肪性饲料过多,代谢中产生大量酸类,与体内钙形成不溶性钙盐排出体外,导致机体缺钙;饲料中维生素D缺乏和仔猪运动不足,光照缺乏使机体活性维生素D功能不全,丧失或降低了调节钙磷吸收沉积等代谢功能。此外,胃肠疾病,寄生虫病,先天性发育不良,母乳营养不全等因素阻碍钙、磷和维生素D吸收与利用而引发本病。

【临症特点】先天性佝偻病,仔猪衰弱无力,出生后数天仍不能自行站立,四肢关节肿大而不能屈曲,常以死亡为转归。后天性佝偻病,发病缓慢。初期精神不振,食欲减退,异嗜、消化不良。随之表现跛行,关节肿疼,不愿活动,强迫活动时,仔猪弯腕站立或以腕关节爬行,后肢则以跗关节着地。病至后期仔猪骨骼严重变形。面骨膨隆,下颌增厚,脊椎骨、肢骨弯曲,多呈弧形(O形)、外展(X形)、前屈等异常姿势。肋骨与软骨结合处肿大呈现串珠状。骨骼硬度降低,脆性增加,易骨折。

【防制措施】

(1)合理调配饲料中钙、磷含量比例,补足矿物性饲料如骨粉、磷酸氢钙、石粉等,添加鱼肝油等富含维生素D的饲料。增加仔猪运动和日照。

(2)对骨骼变形和关节变形不明显的仔猪,提早用药。可用维生素D_2 2～5 mL(或800～1 000 IU)肌内注射,或维生素D_3 5 000～10 000 IU,每天一次,连用1个月,或用8万～20万IU 2～3 d一次,连用2～3周。可用浓缩维生素AD 0.5～1 mL肌内注射,隔日一次。钙制剂如10%～20%氯化钙或10%葡萄糖酸钙20～50 mL静脉注射,用碳酸钙5～10 g或磷酸钙2～5 g,乳酸钙5～10 g或甘油磷酸钙2～5 g内服。

356. 怎样防制仔猪缺铁性贫血？

仔猪缺铁性贫血，又叫铁缺乏症或猪营养性贫血，是 2～4 周龄哺乳仔猪机体中缺铁所引发的一种营养性贫血。

【病因】仔猪出生时，全身铁贮备量甚微（约 50 mg），每天从乳中获得的铁又少（约 1 mg），而生长发育每天需铁量较大（7～15 mg），故而仔猪 2 周龄就出现生理贫血期。此时，若补料中铁质不足，可导致生理贫血期延长，发生仔猪贫血。

【临症特点】病猪消瘦、衰弱，精神沉郁，黏膜苍白、被毛粗糙无光泽，心跳微弱，呼吸加快。有时在腹下、颌下出现浮肿和体腔积液。

【防制措施】治疗原则是补足外源铁质。口服铁制剂种类很多，如硫酸亚铁、焦磷酸铁、乳酸铁等，最常用的处方是硫酸亚铁 2.5 g，硫酸铜 1 g，常水 1 L，按每千克体重 0.5 mL 给猪灌服，每天一次，连服 1～2 周。对不适合口服的仔猪，肌内注射葡聚糖铁钴2 mL（每毫升含铁 25 mg）。

在水泥地面的猪舍长期舍饲仔猪时，必须从仔猪出生后 3～5 d 即开始补加铁剂。

357. 怎样防制猪食盐中毒？

食盐中毒是猪采食过量食盐引起的以神经症状和消化功能紊乱为特征的疾病。

【病因】食盐是猪饲料中的正常组分，也是动物生命中必不可缺的，但喂量过大，可引起中毒。据测定，猪的食盐中毒剂量和致死量分别为每千克体重 2.4 g 和 3.7 g。

猪的饮水量与食盐中毒的发生有密切关系。限制饮水，食盐摄入量低于中毒剂量时，猪可发生中毒；自由饮水，盐可随水从肾脏和肠管排除，猪对食盐的耐受性就较高。过量食盐首先作用于消化道黏膜，刺激发生炎症，继之，钠吸收入血、血浆渗透压增高，导致组织脱水，钠离子扩散到脊髓等神经组织，导致脑水肿和神经机能紊乱等。

【临症特点】主要表现精神沉郁，结膜充血，视力减退，口渴，无目的徘徊，步态蹒跚和间歇性癫痫样惊厥，有时单向转圈，盲目冲撞，遇障碍物不躲避，有时头颈突然痉挛，头部仰起，也有做游泳动作。惊厥时，嘴不断做咀嚼运动、流涎，呼吸困难，后腿不能站立，呈犬坐姿势，甚至仰翻倒地，昏迷而亡。病程短的 3～5 h，长的可持续 3～5 d。

【防制措施】本病无特效治疗药物，通常采用对症疗法，如投服钙制剂、利尿剂、轻泻剂和镇静剂等。

治疗时，必须立即停止饲喂过量食盐的饲料和饮水，供给充足新鲜饮水。首先，按每千克体重 0.2 g 氯化钙计算，给猪皮下注射 5%氯化钙明胶溶液(氯化钙 5 g 溶于 1%明胶溶液 100 mL 内)，每头注射不得超过 50 mL，以恢复血液中一价和二价阳离子的平衡，腹腔注射 25%山梨醇溶液或高渗葡萄糖溶液缓解脑水肿，降低颅内压；为促进毒物排泄，可用双氢克尿塞和石蜡油；为缓和兴奋和痉挛发生，可用硫酸镁、溴化物等镇静解痉药物。

358. 怎样防制棉籽饼中毒？

棉籽饼富含蛋白质，但同时也含有毒物质(已知有游离棉酚、棉酚紫和棉酚绿 3 种毒素)，这些有毒物质在体内排泄缓慢，有蓄积作用，一次大量喂给或长期饲喂时均可能引起中毒。

【病因】棉酚毒素中，棉酚绿毒性最强，游离棉酚次之，但游离棉酚含量远比另两种毒素高，因此，棉籽饼的毒性决定于游离棉酚的含量。棉饼中游离棉酚含量大于 0.02%时，就具有毒性作用，妊娠母猪和仔猪对其尤为敏感。日粮中缺乏维生素和矿物质(特别是维生素 A 及铁、钙缺乏)可促使中毒发生或使病情加重。用未榨油的棉籽或棉叶喂猪也可中毒。

【临症与剖检特点】轻症仅见食欲减少及下痢。病重者精神沉郁、行动困难,站立不稳。病初体温变化不大,后期有的体温升高。结膜充血,有黏性分泌物,视觉障碍、失明。消化机能紊乱,食欲降低或废纸。粪便干黑带黏液或血。呼吸、心跳增快而减弱。妊娠母猪可发生流产。游离棉酚可通过母乳使哺乳仔猪发生中毒。病猪喜饮水,但尿量少,或排尿困难,常出现血尿和血红蛋白尿。严重中毒时,病猪一开始就呈现显著沉郁或兴奋,呻吟磨牙,肌肉震颤,常有腹泻现象,发病当天或于2～3 d内死亡,病程长者可延至15～30 d倒毙。剖检可见胃肠黏膜有卡他性或出血性炎症,肺、肝、肾充血、肿大,胸、腹腔内有红色透明的渗出液,全身淋巴结肿大。

【预防措施】

(1)棉籽饼喂猪应限量使用。育肥猪日粮中不超过5%,母猪每天不超过250 g。怀孕母猪产前半个月停喂,产后半个月再喂。断奶仔猪每天喂量不超过100 g。不应长期连续饲喂,一般是喂半个月,停半个月。怀孕母猪、哺乳母猪和仔猪最好不喂棉籽饼,以防影响繁殖和生长发育。

(2)棉籽饼喂猪前应去毒处理。处理方法见本书第97题。

(3)饲喂棉籽饼时,增加日粮中蛋白质、维生素、矿物质和青绿饲料,对预防游离棉酚中毒大有益处。如用大豆饼与棉籽饼等量混合,或大豆饼5%,加鱼粉2%加棉籽饼10%,或鱼粉4%与棉籽饼混合较好。

【治疗措施】目前尚无特效解毒药。主要采取消除病因,加速毒物排除及对症治疗等综合性措施:

(1)立即停喂棉籽饼。

(2)病初用3%碳酸氢钠水或0.1%高锰酸钾溶液洗胃,或灌服盐类泻剂如硫酸钠(或硫酸镁)25～80 g。

(3)发生胃肠炎时,内服1%硫酸亚铁溶液100~200 mL,或内服磺胺脒5~20 g,鞣酸蛋白2~5 g,但注意肺水肿严重时,禁止灌服药物。

(4)静脉注射20%~50%葡萄糖溶液100~300 mL,同时肌内注射10%安钠加5~10 mL。

(5)当猪有食欲时,可多喂一些青绿饲料,并增加饲料中的矿物质,特别是钙含量,促进病猪恢复。

359.怎样防制黄曲霉毒素中毒?

黄曲霉毒素是指动物采食了被黄曲霉毒素污染的饲料而引起的中毒性疾病,通常所说的“霉玉米中毒”即属此病。

【病因】黄曲霉毒素是黄曲霉菌在生长繁殖过程中产生的有毒物质,目前已发现黄曲霉及其衍生物有20种,它们具有致癌作用,导致人畜(禽)肝损害和肝癌。许多植物的种子如花生、玉米、黄豆、棉籽等易感染黄曲霉菌,应用这些被污染的种子及其副产品作猪饲料则能导致中毒。生产中常见用发霉的玉米配成全价饲料饲喂生长育肥猪,饲喂2个月左右在猪只体重达60~70 kg时发病,也有的将发霉的玉米穗丢给猪吃(2~3穗),一次就致病的。

【临症特点】猪常在食发霉饲料后5~15 d出现中毒症状,也有经1~2个月蓄积中毒的。急性病例,表现为精神委顿、不食,后躯无力,走路蹒跚,粪便干燥,直肠出血,有时站立一隅或头抵墙壁,体温正常。慢性病例,精神沉郁,走路僵硬,常离群独处,头低垂,弓背、卷腹、粪便干燥。也有呈现兴奋不安、狂躁等症状,体温正常,黏膜黄染,喜吃稀食和生青饲料。

【剖检特点】急性病例主要是贫血、出血。胸腹腔大出血,浆膜表面常有淤血斑点,后腿、前肩或其他部位肌肉出血,肠、心内、外膜有明显出血。慢性病例,主要是肝硬变、脂肪变性和胸腹腔积液。

【预防措施】防止饲料发霉变质;禁止用霉变饲料喂猪;轻度发霉饲料,要先用1.5%的氢氧化钠溶液或草木灰水浸泡处理或用清水多次清洗,直到浸泡液清澈为止。但经处理过的饲料仍含有一定的毒素,仍应严加控制用量,并与其他优质精料配合使用。

【治疗措施】目前尚无解毒剂。只能采用保肝利胆、缓泻排毒,缓解症状的疗法:

(1)发现中毒,立即停喂发霉饲料,投喂青、嫩易于消化的饲料。

(2)盐类泻剂硫酸钠 50 g 一次灌服,每天 1 次,连用 3 d。

(3)口服补液盐每天 2 次内服,或用红糖水自由饮用。10%葡萄糖注射液,或5%葡萄糖氯化钠注射液 300~500 mL,维生素 C 注射液 10~30 mL,静脉注射,每天 1 次,连用 3 d,有显著疗效。

(4)必要时,可用氯丙嗪(每千克体重 2 mg)等镇静剂,或10%安钠咖(5~10 mL)等强心剂。

360. 怎样防制猪异食癖?

异食癖是由于多种原因引起的一种消化机能紊乱、味觉异常的综合征。

【病因】主要是饲料单一、营养不全;日粮中缺乏某些物质和维生素、蛋白质和某些氨基酸以及食盐供给不足;钙磷比例失调,体内缺钙;慢性胃肠疾病、寄生虫病等。

【临症特点】主要表现食欲减少,舔食各种各样的异物,啃吃泥土、石块、砖头、煤渣、烂木、破布、尿碱、鸡屎等,舍饲育成猪相互咬对方的尾巴、耳朵、舔血。久之猪被毛粗乱、拱背、磨牙、消瘦、生长发育停滞,哺乳母猪泌乳减少,甚至吞食仔猪等。

【防制措施】

(1)加强饲养管理,给予全价日粮,保证日粮各种营养充足,比例适当,多喂青草或青贮饲料,补饲谷芽、麦芽、酵母等富含维生素的饲料。

(2)发现病猪,应分析病因,及时治疗。单纯性异食癖,可试用碳酸氢钠、食盐或人工盐,每头每天10～20 g。因日粮中缺乏蛋白质和某些氨基酸引起的,应在原日粮中添加鱼粉、血粉、肉骨粉和豆饼等。因缺乏维生素引起的,应增喂青绿多汁饲料和添加维生素;因缺钙引起的,应补充骨粉、碳酸钙、磷酸钙及维生素A、维生素D等。

361.怎样防制母猪生产瘫痪?

母猪生产瘫痪是指母猪在产前或产后,以四肢运动丧失或减弱为特征的疾病。包括产前瘫痪和产后瘫痪。

【病因】主要是由于日粮中缺乏钙、磷或两者比例失调,以及长期不晒阳光,又缺乏维生素D等而引起的。

【临症特点】产前瘫痪多在产前数天或几周,突然发生起立与步态困难,肌肉颤抖,前肢爬行,后肢摇晃,驱赶时有尖叫声,逐渐卧地不起,对外界反应很弱或完全丧失。产后瘫痪多在产后半个月发生,病猪少食或拒食,奶少,后躯无力,站立不稳,继则卧地不起,后半身麻痹。严重病例常有昏迷症状,体温一般正常。

【防制措施】

(1)平时对妊娠母猪及哺乳母猪要适当添加钙、磷制剂,多喂鱼粉、骨粉等,经常晒太阳,供应足够的青绿饲料。

(2)治疗时可肌内注射维丁胶性钙10～30 mL,每天1次,连续3～4 d;也可用10%～20%葡萄糖酸钙50～150 mL或10%氯化钙溶液20～50 mL,加入5%糖盐水200～500 mL静脉滴注,每天1次。也可将骨头烤干后碾成粉末,每顿用15g拌入饲料中饲喂。或用鸡蛋壳4个、骨头粉30 g,掺热白酒少量,让猪一次吃下。

362.在猪病防制中，如何使效益最大化？

在猪病防治中，只有最大限度地提高治疗效果，同时又尽可能地降低成本，才能达到猪病防治效益的最大化。要达此目的，必须采取如下措施：

(1)全面贯彻落实“预防为主，防重于治”的方针。“预防为主，防重于治”，不仅是我国政府对疫病防治所规定的方针，而且是广大畜牧兽医人员长期实践所验证的真理。只有适时有效地预防，才能提高猪体的抗病力，有效地抵抗病原的侵袭和感染，使猪只少发病或不发病。预防分为免疫预防和药物预防。前者是通过接种疫(菌)苗提高猪体的特异性免疫力；后者是通过投服抗菌或抑菌药物以杀灭或抑制进入猪体内的病原体繁殖。实践证明，无论是一类、二类、三类传染病，还是寄生虫病的免疫预防或药物预防费用，与猪只发病后的大量人力、物力、财力消耗相比，都是非常微乎甚微的。

(2)坚持经常性的消毒措施。自然界中，病原微生物无处不在，每时每刻都在威胁着猪只的健康。只有坚持经常性的消毒措施，清除或杀灭外界环境中、猪体表面及物体上的病原微生物，切断其传播途径，才能有效地预防传染病的发生和传播。消毒分为预防性消毒和终生消毒，前者是在猪发病前，为预防传染病的发生，应对畜舍用具等进行的定期消毒，发生疫病期间，为消灭病畜排出的病原体，对病畜圈舍、粪便及污染的用具等随时消毒，每天2～3次；后者是当全部病畜痊愈或死亡后，对患病动物接触过的一切器物、栏舍、场所以及痊愈动物的体表进行的全面彻底的消毒。若以消毒所投入的费用，与发生疫病后所投入的大量人力、物力、财力相比，也是微乎甚微的。

(3)确切诊断，准确用药。目前，在养猪生产中，有一种倾向值得注意，猪群发生疫病，盲目用药，美其名曰：治疗诊断。几天不奏效，再换其他药物试用。这样一来，不仅贻误了病情，又浪费了物力、财力。正确的做法应该是：一旦猪群发病，立即进行初步诊断，配合实验室检验（病原学检查和血清血检验），进行确诊，然后采集病料，进行药敏试验，确定敏感药物进行使用，不仅可以提高治疗效果，而且可以减少药物浪费，降低治疗成本。

附　录

附录一　猪常用生理指标

附表 1　猪常用生理指标

项　目	单位	数值
体温	℃	38～40（幼龄猪） 38～39（成年猪）
呼吸	次/min	18～30
脉搏	次/min	60～80
每昼夜排尿量	L	2～5
尿液 pH 值		6.5～7.3

附录二　中小猪场主要传染病免疫程序

附表 2　中小猪场主要传染病免疫程序

病种	仔猪				种母猪	种公猪
	初生仔猪	20 日龄仔猪	断奶仔猪	70 日龄幼猪		
猪瘟	肌内注射 1 头份	肌内注射 2 头份		肌内注射 4 头份	空怀期肌内注射 4 头份	每年春、秋各 1 次
猪丹毒			肌内注射			春、秋各 1 次
猪肺疫			肌内注射			春、秋各 1 次
猪链球菌病			疫区肌内注射			疫区春、秋各 1 次
仔猪副伤寒			30～40 日龄肌内注射			
大肠杆菌病（黄白痢）	产后 2～4 d 乳猪滴服（若母猪已免疫，则乳猪不用）				产前 15～20 d 肌内注射	

续附录 2

病种	仔猪				种母猪	种公猪
	初生仔猪	20 日龄仔猪	断奶仔猪	70 日龄幼猪		
气喘猪病					空怀期胸腔注射	
猪细小病毒病					初产母猪(1~2 胎)配种前 1 个月肌内注射 1 次	每半年肌内注射 1 次
猪乙型脑炎					每年 3~5 月份初产母猪肌内注射 1 次	每年 3~5 月份肌内注射 1 次
猪传染性萎缩性鼻炎				肌内注射 1 次	春、秋各肌内注射 1 次	

附录三 饲料药物添加剂使用规范

中华人民共和国农业部公告(第 168 号)

为加强兽药的使用管理，进一步规范和指导饲料药物添加剂的合理使用，防止滥用饲料药物添加剂，根据《兽药管理条例》的规定，我部制定了《饲料药物添加剂使用规范》(以下简称《规范》)，现就有关问题公告如下：

一、凡农业部批准的具有预防动物疾病、促进动物生长作用，可在饲料中长时间添加使用的饲料药物添加剂(品种收载于《规范》附录一)，其产品批准文号须用"药添字"。生产含有《规范》附录一所列品种成分的饲料，必须在产品标签中标明所含兽药成分的名称、含量、适用范围、停药期规定及注意事项等。

二、凡农业部批准的用于防治动物疾病，并规定疗程，仅是通过混饲给药的饲料药物添加剂（包括预混剂或散剂，品种收载于《规范》附录二），其产品批准文号须用"兽药字"，各畜禽养殖场及养殖户须凭兽医处方购买、使用，所有商品饲料中不得添加《规范》附录二中所列的兽药成分。

三、除本《规范》收载品种及农业部今后批准允许添加到饲料中使用的饲料药物添加剂外，任何其他兽药产品一律不得添加到饲料中使用。

四、兽用原料药不得直接加入饲料中使用，必须制成预混剂后方可添加到饲料中。

五、各地兽药管理部门要对照本《规范》于 10 月底前完成本辖区饲料药物添加剂产品批准文号的清理整顿工作，印有原批准文号的产品标签、包装可使用至 2001 年 12 月底。

六、凡从事饲料药物添加剂生产、经营活动的，必须履行有关的兽药报批手续，并接受各级兽药管理部门的管理和质量监督，违者按照兽药管理法规进行处理。

七、本《规范》自 2001 年 7 月 3 日起执行。原我部《关于发布〈允许作饲料药物添加剂的兽药品种及使用规定〉的通知》（农牧发[1997]8 号）和《关于发布"饲料添加剂允许使用品种目录"的通知》（农牧发[1994]7 号）同时废止。

二〇〇一年九月四日

饲料药物添加剂附录（一）

序号	名 称
1	二硝托胺预混剂
2	马杜霉素铵预混剂
3	尼卡巴嗪预混剂

4 尼卡巴嗪、乙氧酰胺苯甲酯预混剂
5 甲基盐霉素、尼卡巴嗪预混剂
6 甲基盐霉素预混剂
7 拉沙诺西钠预混剂
8 氢溴酸常山酮预混剂
9 盐酸氯苯胍预混剂
10 盐酸氨丙啉、乙氧酰胺苯甲酯预混剂
11 盐酸氨丙啉、乙氧酰胺苯甲酯、磺胺喹噁啉预混剂
12 氯羟吡啶预混剂
13 海南霉素钠预混剂
14 赛杜霉素钠预混剂
15 地克珠利预混剂
16 复方硝基酚钠预混剂
17 氨苯砷酸预混剂
18 洛克沙砷预混剂
19 莫能菌素钠预混剂
20 杆菌肽锌预混剂
21 黄霉素预混剂
22 维吉尼亚霉素预混剂
23 喹乙醇预混剂
24 那西肽预混剂
25 阿美拉霉素预混剂
26 盐霉素钠预混剂
27 硫酸粘杆菌素预混剂
28 牛至油预混剂
29 杆菌肽锌、硫酸粘杆菌素预混剂
30 吉它霉素预混剂
31 土霉素钙预混剂

32　金霉素预混剂
33　恩拉霉素预混剂

饲料药物添加剂附录(二)

序号	名　称
1	磺胺喹噁啉、二甲氧苄啶预混剂
2	越霉素A预混剂
3	潮霉素B预混剂
4	地美硝唑预混剂
5	磷酸泰乐菌素预混剂
6	硫酸安普霉素预混剂
7	盐酸林可霉素预混剂
8	赛地卡霉素预混剂
9	伊维菌素预混剂
10	呋喃苯烯酸钠粉
11	延胡索酸泰妙菌素预混剂
12	环丙氨嗪预混剂
13	氟苯咪唑预混剂
14	复方磺胺嘧啶预混剂
15	盐酸林可霉素、硫酸大观霉素预混剂
16	硫酸新霉素预混剂
17	磷酸替米考星预混剂
18	磷酸泰乐菌素、磺胺二甲嘧啶预混剂
19	甲砜霉素散
20	诺氟沙星、盐酸小蘗碱预混剂
21	维生素C磷酸酯镁、盐酸环丙沙星预混剂
22	盐酸环丙沙星、盐酸小蘗碱预混剂
23	噁喹酸散
24	磺胺氯吡嗪钠可溶性粉

附录四　饲料添加剂品种目录(2008)

附表 3　饲料添加剂品种目录(2008)

类别	通用名称	适用范围
氨基酸	*L*-赖氨酸、*L*-赖氨酸盐酸盐、*L*-赖氨酸硫酸盐及其发酵副产物（产自谷氨酸棒杆菌，*L*-赖氨酸含量不低于 51%）、*DL*-蛋氨酸、*L*-苏氨酸、*L*-色氨酸、*L*-精氨酸、甘氨酸、*L*-酪氨酸、*L*-丙氨酸、天(门)冬氨酸、*L*-亮氨酸、异亮氨酸、*L*-脯氨酸、苯丙氨酸、丝氨酸、*L*-半胱氨酸、*L*-组氨酸、缬氨酸、胱氨酸、牛磺酸	养殖动物
	蛋氨酸羟基类似物、蛋氨酸羟基类似物钙盐	猪、鸡和牛
	N-羟甲基蛋氨酸钙	反刍动物
维生素	维生素 A、维生素 A 乙酸酯、维生素 A 棕榈酸酯、*β*-胡萝卜素、盐酸硫胺(维生素 B_1)、硝酸硫胺(维生素 B_1)、核黄素（维生素 B_2)、盐酸吡哆醇(维生素 B_6)、氰钴胺(维生素 B_{12})、*L*-抗坏血酸(维生素 C)、*L*-抗坏血酸钙、*L*-抗坏血酸钠、*L*-抗坏血酸-2-磷酸酯、*L*-抗坏血酸-6-棕榈酸酯、维生素 D_2、维生素 D_3、*α*-生育酚(维生素 E)、*α*-生育酚乙酸酯、亚硫酸氢钠甲萘醌(维生素 K_3)、二甲基嘧啶醇亚硫酸甲萘醌、亚硫酸氢烟酰胺甲萘醌、烟酸、烟酰胺、*D*-泛醇、*D*-泛酸钙、*DL*-泛酸钙、叶酸、*D*-生物素、氯化胆碱、肌醇、*L*-肉碱、*L*-肉碱盐酸盐	养殖动物

续附表 3

类别	通用名称	适用范围
矿物元素及其络（螯）合物 1	氯化钠、硫酸钠、磷酸二氢钠、磷酸氢二钠、磷酸二氢钾、磷酸氢二钾、轻质碳酸钙、氯化钙、磷酸氢钙、磷酸二氢钙、磷酸三钙、乳酸钙、硫酸镁、氧化镁、氯化镁、柠檬酸亚铁、富马酸亚铁、乳酸亚铁、硫酸亚铁、氯化亚铁、氯化铁、碳酸亚铁、氯化铜、硫酸铜、氧化锌、氯化锌、碳酸锌、硫酸锌、乙酸锌、氯化锰、氧化锰、硫酸锰、碳酸锰、磷酸氢锰、碘化钾、碘化钠、碘酸钾、碘酸钙、氯化钴、乙酸钴、硫酸钴、亚硒酸钠、钼酸钠、蛋氨酸铜络(螯)合物、蛋氨酸铁络(螯合物蛋氨酸锰络(螯)合物、蛋氨酸锌络(螯)合物、赖氨酸铜络(螯)合物、赖氨酸锌络(螯)合物、甘氨酸铜络(螯)合物、甘氨酸铁络(螯)合物、酵母铜*、酵母铁*、酵母锰*、酵母硒*、蛋白铜*、蛋白铁*、蛋白锌*	养殖动物
	烟酸铬、酵母铬*、蛋氨酸铬*、吡啶甲酸铬	生长肥育猪
	丙酸铬*	猪
	丙酸锌*	猪、牛和家禽
	硫酸钾、三氧化二铁、碳酸钴、氧化铜	反刍动物
	稀土(铈和镧)壳糖胺螯合盐	畜禽、鱼和虾
酶制剂 2	淀粉酶	青贮玉米、玉米、玉米蛋白粉、豆粕、小麦、次粉、大麦、高粱、燕麦、豌豆、木薯、小米、大米
	支链淀粉酶(产自酸解支链淀粉芽孢杆菌) α-半乳糖苷酶(产自黑曲霉)	豆粕

续附表 3

类 别	通 用 名 称	适用范围
	纤维素酶(产自长柄木霉)	玉米、大麦、小麦、麦麸、黑麦、高粱
	β-葡聚糖酶	小麦、大麦、菜籽粕、小麦副产物、去壳燕麦、黑麦、黑小麦、高粱
	葡萄糖氧化酶(产自特异青霉)	葡萄糖
	脂肪酶(产自黑曲霉)	动物或植物源性油脂或脂肪
	麦芽糖酶(产自枯草芽孢杆菌)	麦芽糖
	甘露聚糖酶(产自迟缓芽孢杆菌)	玉米、豆粕、椰子粕
	果胶酶(产自黑曲霉)	玉米、小麦
	植酸酶(产自黑曲霉、米曲霉)	玉米、豆粕、葵花籽粕、玉米糁渣、木薯、植物副产物
	蛋白酶(产自黑曲霉、米曲霉、枯草芽孢杆菌、长柄木霉*)	植物和动物蛋白
	木聚糖酶	玉米、大麦、黑麦、小麦、高粱、黑小麦、燕麦
微生物	地衣芽孢杆菌*、枯草芽孢杆菌、两歧双歧杆菌*、粪肠球菌、屎肠球菌、乳酸肠球菌、嗜酸乳杆菌、干酪乳杆菌、乳酸乳杆菌*、植物乳杆菌、乳酸片球菌、戊糖片球菌*、产朊假丝酵母、酿酒酵母、沼泽红假单胞菌	养殖动物

续附表 3

类别	通用名称	适用范围
微生物	保加利亚乳杆菌	猪、鸡和青贮饲料
非蛋白氮	尿素、碳酸氢铵、硫酸铵、液氨、磷酸二氢铵、磷酸氢二铵、缩二脲、异丁叉二脲、磷酸脲	反刍动物
抗氧化剂	乙氧基喹啉、丁基羟基茴香醚(BHA)、二丁基羟基甲苯(BHT)、没食子酸丙酯	养殖动物
防腐剂、防霉剂和酸度调节剂	甲酸、甲酸铵、甲酸钙、乙酸、双乙酸钠、丙酸、丙酸铵、丙酸钠、丙酸钙、丁酸、丁酸钠、乳酸、苯甲酸、苯甲酸钠、山梨酸、山梨酸钠、山梨酸钾、富马酸、柠檬酸、柠檬酸钾、柠檬酸钠、柠檬酸钙、酒石酸、苹果酸、磷酸、氢氧化钠、碳酸氢钠、氯化钾、碳酸钠	养殖动物
着色剂	β-胡萝卜素、辣椒红、β-阿朴-8′-胡萝卜素醛、β-阿朴-8′-胡萝卜素酸乙酯、β-胡萝卜素-4,4-二酮(斑蝥黄)、叶黄素、天然叶黄素(源自万寿菊)	家禽
	虾青素	水产动物
调味剂和香料	糖精钠、谷氨酸钠、5′-肌苷酸二钠、5′-鸟苷酸二钠、食品用香料 3	养殖动物
黏结剂、抗结块剂和稳定剂	α-淀粉、三氧化二铝、可食脂肪酸钙盐、可食用脂肪酸单/双甘油酯、硅酸钙、硅铝酸钠、硫酸钙、硬脂酸钙、甘油脂肪酸酯、聚丙烯酸树脂Ⅱ、山梨醇酐单硬脂酸酯、聚氧乙烯 20 山梨醇酐单油酸酯、丙二醇、二氧化硅、卵磷脂、海藻酸钠、海藻酸钾、海藻酸铵、琼脂、瓜尔胶、阿拉伯树胶、黄原胶、甘露糖醇、木质素磺酸盐、羧甲基纤维素钠、聚丙烯酸钠*、山梨醇酐脂肪酸酯、蔗糖脂肪酸酯、焦磷酸二钠、单硬脂酸甘油酯	养殖动物
	丙三醇	猪、鸡和鱼
	硬脂酸*	猪、牛和家禽
	多糖和寡糖低聚木糖(木寡糖)	蛋鸡和水产养

续附表 3

类别	通用名称	适用范围
黏结剂、抗结块剂和稳定剂	低聚壳聚糖	猪、鸡和水产养殖动物
	半乳甘露寡糖	猪、肉鸡、兔和水产养殖动物
	果寡糖、甘露寡糖	养殖动物
其他	甜菜碱、甜菜碱盐酸盐、大蒜素、山梨糖醇、大豆磷脂、天然类固醇萨洒皂角苷(源自丝兰)、二十二碳六烯酸(DHA)、啤酒酵母培养物*、啤酒酵母提取物*、啤酒酵母细胞壁*	养殖动物
	糖萜素(源自山茶籽饼)、牛至香酚*	猪和家禽
	乙酰氧肟酸	反刍动物
	半胱胺盐酸盐(仅限于包被颗粒,包被主体材料为环状糊精,半胱胺盐酸盐含量 27%)	畜禽
	α-环丙氨酸	鸡

注:①所列物质包括无水和结晶水形态;②酶制剂的适用范围为典型底物,仅作为推荐,并不包括所有可用底物;③食品用香料见《食品添加剂使用卫生标准》(GB 2760—2007)中食品用香料名单。* 为已获得进口登记证的饲料添加剂,进口或在中国境内生产带"*"的饲料添加剂时,农业部需要对其安全性、有效性和稳定性进行技术评审。

参考文献

[1] 陈润生．猪生产学．北京：中国农业出版社，1995

[2] 陈清明，王连纯．现代养猪生产．北京：中国农业大学出版社，1997

[3] 罗安治，杨凤．养猪全书．成都：四川科学技术出版社，2002

[4] 刘红林，吕艳丽．现代养猪大全．北京：中国农业出版社，2001

[5] 刘安典，等．养猪技术手册．北京：中国农业出版社，2000

[6] 张泉鑫．猪病．中西医综合防治大全．北京：中国农业出版社，2002

[7] 曾昭光，王昭福．怎样饲养瘦肉型猪．北京：科学技术文献出版社，2000

[8] 周元军，等．养猪 300 问．北京：中国农业出版社，2001

[9] 蔡宝祥，等．家畜传染病学．北京：中国农业出版社，2001

[10] 汪明，等．兽医寄生虫学．北京：中国农业出版社，2003

[11] 史言，等．兽医临床诊断学．北京：中国农业出版社，1980

[12] 赵昌廷．实用畜食饲料配方手册．北京：中国农业大学出版社，1996

[13] 养猪杂志编辑部．养猪，2002．1～4

[14] 饲料博览杂志社．饲料博览，2002，1～12

[15] 兽药与饲料添加剂编辑部．兽药与饲料添加剂，2002，1～6

[16] [美] T．J．库尼亚．猪的营养与饲养．北京：科学出版社，1985

[17] 姜平．兽医生物制品学．北京：中国农业出版社，2007

[18] 山西农业大学、江苏农学院．养猪学．北京：中国农业出版社，1994

[19] 刘振湘，姚卫东．畜禽传染病．北京：中国农业大学出版社，2008

[20] 陆承平．兽医微生物学．北京：中国农业出版社，2009